Physik für die Sekundarstufe I

NATUR UND TECHNIK

Cornelsen

Physik
für die
Sekundarstufe I
Klasse 7

Das Werk wurde erarbeitet von

Bernd Heepmann
Dr. Heinz Muckenfuß
Wilhelm Schröder
Dr. Leonhard Stiegler

unter Mitarbeit von
Franz Forster
Dietwald Kipp

Redaktion
Helmut Dreißig
(redaktionelle Leitung)
Christa Greger
Jürgen Hans Kuchel
Christian Wudel

Grafik
Gabriele Heinisch (Cornelsen)
Yvonne Koglin

Fotos
Budde und Fotostudio Mahler
(Auftragsfotos Cornelsen)

Sonstige Fotoquellen
siehe Verzeichnis der Bild-
und Textquellen

Gestaltung und
technische Umsetzung
Dierk Ullrich

1. Auflage ✔
Druck 5 4 3 2 Jahr 2000 99 98 97

Alle Drucke dieser Auflage können im Unterricht nebeneinander verwendet werden.

Druck: Cornelsen Druck, Berlin

ISBN 3-464-06042-X

Bestellnummer 60420

gedruckt auf säurefreiem Papier, umweltschonend hergestellt aus chlorfrei gebleichten Faserstoffen

Inhaltsverzeichnis

Das Licht

Der Schall

Die Wärme

Liebe Schülerin, lieber Schüler!

Dieses Physikbuch musst du nicht Zeile für Zeile durchlesen. Jedes Kapitel setzt sich nämlich aus verschiedenen „Bausteinen“ zusammen; manchmal können sie in ihrer Reihenfolge ausgetauscht werden. Einige sind für den Unterricht in der Schule gedacht, andere wirst du wahrscheinlich eher zu Hause lesen.

Mehr über die Bausteine erfährst du in der folgenden Übersicht:

Einstieg

Am Anfang eines Themas steht oft ein Bild und darunter eine Frage oder eine Behauptung. Dieser Baustein soll dich neugierig machen und dir andeuten, worum es auf den nächsten Seiten gehen wird.

Hier stimmt doch irgend etwas nicht!

Wie entstehen eigentlich solche Bilder?

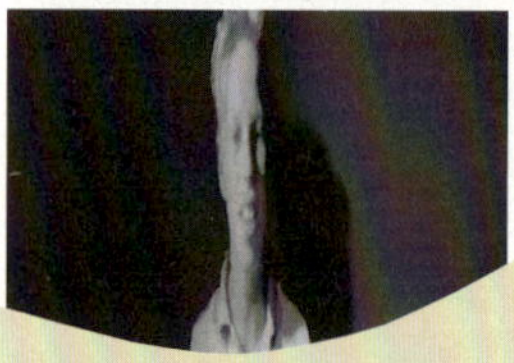

Versuche

In der Physik spielen Versuche eine wichtige Rolle. Deshalb bietet dieser Baustein eine Vielzahl von Versuchen an. Nicht alle müssen durchgeführt werden. Aber wenn ihr experimentiert, dann bleibt es spannend – denn die Versuchsergebnisse werden an dieser Stelle nicht verraten!

Manche Versuche kannst du mit alltäglichen Materialien – auch zu Hause – durchführen. Solche Versuche sind mit einem gerade stehenden **V** gekennzeichnet. Ein schräg stehendes ***V*** zeigt dagegen an, dass man für den Versuch spezielle Geräte braucht, die es nur in der Schule gibt.

V 5 Schau dir einmal den Glühdraht einer Haushaltsglühlampe mit einem Vergrößerungsglas an.

a) Vergleiche ihn mit der Darstellung in Bild 10.

b) Man sagt: „Der Glühdraht dieser Lampe ist *gewendelt.*“ Suche eine Erklärung für dieses Wort.

c) Als Wendel hat der Glühdraht eine Länge von etwa 5,5 cm. Wenn er jedoch ausgezogen ist, erreicht er eine Länge von fast 70 cm. Vergleiche die Längen an der Tischkante.

V 6 Untersuche, warum Glühdrähte in modernen Glühlampen gewendelt, oft sogar doppelt gewendelt sind.

a) Schalte 50 cm Konstantandraht (0,2 mm Ø) in einen Stromkreis ein und setze einen Papierreiter darauf (Bild 11). Regle dann das Netzgerät hoch, bis die Drahttemperatur so ansteigt, dass das Papier zu qualmen beginnt. Da der Draht noch nicht glüht, ist seine Temperatur niedriger als 600 °C. Merke dir jetzt die Anzeige des Strommessers.

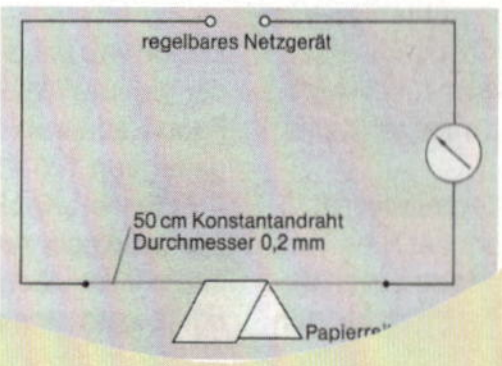

Informationen („Infos“)

In den „Infos“ werden z. B. wichtige **Begriffe** erklärt. Die Physiker benutzen ja eine eigene Fachsprache – und in diese wirst du hier Schritt für Schritt eingeführt.

Auch spezielle **Arbeitsweisen der Physik** werden dargestellt. Außerdem lernst du **Modelle** kennen, mit denen z. B. Versuchsergebnisse gedeutet werden können.

Viele Naturgesetze lassen sich **mathematisch** beschreiben – auch darum geht es in den „Info“-Bausteinen.

Mit den „Infos“ kannst du sogar dann etwas anfangen, wenn ihr die vorgeschlagenen Versuche nicht gemacht habt. Sie helfen dir auch, wenn du krank gewesen bist oder etwas einfach nicht mitbekommen hast.

Warum stellt sich die Kompassnadel in Nord-Süd-Richtung ein?

Noch vor 400 Jahren glaubte man, dass es im Norden der Erde riesige Magnetberge gäbe. Es wurde auch für möglich gehalten, dass der Polarstern die Kompassnadel nach Norden ablenkt (Bild 5). Davon war z. B. Columbus, der Entdecker Amerikas, überzeugt.

Heute wissen wir, dass die Erde ein riesiger Magnet mit einem Nord- und einem Südpol ist. Auch die Kompassnadel ist ein Magnet. Ungleichnamige Pole von Erde und Kompassnadel ziehen sich an und richten so die Kompassnadel aus.

Wir müssen zwischen den *geographischen* und den *magnetischen Polen* der Erde unterscheiden. Die magnetischen Pole liegen nicht genau auf den geographischen, sondern nur in ihrer Nähe (Bild 6).

Da die Kompassnadel zu den *magnetischen* Polen der Erde zeigt, weist sie nicht genau die Nord-Süd-Richtung. Die Abweichung heißt **Missweisung** oder *Deklination* (lat. *declinare:* ablenken). Sie ist unterschiedlich groß, je nachdem, wo sich der Kompass befindet.

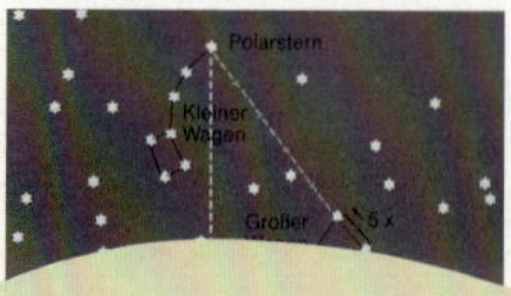

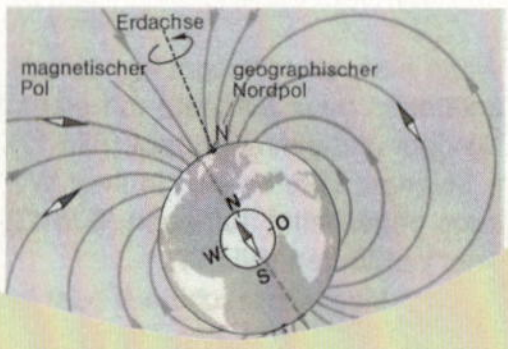

Aufgaben

Aufgaben müssen sein. Sie helfen dir tiefer in das Thema einzudringen. Häufig zeigen sie dir auch, was der Unterrichtsstoff mit deiner Umwelt zu tun hat.

Einige Aufgaben sind einfach zu beantworten, bei anderen wirst du knobeln müssen.

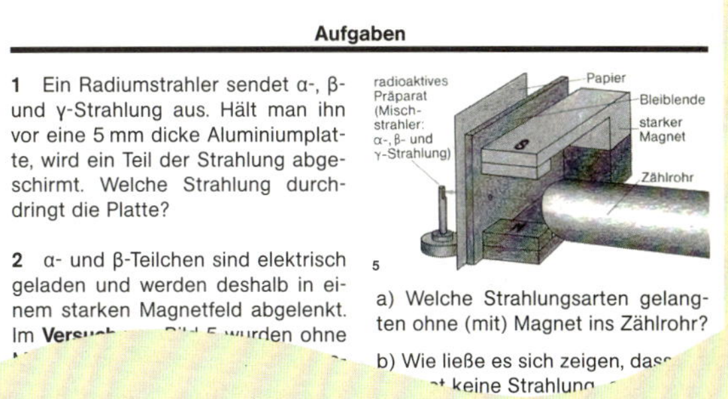

Aufgaben

1 Ein Radiumstrahler sendet α-, β- und γ-Strahlung aus. Hält man ihn vor eine 5 mm dicke Aluminiumplatte, wird ein Teil der Strahlung abgeschirmt. Welche Strahlung durchdringt die Platte?

2 α- und β-Teilchen sind elektrisch geladen und werden deshalb in einem starken Magnetfeld abgelenkt. Im **Versuch** ...

5

a) Welche Strahlungsarten gelangten ohne (mit) Magnet ins Zählrohr?

b) Wie ließe es sich zeigen, dass ... keine Strahlung ...

Aus Umwelt und Technik

Hier werden interessante Themen aufgegriffen. Wer in diesen Bausteinen schmökert, erfährt eine Menge über seine Umwelt – und er erkennt „die Physik“ auch im Alltag wieder.

Diese Texte eignen sich auch als Grundlage für kleine Vorträge. Vielleicht hast du mal Lust dazu?

Oder ist Physik etwa gar nicht dein Lieblingsfach? Interessieren dich Umweltprobleme und Themen aus Biologie oder Technik mehr? Dann sind diese Bausteine gerade das Richtige für dich!

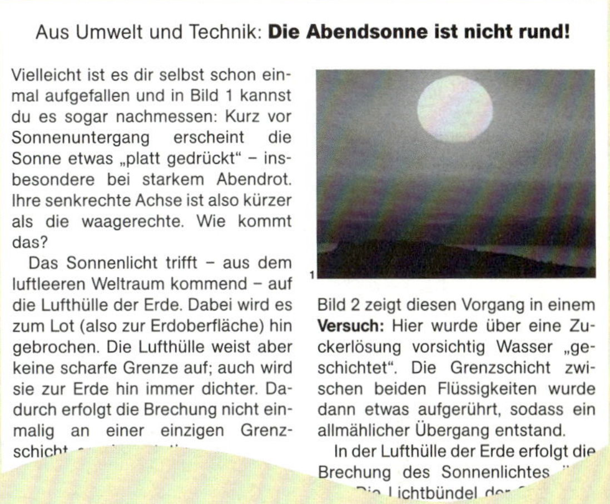

Aus Umwelt und Technik: **Die Abendsonne ist nicht rund!**

Vielleicht ist es dir selbst schon einmal aufgefallen und in Bild 1 kannst du es sogar nachmessen: Kurz vor Sonnenuntergang erscheint die Sonne etwas „platt gedrückt“ – insbesondere bei starkem Abendrot. Ihre senkrechte Achse ist also kürzer als die waagerechte. Wie kommt das?

Das Sonnenlicht trifft – aus dem luftleeren Weltraum kommend – auf die Lufthülle der Erde. Dabei wird es zum Lot (also zur Erdoberfläche) hin gebrochen. Die Lufthülle weist aber keine scharfe Grenze auf; auch wird sie zur Erde hin immer dichter. Dadurch erfolgt die Brechung nicht einmalig an einer einzigen Grenzschicht ...

1

Bild 2 zeigt diesen Vorgang in einem **Versuch:** Hier wurde über eine Zuckerlösung vorsichtig Wasser „geschichtet“. Die Grenzschicht zwischen beiden Flüssigkeiten wurde dann etwas aufgerührt, sodass ein allmählicher Übergang entstand.

In der Lufthülle der Erde erfolgt die Brechung des Sonnenlichtes ... Die Lichtbündel der ...

Aus der Geschichte

Die Erkenntnisse der Physik fielen wahrlich nicht vom Himmel. Manche Forscher brauchten ihr ganzes Leben, ehe sie die Lösung eines Problems fanden. Andere verteidigten Meinungen, die sich später doch als Irrtümer erwiesen. Manchmal war es auch umgekehrt: Ein Forscher fand etwas Richtiges heraus, aber man lächelte nur darüber.

Diese Bausteine berichten von den Leistungen bekannter Forscher und von den Schwierigkeiten, die sie zu überwinden hatten. Du erfährst auch etwas über geschichtliche Zusammenhänge. So wirst du einen Eindruck davon bekommen, wie sich Wissenschaft und Technik entwickelten und wie sie das Leben der Menschen veränderten.

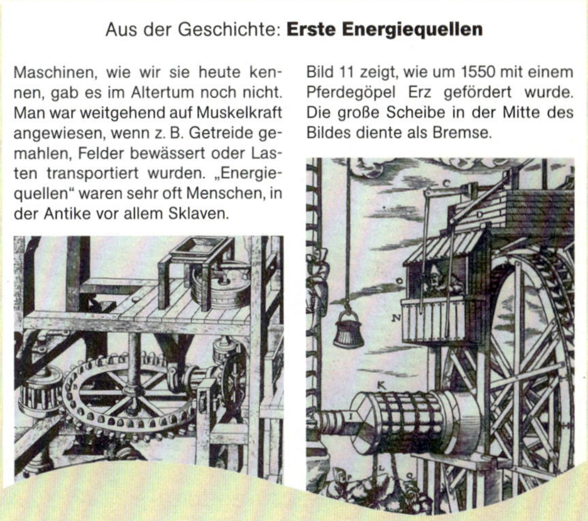

Aus der Geschichte: **Erste Energiequellen**

Maschinen, wie wir sie heute kennen, gab es im Altertum noch nicht. Man war weitgehend auf Muskelkraft angewiesen, wenn z. B. Getreide gemahlen, Felder bewässert oder Lasten transportiert wurden. „Energiequellen“ waren sehr oft Menschen, in der Antike vor allem Sklaven.

Bild 11 zeigt, wie um 1550 mit einem Pferdegöpel Erz gefördert wurde. Die große Scheibe in der Mitte des Bildes diente als Bremse.

Das Thema im Überblick

Natürlich findest du diesen Baustein immer am Schluss eines Kapitels. Es besteht aus zwei Teilen:

Unter der Überschrift **Alles klar?** stehen hier Aufgaben, die sich auf das gesamte Kapitel beziehen. Mit ihnen kannst du prüfen, ob du in dem Thema sattelfest bist.

Im Abschnitt **Zusammenfassung** wird alles Wesentliche zusammengefasst. Du findest hier auch die wichtigsten Versuchsergebnisse und den „roten Faden“ des Unterrichts. Das hilft dir vor Tests oder wenn du gefehlt hast.

Falls du trotzdem etwas nicht verstehst, kannst du in den „Info“-Bausteinen nachlesen.

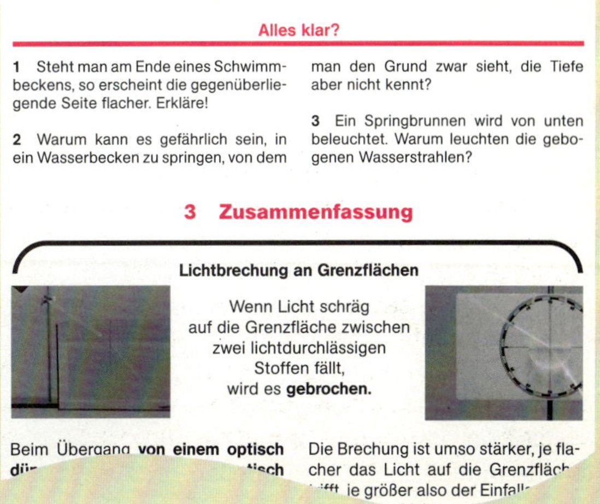

Alles klar?

1 Steht man am Ende eines Schwimmbeckens, so erscheint die gegenüberliegende Seite flacher. Erkläre!

2 Warum kann es gefährlich sein, in ein Wasserbecken zu springen, von dem man den Grund zwar sieht, die Tiefe aber nicht kennt?

3 Ein Springbrunnen wird von unten beleuchtet. Warum leuchten die gebogenen Wasserstrahlen?

3 Zusammenfassung

Lichtbrechung an Grenzflächen

Wenn Licht schräg auf die Grenzfläche zwischen zwei lichtdurchlässigen Stoffen fällt, wird es **gebrochen.**

Beim Übergang **von einem optisch** ...

Die Brechung ist umso stärker, je flacher das Licht auf die Grenzfläche trifft, je größer also der Einfall...

Licht und Sehen

1 Die Bedeutung von Lichtquellen

Harry meint: „Die Natur ist ungerecht! Den Grottenolm lässt sie erblinden und der Eule beschert sie Augen in Luxusausführung."
„Dem Grottenolm wäre auch mit den besten Augen nicht zu helfen", entgegnet ihm Tina …

1 Der **Grottenolm** ist ein Höhlentier aus Jugoslawien, das in Gewässern tief im Innern von Höhlen lebt. Bei der Geburt hat das Tier noch Augen. Sie bilden sich aber bald darauf vollständig zurück.

2 Nachtjäger wie die **Eule** sind mit großen Augen ausgestattet. Ihre Pupillen öffnen sich in der Dunkelheit sehr weit. Dadurch können die Eulen auch bei Nacht hervorragend sehen.

V 1 Versuche dein Zimmer vollständig zu verdunkeln. Siehst du noch etwas?

Kannst du etwas sehen, wenn sich deine Augen nach einigen Minuten an die Dunkelheit gewöhnt haben? Dringt wirklich kein Licht ins Zimmer?

V 2 Gehe mit einigen Mitschülern in einen Raum, der vollständig verdunkelt ist (z. B. in das Fotolabor). Nimm einen Leuchtstift, weißes Papier sowie den Seitenreflektor und den Rückstrahler eines Fahrrades mit.

Kannst du nach einiger Zeit etwas erkennen?

Aufgaben

1 Wenn du in eine unbeleuchtete Höhle hineingehst, siehst du zunächst gar nichts. Nach ein paar Minuten haben sich aber deine Augen „auf die Dunkelheit eingestellt".

Was ist mit dieser Redewendung gemeint?

2 Warum haben Tiere, die nachts jagen, meist besonders große Augen und Pupillen? Nenne Beispiele.

3 Die Augen des Maulwurfs sind nur so groß wie ein Stecknadelkopf. Der Maulwurf kann nur hell und dunkel unterscheiden.

Warum sind solche Augen für ihn ausreichend?

4 Was haben Quellen gemeinsam? Vergleiche Wasserquellen, Ölquellen, Lärmquellen und Lichtquellen.

5 Manche Lichtquellen sind sehr heiße Gegenstände (Körper). Andere erzeugen Licht ohne heiß zu werden. Die Bilder 3–10 zeigen einige Beispiele. Welche der Lichtquellen sind heiße Körper, welche nicht?

3

4

5

6

7

8

9

10

5667R

Aus Umwelt und Technik: **Lebendige Lichtquellen**

Auch unter den Tieren und Pflanzen gibt es Lichtquellen – lebendige Lichtquellen! Das Leuchten ist oft für das Überleben der Lebewesen wichtig: Entweder wird damit ein Partner oder ein Beutetier angelockt.

11

Glühwürmchen oder **Johanniskäfer** (Bild 11) sind bei uns heimisch. Sie bilden in besonderen Körperzellen einen Stoff, den sie zum Leuchten bringen können. Mit diesem Licht locken sich Männchen und Weibchen gegenseitig an.

Der **Tintenfisch** (Bild 12) hat besonders viele Leuchtorgane. Sie können sogar in unterschiedlichen Farben leuchten: einige weiß, andere hellblau und wieder andere rot.

12

13

Bild 13 zeigt **Pilze**, die im tropischen Regenwald wachsen. Ihr Leuchten wird von Bakterien hervorgerufen, die auf der Oberfläche der Pilze leben. Ob das Leuchten einen Nutzen für die Pilze hat, weiß man nicht.

Der **Anglerfisch** (Bild 16) lebt in der dunklen Tiefsee. Er kann deshalb seine Beute nicht sehen. Mit seinem Leuchtorgan lockt er sie jedoch vor sein aufgerissenes Maul und dann ist es um sie geschehen …

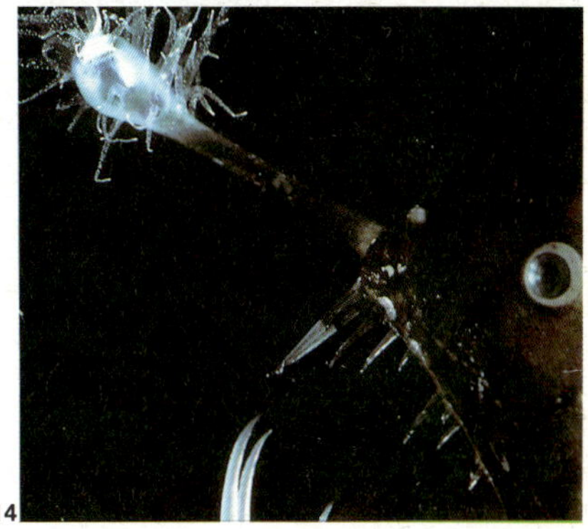
14

Aus Umwelt und Technik: **Sehen und gesehen werden**

Lichtquellen von Fahrzeugen sind nicht nur dazu da, die Straße zu beleuchten. Sie dienen auch der Information anderer Verkehrsteilnehmer. Wichtig ist nicht nur zu sehen, sondern auch gesehen zu werden!

Ein beleuchtetes Fahrzeug ist viel früher zu erkennen als ein unbeleuchtetes. Aus Position und Farbe der Lichter am Fahrzeug ergibt sich auch, in welche Richtung es sich bewegt (Bild 15).

Im Straßenverkehr dienen viele Lichtquellen der Information von

15

Verkehrsteilnehmern. Das gilt nicht nur für Lichtquellen an Fahrzeugen (Bilder 15 u. 16), sondern auch für die leuchtenden Signale an den Straßen (Bilder 17 u. 18).

Fragen und Aufgaben zum Text

1 Die Bilder 15 u. 16 zeigen Lichtquellen an Fahrzeugen. Benenne jeweils die Lichtquellen. Worüber informieren sie?

2 Welche Informationen übermitteln die Lichtquellen der Bilder 17 u. 18?

16

17

18

2 Licht wird gestreut – wir sehen Körper

1

Das ist Marios Supertrick: Er lässt mitten im Raum – ganz ohne helle Leinwand – ein Bild erscheinen. Er bewegt einen Zeigestock im Lichtkegel eines Projektors schnell auf und ab – und plötzlich erscheint das Bild!

Ohne den Zeigestock ist an dieser Stelle nichts zu sehen, nicht einmal der Lichtkegel des Projektors. Durchschaust du Marios Trick?

V 3 Wir stellen die Experimentierleuchte so auf, dass wir sie *von der Seite* sehen (Bild 2). Der schmale Lichtkegel ist in die Dose gerichtet. Der Klassenraum wird verdunkelt.

a) Kannst du von der Seite her erkennen, ob die Lampe aus- oder eingeschaltet ist?

b) Wie kann man *sicher* erkennen, ob die Lampe leuchtet?

V 4 Nun halten wir verschiedene Gegenstände in den Lichtkegel, z. B. ein Buch, einen Bleistift oder ein Blatt Papier. Was kannst du jeweils sehen?

Aus welchen Richtungen ist der Lichtkegel zu sehen, wenn wir etwas Mehl (oder Kreidestaub, Rauch) hineinblasen?

V 5 Richte den Lichtkegel einer Lampe auf einen *Schirm*, z. B. ein Stück weißen Karton. Lege ein Buch vor den Schirm und eines dahinter. Die Bücher sollen nicht direkt von der Lampe beleuchtet werden (Bild 3).

Als Schirm verwenden wir auch schwarzen Karton, roten Karton, eine saubere Glasscheibe und eine Milchglasscheibe (oder ein Stück Butterbrotpapier).

a) Bei welchem Schirm kannst du die Schrift in den Büchern am besten erkennen?

b) Trage deine Ergebnisse in eine Tabelle ein (→ Muster rechts oben). Beschreibe dabei die Helligkeit mit den Begriffen *dunkel, schwach erleuchtet, hell erleuchtet.*

Material des Schirms	Buch vor dem Schirm	Buch hinter dem Schirm
schwarzer Karton	...	...

c) Wie gelangt bei diesem Versuch das Licht auf das Buch und vom Buch ins Auge? Lege dazu eine Zeichnung an, in die du den Weg des Lichtes einträgst.

V 6 Ein Schüler stellt sich mit dem Rücken vor ein hell erleuchtetes Fenster. Sein Gesicht erscheint vor dem hellen Hintergrund dunkel.

Nun hält er ein weißes Blatt Papier so vors Gesicht, als wolle er darin lesen. Welche Veränderungen kannst du dadurch am Gesicht beobachten?

2

3

5671R

Wie wir Gegenstände sehen

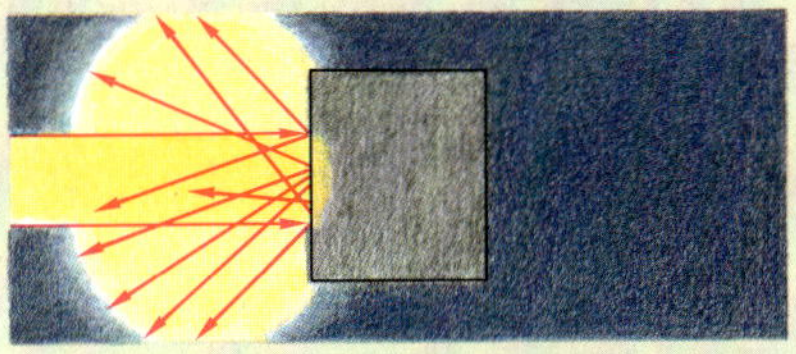

„Undurchsichtige“ Körper werfen auftreffendes Licht in die verschiedensten Richtungen zurück. Das Licht wird rückwärts gestreut; man spricht auch von **diffuser Reflexion** (lat. *diffundere:* zerstreuen).

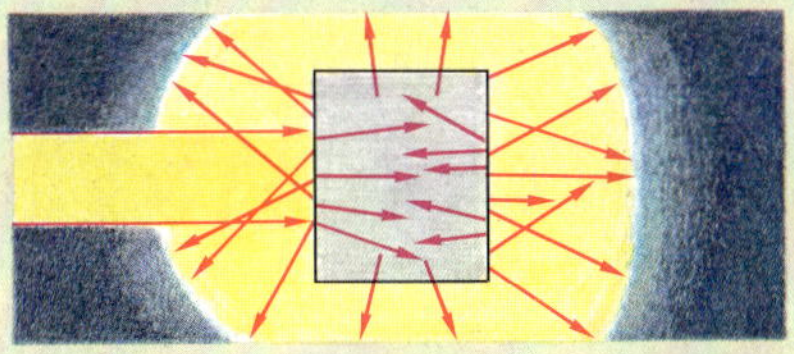

Manche Körper (z. B. Milchglas) nennen wir **durchscheinend** oder **transparent.** Das Licht kann sie durchdringen, wird dabei aber in alle möglichen Richtungen gestreut.

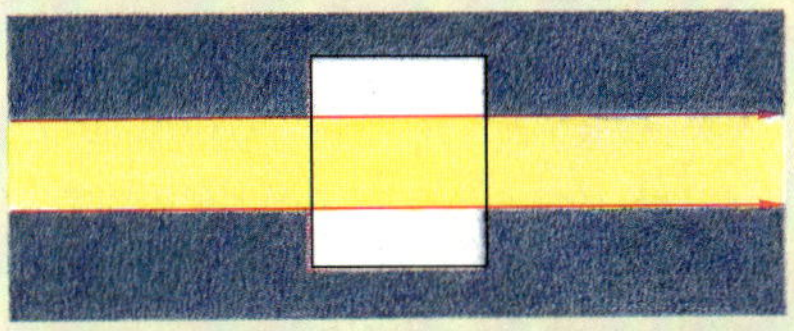

Glasscheiben und andere „durchsichtige“ Körper lassen das Licht fast ungehindert hindurch. Man nennt sie **lichtdurchlässig.**

Schwarze, matte Körper **absorbieren** (lat. *absorbere:* verschlucken) auftreffendes Licht fast vollständig. Wir sehen sie nur im Kontrast zu hellerer Umgebung.

4

Bild 4 zeigt, was mit Licht geschieht, das auf einen Körper trifft. Die meisten Körper werfen einen Teil des auftreffenden Lichtes in alle möglichen Richtungen zurück. Dieser Vorgang heißt **Streuung**.

Physikalisch können wir den Sehvorgang folgendermaßen erklären: Unser Auge ist ein Sinnesorgan (Bild 5). Damit wir sehen, muss Licht ins Augeninnere fallen. Durch ein kleines Loch, das man *Pupille* nennt, gelangt das Licht ins Auge. (Die Öffnung ist durch die lichtdurchlässige Hornhaut geschützt.)

Wenn z. B. das Licht einer Kerze ins Auge fällt, sehen wir die Kerze. **Das Auge ist also ein Lichtempfänger.**

Die hellste Lichtquelle ist unsichtbar, wenn ihr Licht nicht ins Auge gelangt.

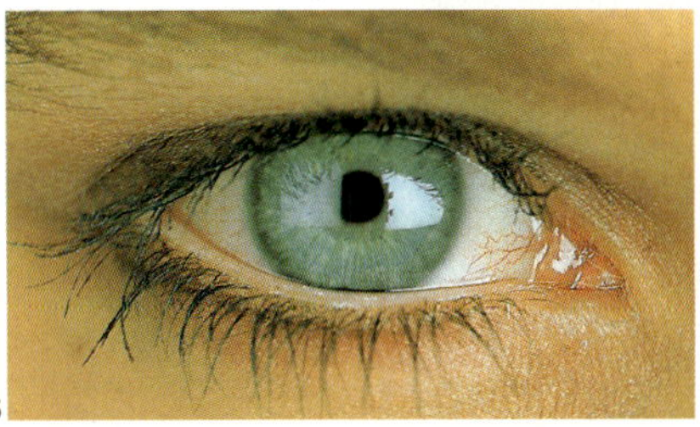

5

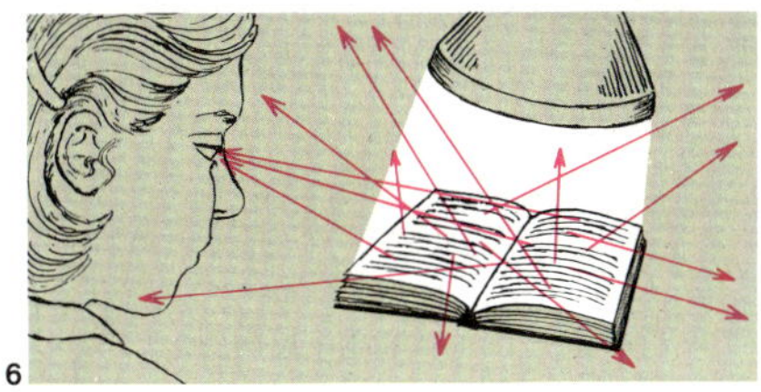

6

Lichtquellen erzeugen ihr Licht selbst. Sie heißen **selbst leuchtende Körper**.

Wir sehen natürlich auch Gegenstände, die kein Licht erzeugen.

Du liest z. B. gerade den Text in diesem Buch. Dazu muss Licht vom Buch in dein Auge fallen. Das Buch erzeugt das Licht nicht selbst, sondern streut auftreffendes Licht, das von einer Lampe oder der Sonne kommt. Damit vom Buch Streulicht ausgeht, muss es beleuchtet sein.

Wenn gestreutes Licht von einem beleuchteten Körper in unser Auge fällt, sehen wir den Körper (Bild 6).

Wir sehen auch Körper, die nicht *direkt* von einer Lichtquelle beleuchtet werden. Das Streulicht von anderen Körpern reicht zur Beleuchtung aus.

Aufgaben

1 Stell dir vor, du betrachtest gerade einen Baum. Die Sonne ist von einer Wolke verdeckt.

Wie verläuft der Weg des Lichtes, während du den Baum siehst?

2 Wenn Licht durch ein Glasgefäß mit Wasser fällt, ist es im Wasser nicht zu sehen.

Sobald man aber etwas Badesalz in dem Wasser löst, wird das Licht sichtbar.

Erkläre diese Beobachtung.

3 Bild 7 zeigt einen Astronauten im Weltraum.

Der Astronaut wird von der Sonne beleuchtet. Die Lufthülle der Erde ist ebenfalls beleuchtet.

Dagegen erscheint uns der Weltraum hinter dem Astronauten tiefschwarz. Wie kommt es dazu?

7

4 Findest du eine Erklärung für „Marios Supertrick“ (Bild 1)?

5 In der Versuchsanordnung von Bild 2 soll sich kein Gegenstand im Lichtweg befinden.

Die Lampe wird eingeschaltet. Warum sieht man davon nichts?

6 Manchmal verwendet man Milchglasscheiben. Erkläre die Wirkung dieser Scheiben.

7 Warum wäre es ungünstig, wenn die Verdunklungsrollos im Physikraum weiß wären?

Aus Umwelt und Technik: **Streulicht im Straßenverkehr**

1

2

Im Straßenverkehr müssen Gegenstände und Personen gut zu sehen sein. Wenn sie keine eigene Lichtquelle haben, spielt das Streulicht eine lebenswichtige Rolle.

Zum Beispiel sollten Fußgänger nachts *helle* Kleidung tragen. Sie streut mehr Licht und absorbiert weniger als dunkle Kleidung. Ein Autofahrer kann etwas Helles schon von weitem erkennen (Bild 1).

Verkehrsschilder werfen auftreffendes Licht hauptsächlich in die Richtung zurück, aus der sie beleuchtet werden. Beim Autofahren sind sie daher frühzeitig zu sehen.

Auch Rückstrahler und Seitenstrahler von Fahrrädern werfen das Licht in die Richtung zurück, aus der sie angestrahlt werden. Bild 2 zeigt die vorschriftsmäßige Ausrüstung eines Fahrrades.

Streulicht kann auch stören und sogar gefährlich sein, z. B. bei einer nächtlichen Autofahrt im Schneetreiben oder bei Nebel. Wenn man das Fernlicht einschaltet, sieht man plötzlich nur noch eine „weiße Wand". Von den Schneeflocken oder Nebeltröpfchen wird nämlich viel Licht gestreut. Der Autofahrer wird dadurch geblendet.

Fragen und Aufgaben zum Text

1 Welche Farben soll die Kleidung haben, wenn man bei Dunkelheit auf die Straße geht?

2 Welche Aufgaben haben beim Fahrrad die verschiedenen Teile der Beleuchtungseinrichtung, welche die Reflektoren?

3 Die Ausbreitung des Lichtes

Was sagen dir die Bilder 3–5 über die Lichtausbreitung?

3

4

5

V 7 Wie breitet sich das Licht aus?

Bespanne ein Sieb außen mit einer Alufolie und stülpe es über eine Glühlampe (6 V; 5 A). Stich mit einem Bleistift Löcher in die Folie.

Wie kann man das austretende Licht (in einem verdunkelten Raum) sichtbar machen? Was zeigt dieser Versuch?

6

V 8 Auch dieser Versuch zeigt den Weg des Lichtes (Bild 6). Das Wasser wurde mit Badesalz gefärbt.

Beschreibe deine Beobachtung.

6014R

V 9 Das Licht einer Glühlampe (z. B. von einer Experimentierleuchte ohne Linse) fällt durch eine Lochblende auf einen weißen Karton (Bild 8).

a) Welche Form hat dieser Fleck? Wie kann man den Fleck vergrößern oder verkleinern?

b) Übertrage Bild 9 vergrößert in dein Heft. Zeichne den Lichtkegel, der den Fleck auf dem Karton erzeugt. Das Licht soll von der Mitte der Glühlampe ausgehen.

Zum Zeichnen des Lichtkegels wird ein Lineal verwendet. Warum ist das sinnvoll? Gib eine physikalische Begründung.

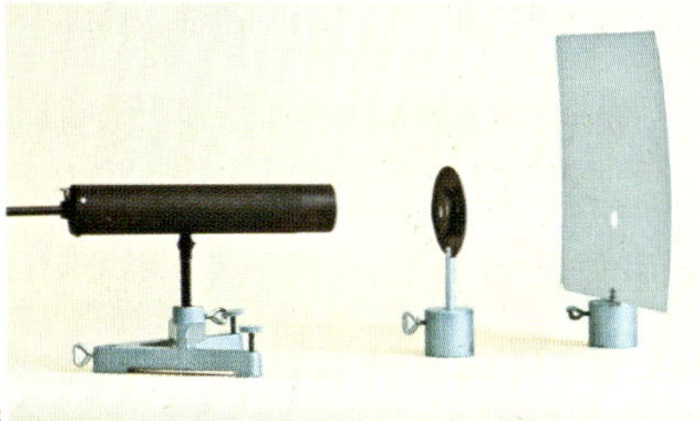
8

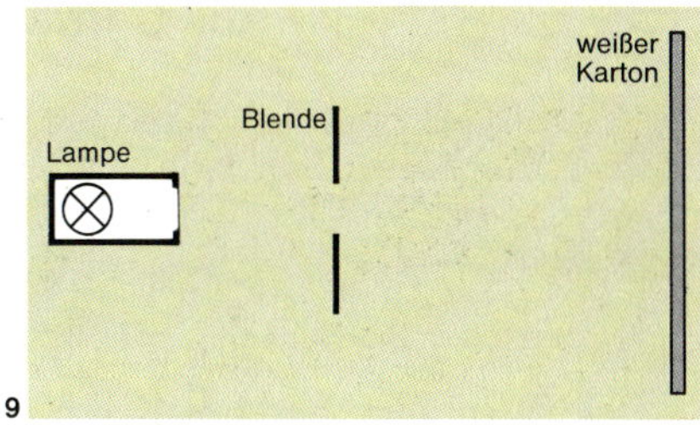

9

V 10 Verwende den Aufbau von Bild 8. Stelle bei ausgeschalteter Lampe eine zweite Lochblende zwischen den Karton und die erste Blende. Worauf musst du achten, wenn wieder ein Lichtfleck entstehen soll?

Schalte die Lampe ein und überprüfe, ob du die zweite Blende richtig aufgestellt hast.

Wie sich Licht ausbreitet

Eine Glühlampe sendet Licht nach allen Seiten aus. Meist kann es sich aber nicht in alle Richtungen ungehindert ausbreiten. So schirmt z. B. das Gehäuse der Experimentierleuchte das Licht teilweise ab. Nur nach vorne kann Licht austreten (Bild 10). Es entsteht ein **Lichtbündel**.

10

Mit Lochblenden kann man sehr feine Lichtbündel herstellen (Bild 11).

Lichtbündel stellen wir mit Lichtstrahlen dar. Strahlen, die das Lichtündel begrenzen, heißen *Randstrahlen* (Bild 12). Lichtstrahlen zeichnet man mit dem Lineal, da sich *Licht geradlinig ausbreitet.*

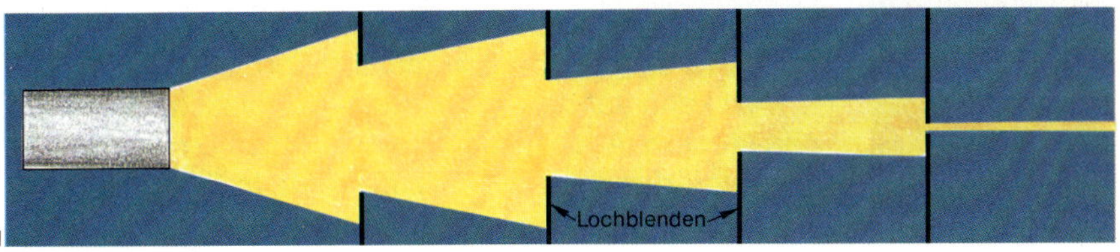

11

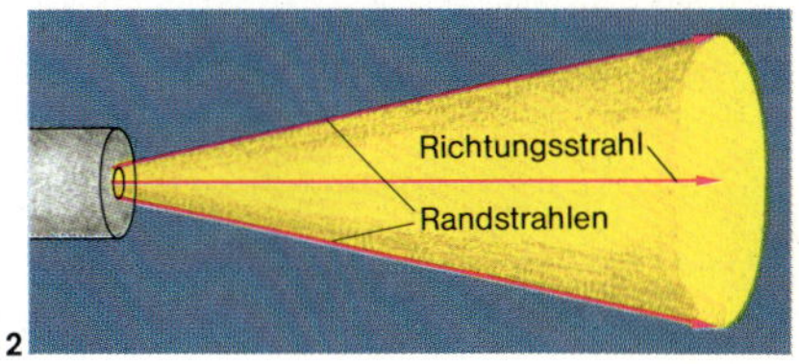

12

Aufgaben

1 Bild 13 zeigt ein Sieb, das mit Alufolie abgedeckt ist. Unter dem Sieb befindet sich eine Glühlampe. In die Folie wird mit einer Nadel ein Loch gestochen.

Zeichne im Heft *einen* Lichtstrahl, der das Sieb durch das Loch verlässt.

2 In Bild 14 fällt Licht durch eine Blende auf einen Schirm.

Wie verändert sich der Lichtfleck auf dem Schirm, wenn man die Blendenöffnung größer (kleiner) macht? Zeichne.

3 In der Anordnung von Bild 14 wird der Abstand Lichtquelle–Blende verändert. Wie ändert sich dabei der Verlauf der Randstrahlen hinter der Blende?

Fertige dazu zwei Zeichnungen an. Einmal soll die Lichtquelle näher an der Blende stehen als in Bild 14, einmal soll sie weiter entfernt sein.

4 Wenn du prüfen willst, ob ein Brett gerade ist oder ob es sich verzogen hat, dann peilst du an einer Kante des Brettes entlang. Erkläre, warum dieses Verfahren funktioniert.

5 Von einer Lampe fällt Licht durch ein Schlüsselloch (Bild 15).

Übertrage die Skizze vergrößert in dein Heft. Zeichne das Lichtbündel ein, das durch das Schlüsselloch fällt.

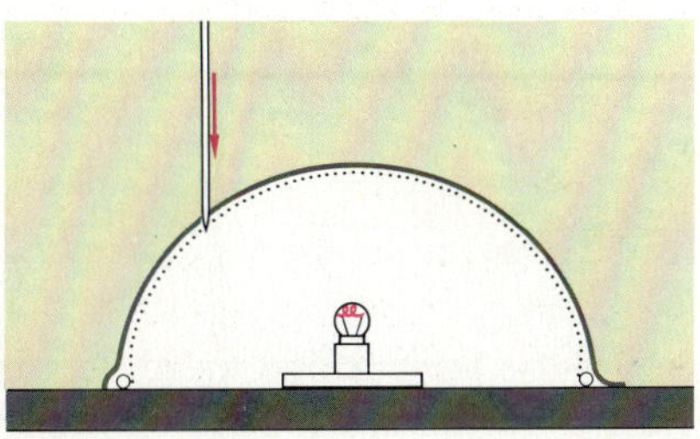
13

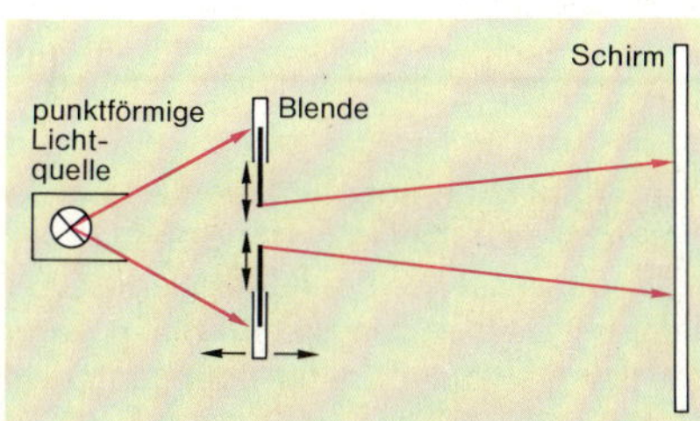

14

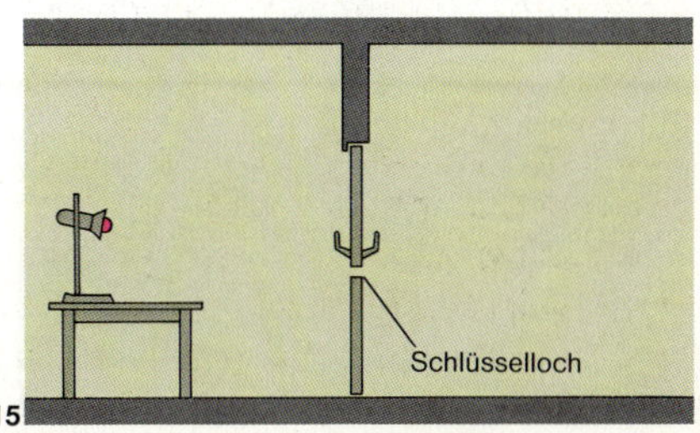

15

Aus Umwelt und Technik: **Tunnelbau mit Laserstrahlen**

1

In den Bergen müssen kilometerlange Tunnel für Eisenbahnstrecken und Straßen gebaut werden. Auch für U-Bahnen in Großstädten sind lange Tunnel erforderlich. Oft verwendet man riesige Bohrmaschinen, mit denen die Tunnelröhre in einem einzigen Arbeitsgang in das Gestein gebohrt wird. Dabei ist es wichtig, dass die Richtung des Tunnels genau eingehalten wird. Die Bohrmaschine soll ja an der beabsichtigten Stelle wieder aus dem Berg herauskommen.

2

Um die Richtung der Bohrung zu kontrollieren, setzt man *Laserstrahlen*, sehr schmale und helle Lichtbündel, ein. Sie werden von besonderen Lichtquellen erzeugt.

Und so funktioniert die Steuerung der Bohrmaschine (Bild 1): Am Bohrer befindet sich ein Lichtempfänger, auf den ein genau ausgerichteter Laserstrahl trifft. Gerät die Bohrmaschine auch nur geringfügig aus der Richtung, so fällt das Licht nicht mehr auf den Empfänger. Die Richtung wird dann sofort automatisch korrigiert.

Man kann auf diese Weise die Bohrmaschine sehr genau steuern. Auch lange Tunnel weichen um weniger als 1 cm von der geplanten Richtung ab. In Bild 2 wird eine Tunnelröhre mit Hilfe von Laserstrahlen vermessen.

Alles klar?

1 „Der Tag wurde länger, als die Menschen begannen künstliche Lichtquellen zu benutzen." Erläutere diesen Satz.

2 Stell dir vor, an einem Wintertag fällt um 18 Uhr das elektrische Licht aus und ihr habt keine Kerzen oder andere Leuchten zur Hand. Was alles könntet ihr ohne Licht *nicht* mehr tun?

3 In einer Fernsehsendung der Reihe „Versteckte Kamera" gingen zwei Männer wie in Bild 3 über die Straße. Die Passanten vermieden es, zwischen den Männern hindurchzugehen. Wie ist ihr Verhalten zu erklären?

3

4 Welche Auffassung vom Sehvorgang ist in Bild 4 dargestellt?

5 Auf den Leuchttürmen strahlen nachts Scheinwerfer Lichtsignale aus um den Schiffen in Küstennähe den Weg zu weisen. Warum stehen die Scheinwerfer auf Türmen und nicht auf ebener Erde?

6 Mit Hilfe von bestimmten Lichtquellen (den Lasern) kann man bis auf die Mondoberfläche leuchten. Könnte man mit diesen Lichtquellen auch Lichtsignale von Europa nach Amerika senden? Begründe deine Antwort.

7 Es gibt Experimentierleuchten, bei denen sich die Glühlampe im Gehäuse verschieben lässt. Wo befindet sich die Glühlampe jeweils in den Bildern 5 u. 6, vorne an der Gehäuseöffnung oder hinten im Gehäuse?

4

5

6

5677R

4 Zusammenfassung

7

Lichtquellen

Licht geht von Lichtquellen aus. Lichtquellen bezeichnet man auch als *selbst leuchtende Körper.*

Durch die Sonne ist es auf der Erde nicht nur hell. Erst das Sonnenlicht macht das Leben auf der Erde möglich. So brauchen z. B. Pflanzen das Sonnenlicht zum Wachsen.

Viele Lichtquellen dienen der Information. Von ihnen gehen Signale aus.

8

9

Wie sich Licht ausbreitet

Lichtquellen wie Glühlampen oder Kerzenflammen senden Licht *nach allen Seiten* aus.

Das Licht breitet sich *geradlinig* aus, solange es nicht auf Körper trifft.

Man beschreibt die Lichtausbreitung mit Hilfe von **Lichtbündeln** und **Lichtstrahlen**.

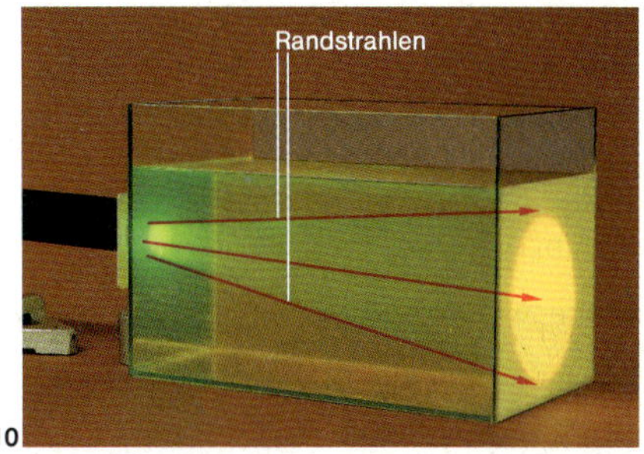

10

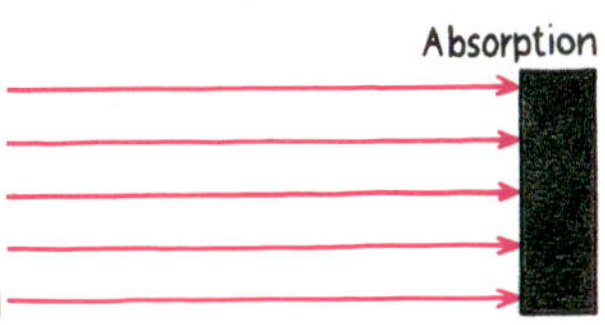

11

Absorption und Streuung von Licht

Wenn Licht auf einen Körper fällt, wird es absorbiert (verschluckt)
oder vorwärts oder rückwärts gestreut
oder geradeaus durchgelassen.

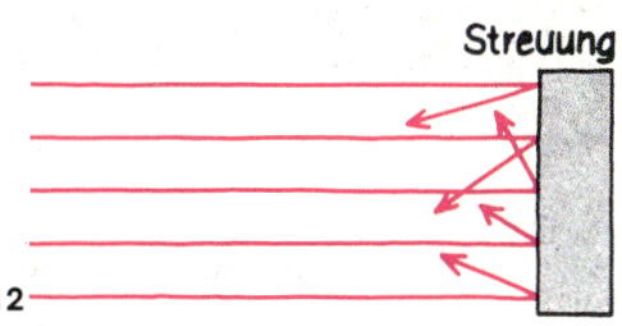

12

Wenn das Licht rückwärts gestreut wird, spricht man auch von diffuser Reflexion.

Der Sehvorgang

Physikalisch betrachtet ist das Auge ein *Lichtempfänger.*
Wenn Licht ins Auge fällt, sehen wir den Körper, von dem das Licht ausgeht.

Wenn das Licht direkt von einer *Lichtquelle* kommt, sehen wir die Lichtquelle. *Beleuchtete Körper* sehen wir, wenn das von ihnen gestreute Licht in unser Auge gelangt.

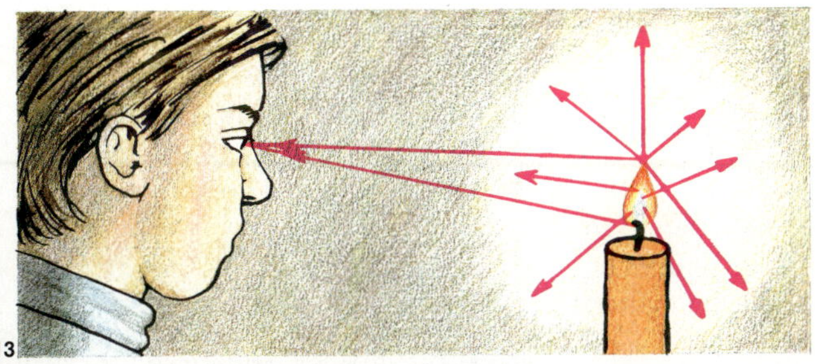

13

14

Licht und Schatten

1 Schattenbilder

Es ist gar nicht so schwierig, die Silhouette eines Menschen zu zeichnen (Bild 1) …

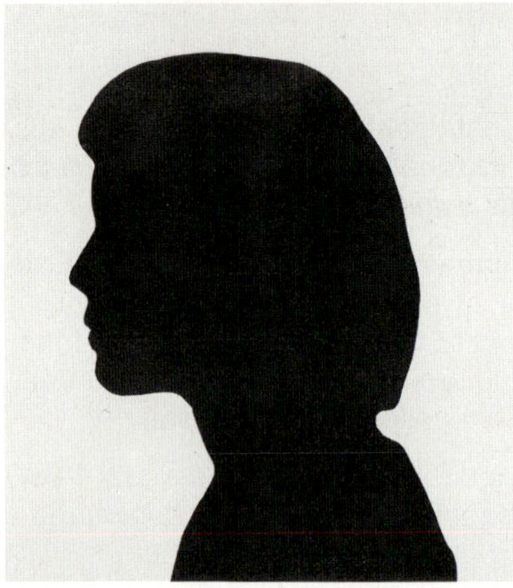
1

V 1 In Bild 2 siehst du, wie man ein Schattenbild nachzeichnen kann.

a) Welche Lichtquellen (z. B. Kerze, Schreibtischlampe, Taschenlampe mit und ohne Reflektor) erzeugen Schatten mit scharfen Rändern?

b) Schattenbilder eignen sich für ein Gesellschaftsspiel: Je zwei Mitspieler fertigen voneinander Schattenbilder an. Dann werden die Bilder an die Wand geheftet. Gewinner ist, wer zuerst alle Gesichter erkannt hat.

2

3

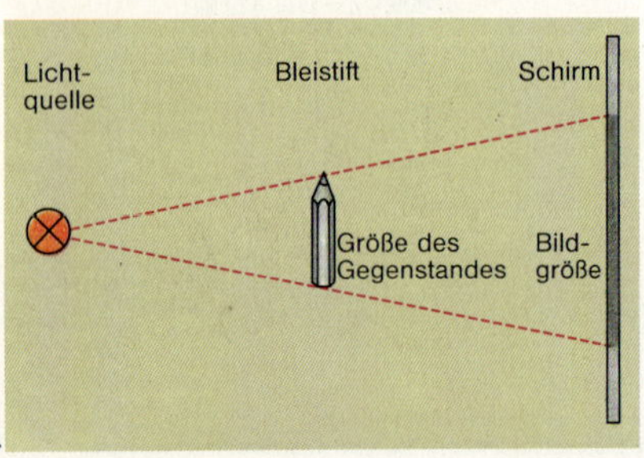

4

V 2 Ein Brett wird 1 m bis 2 m vor der Wandtafel an einem Stativ befestigt. Davor wird in einigem Abstand ein Glühlampe aufgestellt.

Die Lage des Schattenbildes soll vorhergesagt werden. Wie kannst du vorgehen? Was setzt du dabei über die Lichtausbreitung voraus?

V 3 In diesem Versuch geht es um *Schatten* und *Dunkelheit*. Richte den Lichtkegel einer Schreibtischlampe gegen die Zimmerdecke. Das Zimmer soll ansonsten dunkel sein.

a) Halte einen Schuhkarton mit der Öffnung nach unten in einigem Abstand über die Lampe. Was beobachtest du an der Zimmerdecke?

Nähere den Karton der Lampe und stülpe ihn schließlich ganz darüber. Wie ändert sich der Schatten?

b) Welche Gemeinsamkeiten zwischen Schatten und Dunkelheit werden in diesem Versuch deutlich?

c) Nähere deine Hand der Lampe und beobachte das Schattenbild an der Decke. Wie verändert es sich?

V 4 Ein Stift wird zwischen eine Kerze oder Taschenlampe und einen Schirm gestellt (Bild 3).

a) Wo muss sich der Stift befinden, damit du ein großes Schattenbild erhältst? Wohin musst du ihn halten, damit es möglichst klein ist?

Fertige dazu zwei Zeichnungen wie Bild 4 (mit Randstrahlen) an.

b) Kippe den Schirm nun etwas nach hinten. Wie verändert sich das Schattenbild?

Zeichne, wie das veränderte Schattenbild entsteht.

V 5 Wenn du an einer Straßenlaterne vorbeigehst, verändert sich dein Schatten auf dem Gehweg.

Mit der Anordnung von Bild 5 kannst du die Situation nachstellen. Die Kerze muss dabei größer als die Schachtel sein.

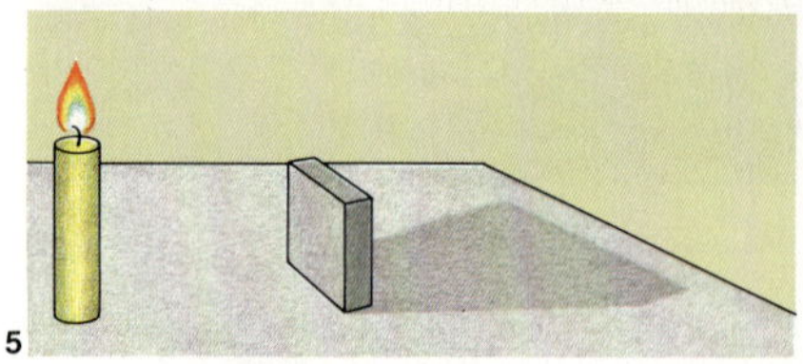
5

a) Bewege die Schachtel an der Kerze vorbei und von der Kerze weg. Beobachte, wie sich der Schatten auf dem Tisch verändert.

b) Zeichne die Entstehung des Schattens für zwei unterschiedliche Abstände Schachtel–Kerze (Darstellung wie in Bild 4).

V 6 Nicht immer erhält man deutliche Schattenbilder.

Fertige aus Pergamentpapier einen Lampenschirm für die Taschenlampe an (Bild 6).

Sieh dir den Schatten eines Gegenstands an, einmal mit Schirm auf der Lampe, einmal ohne.

Vergleiche.

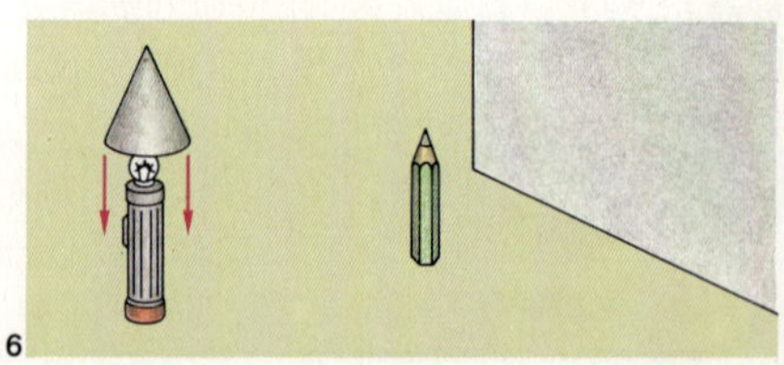
6

5679R

Schattenraum und Schattenbild

Licht breitet sich *geradlinig* aus.

In Bild 7 fällt Licht von einer Lampe auf einen lichtundurchlässigen Körper. Auf direktem Weg gelangt kein Licht von der Lampe in den Raum hinter dem Körper. Dieser Raum heißt **Schattenraum**.

Nur Streulicht aus der Umgebung kann den Schattenraum erhellen.

Auf einem Schirm hinter dem Körper entsteht ein **Schattenbild**. Die Ränder des Schattenbildes werden von den Rändern des Körpers erzeugt.

Wenn wir von *Schatten* sprechen, kann sowohl der Schattenraum als auch das Schattenbild gemeint sein.

Wenn man den Schirm vom Körper entfernt, wird das Schattenbild größer. Hält man den Schirm schräg in den Lichtweg, wird das Schattenbild länger (Bild 8).

Dunkle Schatten mit deutlichen, scharfen Rändern heißen *Schlagschatten*.

Man erhält einen Schlagschatten, wenn die Lichtquelle viel kleiner als der Körper ist, der den Schatten wirft. Man spricht dann von einer *punktförmigen Lichtquelle*.

Bei ausgedehnten Lichtquellen haben die Schattenbilder keine scharfen, sondern verschwommene Ränder.

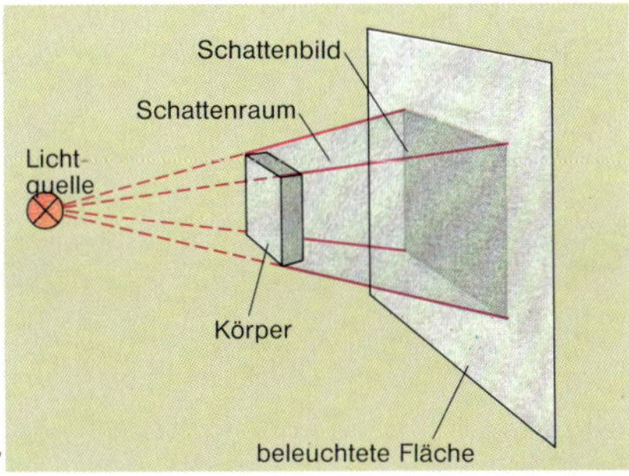

7

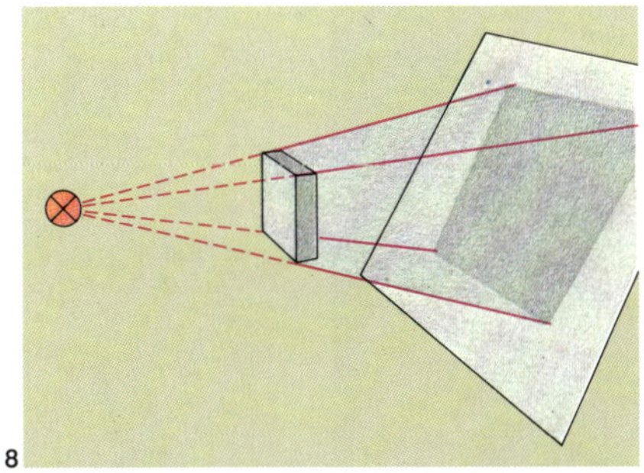
8

Aufgaben

1 Welche drei Dinge sind nötig, damit Schattenbilder entstehen?

2 Mit welchen Lichtquellen werden die Ränder eines Schattenbildes scharf, mit welchen unscharf?

3 Wir unterscheiden *Schattenraum* und *Schattenbild*. Erkläre beide Begriffe anhand von Bild 9.

4 Was ist in den folgenden Beispielen jeweils gemeint – der Schattenraum, das Schattenbild oder etwas anderes?
a) Das Ereignis wirft seine Schatten voraus.
b) Er sitzt im Schatten des Baumes.
c) Er steht im Schatten seiner Vorgänger.
d) Abends sind die Schatten länger.
e) Ein Schatten huscht über die Wand.

9

5 Überlege dir weitere Redewendungen mit dem Wort *Schatten*.

Versuche diese Redewendungen ebenfalls den Begriffen Schattenbild und Schattenraum zuzuordnen.

6 Die Bilder 10–12 beruhen auf der gleichen Grundidee. Formuliere diese Idee.

Man sagt, ein Schatten „huscht über die Wand“ oder „fällt auf den Boden“. In diesen Redewendungen wird das Wort Schatten in ähnlicher Weise verwendet.

Erläutere den Unterschied zwischen der alltäglichen und der physikalischen Auffassung von Schatten.

10

11

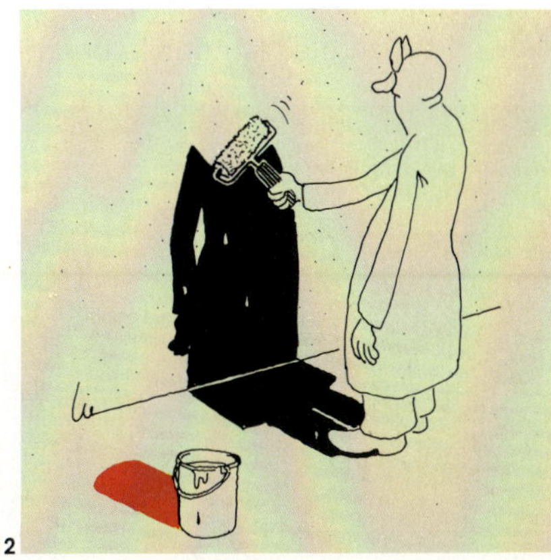
12

Aus der Geschichte: **Silhouetten und Schattenspiele**

Vor 200 Jahren gab es noch keine Fotografien. Wenn man von seiner Familie ein Bild haben wollte, musste man es beim Maler bestellen.

Wer sich ein solches Bild nicht leisten konnte, musste mit einem Schattenbild vorlieb nehmen. Schattenbilder waren für die Menschen damals das, was für uns heute Erinnerungsfotos sind.

Man nannte diese Schattenbilder *Silhouetten* (Bild 1). Dieser merkwürdige Name geht auf den französischen Finanzminister *Etienne de Silhouette* zurück, der im 18. Jahrhundert die Leute zur Sparsamkeit ermahnte. Seiner Meinung nach sollten sie Schattenbilder statt teurer Gemälde anfertigen lassen.

Mit den Händen Schattenbilder zu erzeugen ist heute noch ein beliebtes Spiel. Probiere aus, welche Figuren von Bild 2 dir gelingen.

1

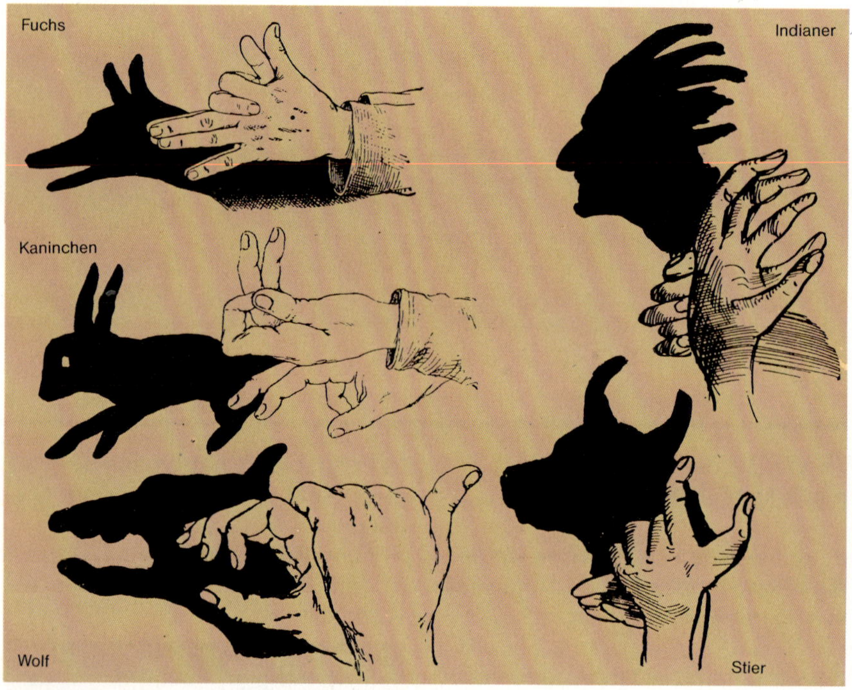

2

Aus Umwelt und Technik: **Schattentheater**

Beim Schattentheater ist ein scharf begrenzter Schatten erwünscht. Daher setzt man eine möglichst helle, punktförmige Lichtquelle ein.

Die Zuschauer sitzen vor einer durchscheinenden Leinwand (Bild 3), hinter der sich die Lichtquelle befindet. Zwischen Lichtquelle und Leinwand werden die Spielfiguren bewegt.

In China hat das Schattentheater eine lange Tradition. Mit kunstvoll angefertigten Figuren wurden ganze Theaterstücke aufgeführt (Bild 4).

Fragen und Aufgaben zum Text

1 Was geschieht, wenn man eine Figur von der Leinwand weg in Richtung Lichtquelle bewegt?

2 Erkläre, warum beim Schattentheater punktförmige (und keine ausgedehnten) Lichtquellen verwendet werden.

3

4

5681R

2 Schatten verschiedener Lichtquellen

5

Schattenbilder sind nicht immer grau oder schwarz!

V 7 Wir erzeugen farbige Schattenbilder auf einer weißen Wand. Der Raum wird dazu verdunkelt. Als Lichtquelle dienen farbige Spotlampen (innen mattiert), wie sie für Lichtorgeln verwendet werden.

a) Die Wand wird mit rotem Licht beleuchtet. Welche Farbe wird der Schatten eines Gegenstands haben? Begründe deine Vermutung.

b) Wir tauschen die rote Lampe gegen eine grüne aus. Was ändert sich dadurch, was bleibt gleich?

V 8 Die Wand wird nun mit der roten und grünen Lampe gleichzeitig bestrahlt.

a) Die Lampen sollen zunächst einen größeren Abstand voneinander haben (ungefähr 60 cm). Halte die Hand oder ein Buch zwischen Lampe und Wand. Wie kommen die Farben der beiden Schatten zustande?

b) Die Lampen werden nun zusammengerückt, sodass sich die Schattenbilder überlappen. Erkläre, wie das dunkle Schattengebiet entsteht.

V 9 Auf einem Brett sind mehrere Lampen in einer Reihe befestigt (Bild 6).

a) Die Lampen werden nacheinander festgeschraubt. Beobachte, wie sich das Schattenbild verändert.

b) Erkläre, wie die unterschiedlich hellen Zonen im Schattenbild entstehen.

c) Drehe das Brett so, dass die Lampenreihe waagerecht steht. Wie ändert sich das Schattenbild?

V 10 Wir ersetzen die einzelnen Lampen durch eine röhrenförmige Lampe. Die Lampe wird mal senkrecht und mal waagerecht gehalten. Beschreibe den Schatten. Wie kommt er zustande?

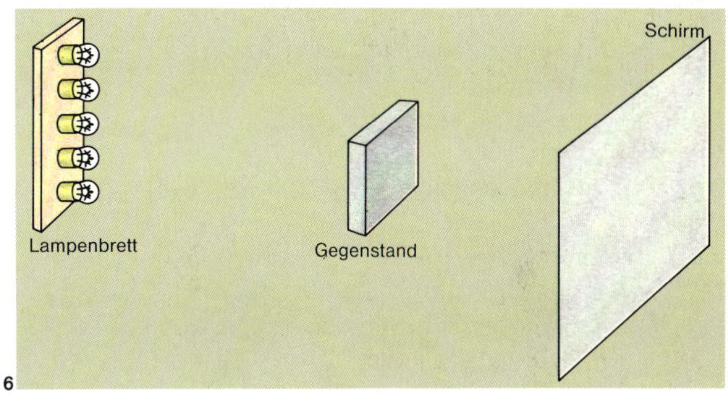

6

Kern- und Halbschatten

In Bild 7 wird ein Körper von zwei nahezu punktförmigen Lichtquellen beleuchtet. Die entstehenden Schattenbilder überlappen sich. Hinter dem Körper entstehen ein dunkler Bereich und zwei farbige Bereiche.

Die Bereiche, in die kein Licht fällt, nennt man **Kernschatten**.

Die Bereiche, in die nur Licht von einer der beiden Lampen fällt, bezeichnet man als **Halbschatten**.

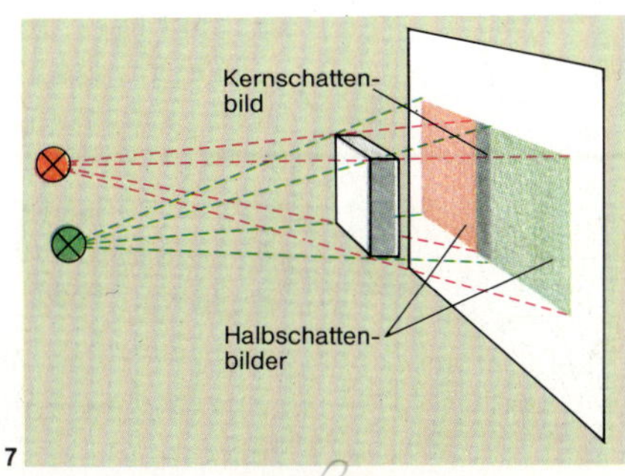

7

Die Begriffe *Kernschatten* und *Halbschatten* kannst du dir anhand von Bild 7 klarmachen:

In den Kernschatten fällt gar kein Licht, weder von der grünen noch von der roten Lampe.

In den Bereich des grünen Halbschattens fällt nur das Licht der grünen Lampe, nicht aber das der roten.

In den Bereich des roten Halbschattens gelangt kein grünes Licht, sondern nur rotes.

Aufgaben

1 Überlege, ob das Fußballspiel von Bild 1 um die Mittagszeit oder am späten Abend stattfindet. Begründe deine Antwort.

2 Im Wohnbereich bevorzugt man oft eine *indirekte* Beleuchtung.

Den Grund dafür kannst du erkennen, wenn du die Bilder 2 u. 3 vergleichst.

a) Bei welchem Bild wurde die rechte Wand indirekt beleuchtet?

1

b) Was geschieht mit dem Licht der Lampe bei indirekter Beleuchtung?

c) Worin liegt der Vorteil dieser Beleuchtungsart?

3 Bild 4 zeigt eine Wand, die mit einer roten und einer grünen Lampe beleuchtet wurde. (Die Wand erscheint daher gelb.)

Vor der Wand befand sich ein Brett, das die Halbschatten erzeugte. Zeichne die Anordnung.

2

3

4

Bauanleitung: **Das Küken im Ei – ein Zauberkunststück**

Du brauchst:

1 Ei,
1 Stück Pappe (mindestens 20 cm · 30 cm),
1 Bogen Pergamentpapier,
1 Kerzenständer (als Halter für das Ei),
1 Holzstäbchen,
2 Kerzen, etwas Plastilin.

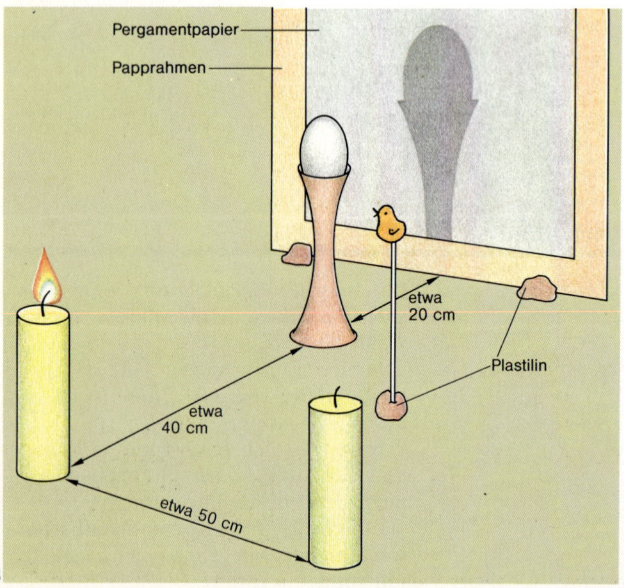

5

So wird's gemacht:

Du schneidest die Pappe als Rahmen zurecht und klebst das Pergamentpapier darauf. Ebenfalls aus Pappe fertigst du die Silhouette eines Kükens an. Sie muss etwas kleiner als das Ei sein. Das Küken klebst du an das Holzstäbchen.

Den Schirm und das Küken kannst du mit Hilfe des Plastilins aufstellen. Küken und Ei sollen etwa 20 cm vor dem Schirm stehen (Bild 5).

Zünde eine der beiden Kerzen an und stelle sie so auf, dass nur der Schatten des Eies auf dem Schirm zu sehen ist. Die zweite Kerze wird so angeordnet, dass der Schatten des Kükens an dieselbe Stelle fällt wie der des Eies.

Nach diesen Vorbereitungen kannst du ein Zauberkunststück vorführen, das die Zuschauer sicherlich verblüffen wird. Natürlich darf dein Publikum nicht sehen, was du hinter dem Schirm anstellst.

Zünde zunächst die Kerze an, die das Schattenbild des Eies erzeugt. Nun behauptest du, dass das Ei „durchleuchtet" wird.

Du zündest dann die zweite Kerze an. Der Schatten des Eies wird dadurch heller und im Ei erscheint dunkel das Küken – wie bei einem Röntgenbild.

Du kannst die Vorführung auch abwandeln: Verwende statt der beiden Kerzen ein rotes und ein grünes Glühlämpchen.

5683R

Alles klar?

1 Tinas kleiner Bruder meint: „Der Schatten hängt von der Kleidung ab. Helle Kleidung macht einen hellen Schatten und dunkle Kleidung einen dunklen Schatten.“ Nimm Stellung zu dieser Behauptung.

2 Welche Form hatte die Lichtquelle, mit der der Schatten von Bild 6 erzeugt wurde? Wie war sie angeordnet?

3 Wenn du abends an Straßenlaternen vorbeigehst, verändert sich dein Schatten. Erst ist er klein, dann wird er größer, zeitweise hast du sogar zwei Schatten.

6

Erkläre, wie es zu den unterschiedlichen Schatten kommt.

4 Tina behauptet: „Schatten entsteht nur da, wo auch Licht ist. In finsterer Nacht gibt es keinen Schatten.“

„Irrtum“, entgegnet Harry, „bei Nacht gibt es nur Schatten.“

Erläutere die beiden Meinungen.

5 Überlege, wo du eine Schreibtischlampe aufstellen würdest: direkt hinter deinem Heft, links davon oder rechts davon. Begründe deine Antwort.

6 Welche Lichtquellen erzeugen scharf begrenzte Schatten? Bei welchen Lichtquellen ergeben sich unscharfe Ränder?

3 Zusammenfassung

Schattenraum und Schattenbild

Schatten entstehen, wenn Licht auf einen Körper trifft und ihn nicht durchdringen kann.

Im Raum hinter dem Körper fehlt das Licht. Diesen Raum bezeichnen wir als **Schattenraum**. Ein **Schattenbild** entsteht, wenn man einen Schirm in den Schattenraum hält. Punktförmige Lichtquellen erzeugen scharf begrenzte Schattenbilder.

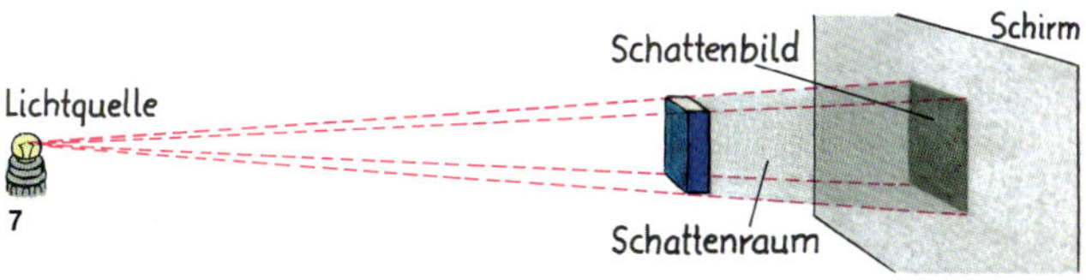

7

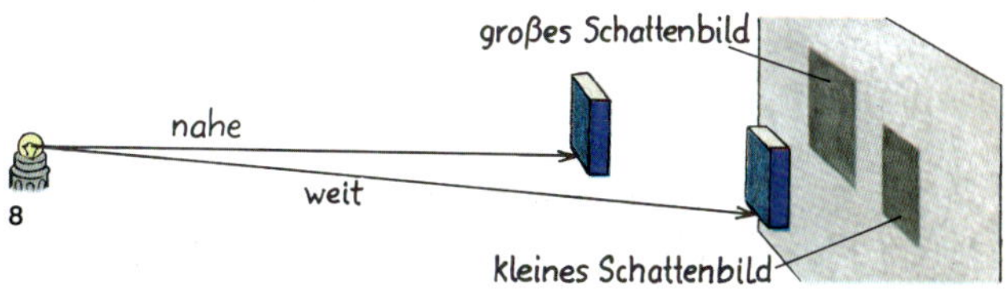

8

Kernschatten und Halbschatten

Beleuchtet man einen Körper mit *zwei* Lichtquellen, können sich die Schattenbilder überlagern.

Im **Kernschatten** fehlt das Licht beider Lichtquellen. In die Bereiche des **Halbschattens** fällt das Licht von einer der beiden Lichtquellen.

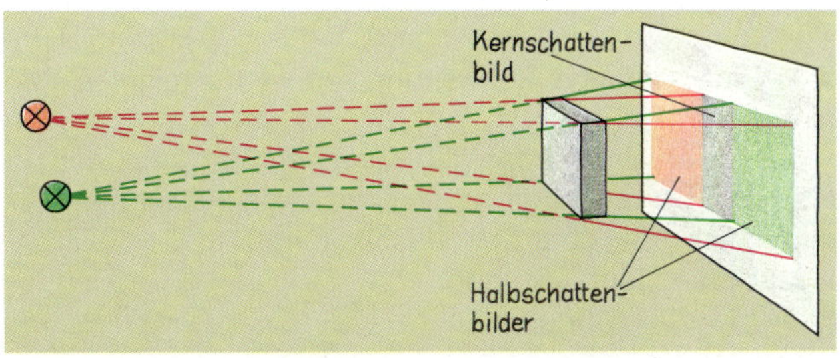

9

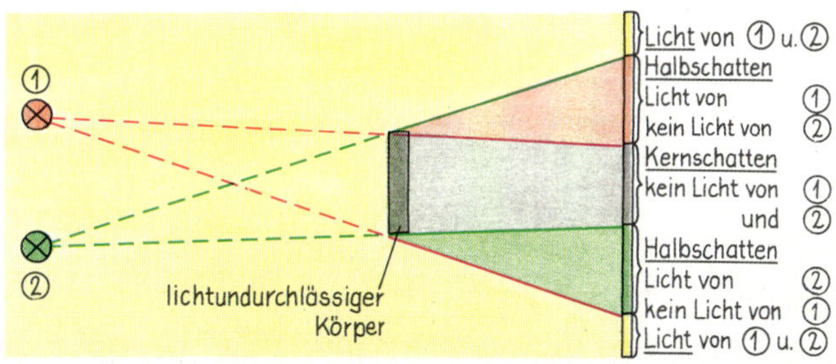

10

Wenn *mehrere Lichtquellen* nebeneinander liegen und einen Körper beleuchten, überlagern sich die Schattenbilder. Man erhält einen Schatten, bei dem der Übergang vom beleuchteten Gebiet zum unbeleuchteten in mehreren Stufen erfolgt.

Bei *ausgedehnten Lichtquellen* ist der Übergang von Hell nach Dunkel fließend. Auch hier nennt man die nur teilweise beleuchteten Bereiche *Halbschatten* und die unbeleuchteten *Kernschatten*. Ausgedehnte Lichtquellen erzeugen Schattenbilder mit unscharfen Rändern.

Licht und Schatten im Weltraum

1 Tag und Nacht

1

So sehen Astronauten die Erde.

○ Warum ist nur ein Teil der Erde sichtbar?

○ Welche Erdteile liegen im Licht, welche im Dunkeln? (Nimm eine Weltkarte oder einen Globus zu Hilfe.)

V 1 Du brauchst einen Ball und einen Diaprojektor.

a) Halte den Ball in den Lichtkegel des Projektors. Wie viel von seiner Oberfläche ist beleuchtet, wie viel bleibt dunkel?

b) Bringe auf dem Ball Markierungen wie in Bild 2 an.

Drehe den Ball bei senkrechter, waagerechter und schräger Stellung der Achse. Beschreibe jeweils, wann es an den einzelnen markierten Stellen hell und wann es dunkel ist.

c) Die schräg stehende Achse soll einmal oben von der Sonne weg geneigt sein, einmal auf die Sonne zu. Was ändert sich dadurch?

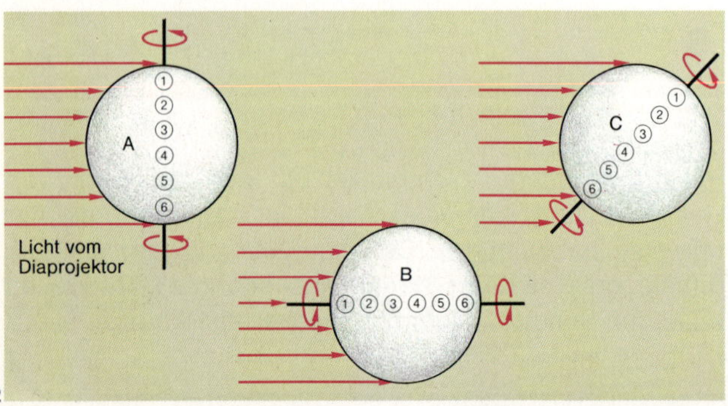

2

V 2 Die Erde ist eine Kugel und dreht sich um eine Achse. An einem Globus lässt sich gut verfolgen, wie z. B. in Deutschland Tag und Nacht wechseln.

a) Der Diaprojektor ersetzt für unseren Versuch die Sonne. Der Globus wird um seine Achse gedreht.

Beobachte, wie im Laufe einer Umdrehung Tag und Nacht wechseln.

b) Was ändert sich, wenn die Erdachse in eine andere Richtung zeigt?

V 3 Eine einfache Sonnenuhr kannst du leicht selbst bauen:

Stecke an einem sonnigen Tag einen Stab senkrecht in die Erde. Du musst dir dazu einen Platz aussuchen, der den ganzen Tag über Sonnenschein hat.

Markiere jede Stunde oder alle zwei Stunden die Stelle, an der sich die Spitze des Schattens befindet. Schreibe die Uhrzeit dazu.

Ergänze die Markierungen zu einem Zifferblatt.

In Bild 3 siehst du eine transportable Sonnenuhr zum Nachbauen.

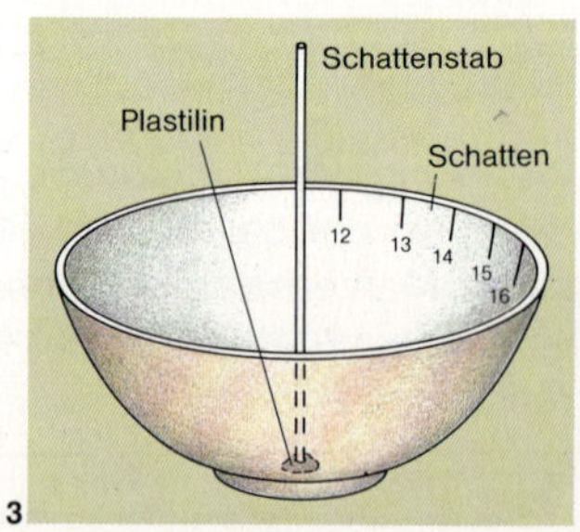

3

5685R

Lange Winternächte – kurze Sommernächte

Wenn du dich im Dezember morgens auf den Schulweg machst, ist es noch dunkel. Auch abends kannst du nicht lange draußen bleiben, denn die Sonne geht schon gegen 16 Uhr unter.

Von der Sonne wird immer nur eine Hälfte der Erdoberfläche beschienen (Bild 4). Die andere liegt im Schatten der Erdkugel. Die Erde dreht sich – dadurch sind wir abwechselnd im beleuchteten und im unbeleuchteten Bereich. So kommen **Tag und Nacht** zustande.

Eine Umdrehung der Erde dauert immer gleich lange, nämlich 24 Stunden. Warum sind dann nicht alle Tage und Nächte gleich lang?

Die Ursache ist eine weitere Bewegung, die die Erde ausführt (Bild 5): Die Erde kreist einmal im Jahr um die Sonne. In dieser Zeit dreht sich die Erde 365-mal um ihre (gedachte) Achse.

Die Achse steht schräg zu der Ebene, in der sich die Erde bewegt. Sie zeigt immer in die gleiche Richtung, nämlich zum *Polarstern*.

4

- ○ Im Dezember (Position 1) ist der nördliche Teil der Erdachse von der Sonne weg geneigt. Die Gegend um den Nordpol liegt ständig im Schatten. Dort herrscht Polarnacht. Deutschland bewegt sich auf einem Kreis, der zum größeren Teil im Dunkeln liegt. Wir haben 16 Stunden Dunkelheit und nur 8 Stunden Tageslicht. Am Südpol scheint die Sonne 24 Stunden lang.
- ○ Am 21. März (Position 2) reicht die beleuchtete Erdhälfte vom Nordpol bis zum Südpol. Tag und Nacht dauern auf der ganzen Erde gleich lange, nämlich zwölf Stunden. Der Frühling beginnt.
- ○ Im Juni (Position 3) ist der nördliche Teil der Erdachse zur Sonne hin geneigt. Am Nordpol scheint die Sonne auch mitternachts. Bei uns sind die Tage jetzt am längsten. Am Südpol herrscht die Polarnacht.
- ○ Am 23. September (Position 4) sind Tag und Nacht wieder gleich lang. An diesem Tag beginnt der Herbst.

Bewegt sich die Erde von Position 2 nach Position 4, sind bei uns die Tage länger als die Nächte. *Frühling* und *Sommer* halten Einzug. Wenn sich die Erde von Position 4 zu Position 2 bewegt, sind bei uns die Nächte länger als die Tage. Wir haben *Herbst* und *Winter*.

Fragen und Aufgaben zum Text

1 Im Sommer ist es angenehm, auf einer Wiese im Schatten eines Baumes zu liegen. Warum muss man nach einiger Zeit seinen Liegeplatz wechseln?

2 Zweimal im Jahr sind Tag und Nacht auf der ganzen Erde gleich lang. Wann sind diese Tage? Welche Bedeutung haben sie im Jahreslauf?

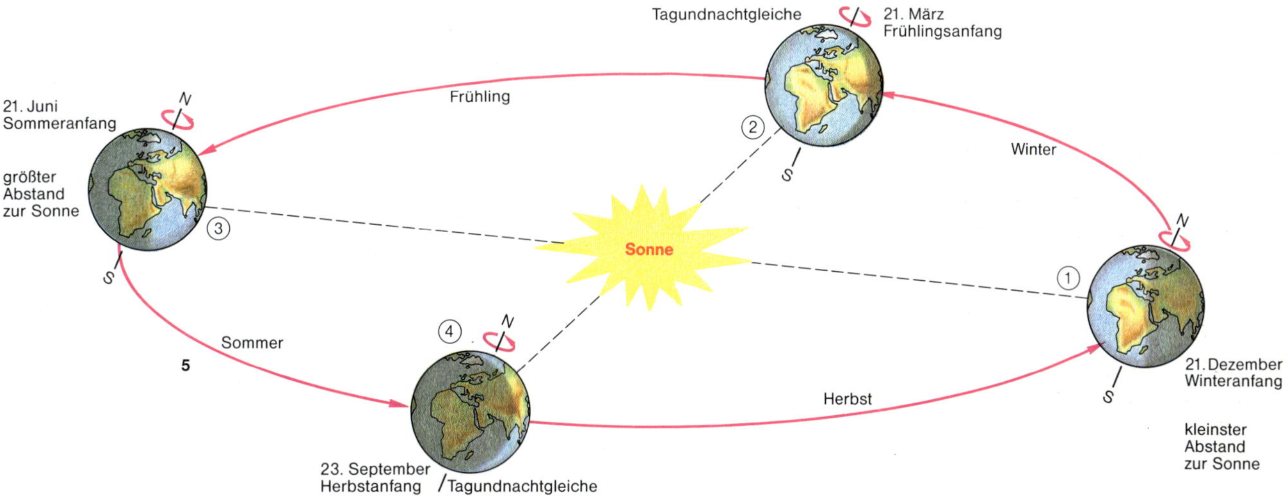

5

Heißer Sommer – kalter Winter

Warum ist es im Sommer wärmer als im Winter? Zunächst könnte man vermuten, dass die Erde im Sommer der Sonne näher kommt als im Winter. Tatsächlich ist aber der Abstand von der Erde zur Sonne im Dezember etwas *kleiner* als im Juni! Die Entfernung Erde–Sonne spielt also keine Rolle bei den Jahreszeiten.

Für Sommer und Winter gibt es im Wesentlichen zwei Gründe:

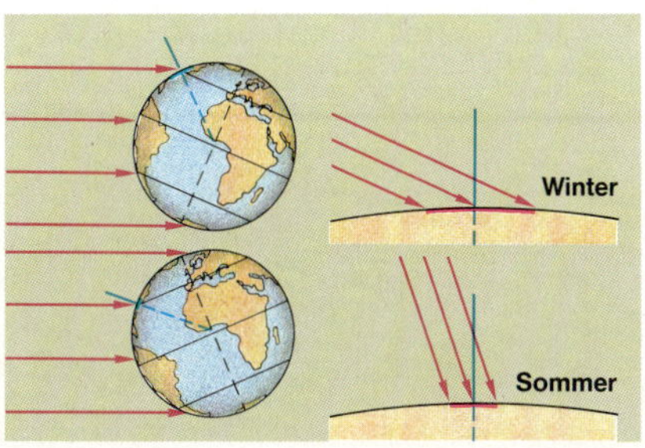

6

- ○ Die Sonne scheint im Frühling und Sommer länger als im Herbst und Winter. Je länger sie scheint, desto stärker ist die Erwärmung.
- ○ Das Licht fällt im Frühjahr und Sommer steiler ein als im Herbst und Winter. Gleich viel Licht verteilt sich also im Sommer auf eine geringere Fläche als im Winter (Bild 6). Daher wird die Erdoberfläche im Sommer wärmer.

Aus der Geschichte: **Vom Schattenstab zur mitteleuropäischen Zeit**

„Um acht Fuß musst du dich im Palast des Pharaos melden“, so mag ein Befehl im alten Ägypten gelautet haben. Die Ägypter gaben die Tageszeit durch die Länge ihres Körperschattens an. Um die Schattenlänge zu messen, wurde ein Fuß vor den anderen gestellt. (Die Schuhgröße spielte dabei keine Rolle, denn Menschen mit großen Füßen werfen auch längere Schatten.)

In den ägyptischen Tempelanlagen wurden „Sonnensäulen“ aufgestellt, die *Obelisken* (Bild 1). Sie dienten der Verehrung des Sonnengottes – und auch der Zeitmessung. Obelisken waren also riesige Schattenstäbe (gr. *obeliskos:* Spießchen, in den Boden gesteckter Stock).

Im Laufe des Tages ändert sich die Schattenlänge und außerdem wandert der Schatten. Auch diese Richtungsänderung des Schattens wurde zur Zeitmessung benutzt.

An die Stelle der Obelisken traten im Laufe der Zeit immer genauere Sonnenuhren (Bild 2). Bis vor 150 Jahren richtete sich die Uhrzeit nach dem Lauf der Sonne. Wenn die Sonne ihren höchsten Stand erreichte, war es Mittag, also 12 Uhr.

1

An Sonnenuhren wie dieser kann man die Uhrzeit bis auf eine halbe Minute genau ablesen.
2

Aber die Sonne steht nicht überall zum gleichen Zeitpunkt am höchsten. Verschiedene Orte haben daher unterschiedliche Zeiten. Die Unterschiede waren ohne große Bedeutung, solange die Menschen sich während eines Tages nicht weit von ihrem Heimatort entfernen konnten.

Als aber im Laufe des 19. Jahrhunderts das Eisenbahnnetz in Deutschland aufgebaut wurde, gab es Probleme. So dauerte die Eisenbahnfahrt von Berlin nach Köln neun Stunden. Ein Zug, der um 3 Uhr morgens in Berlin abfuhr, war nach Berliner Zeit um 12 Uhr in Köln. Die Uhren in Köln zeigten aber erst ½12 Uhr. In Köln erreicht die Sonne ihren höchsten Stand nämlich erst eine halbe Stunde später als in Berlin.

Für Fahrpläne brauchte man eine einheitliche Zeit. Seit 1893 gilt daher in ganz Deutschland die *mitteleuropäische Zeit*.

Für die Stadt Görlitz in Sachsen stimmt sie mit dem Sonnenstand überein.

Aus der Geschichte: **Wie die Wikinger nach Hause fanden**

Die Wikinger waren ein nordisches Volk von Seefahrern. Mit ihren Segelschiffen unternahmen sie verwegene Reisen. Schon um das Jahr 1000 n. Chr. erreichten sie von Europa aus die Küste Nordamerikas.

Bei ihren Fahrten segelten sie viele Tage lang über das offene Meer. Wenn sie auf fremde Küsten trafen, fuhren sie an ihnen entlang, bis sie z. B. fruchtbares Land für neue Siedlungen fanden.

Schwierig war auch der Rückweg. Wie konnten die Seefahrer ihren Heimatort wiederfinden? Den Kompass kannten sie nicht. Nur die Sonne und der Sternenhimmel wiesen ihnen den Kurs. Ein wichtiges Hilfsmittel war der **Schattenstab**. Mit ihm ließen sich die Himmelsrichtungen bestimmen. Wenn die Sonne mittags am höchsten stand, war der Schatten am kürzesten und zeigte dann nach Süden.

Aber damit allein ließ sich die Heimat nicht finden. Wichtig war eine Holzscheibe, auf der der Schattenstab befestigt war (Bild 3). Auf dieser Scheibe waren Kreise eingezeichnet. Sie gaben die kürzeste Schattenlänge für die verschiedenen Jahreszeiten an, und zwar so, wie man es am Heimatort beobachtete.

Die Scheibe wurde auf das Schiff mitgenommen und schwamm dort in einem Wasserbehälter, sodass sie immer waagerecht lag. Zur Mittagszeit musste man auf den Schatten achten.

- Wenn der Schatten genauso lang wie zu Hause war, brauchte man nur nach Osten zu segeln und erreichte irgendwann die heimatliche Küste.
- War der Schatten zu lang, befand sich das Schiff zu weit nördlich. Denn im Norden fällt das Sonnenlicht flacher ein (Bild 4). Man musste einen südlichen Kurs steuern.
- Bei zu kurzem Schatten war das Schiff nach Süden abgekommen und man musste Kurs Nord halten.

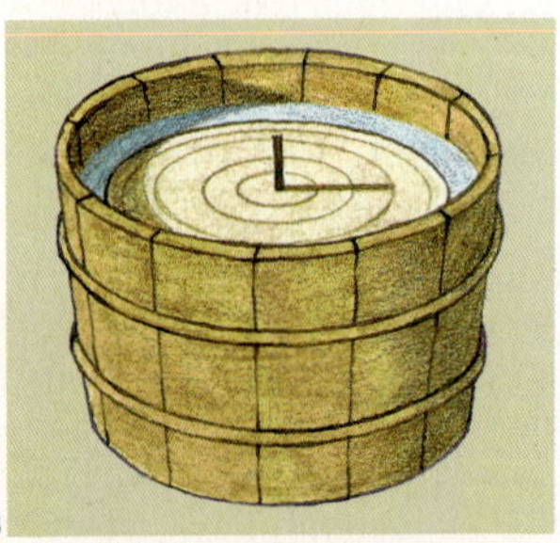
3

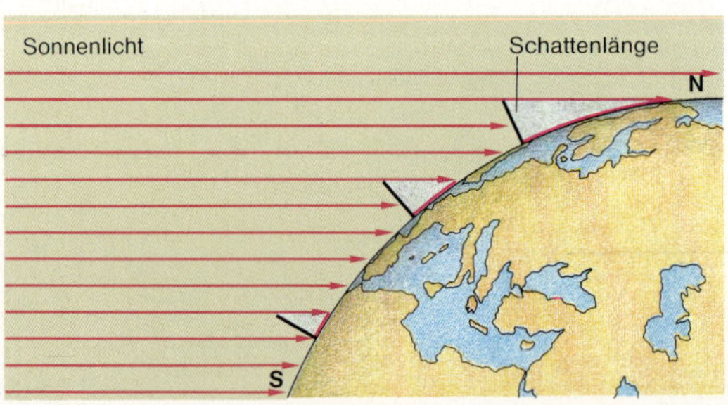

4

5687R

2 Der Mond und seine Gestalt

Wie kommt es, dass der Mond immer wieder anders aussieht?

5

V 4 Ein Tennisball soll den Mond darstellen (Bild 6). Der Ball wird von einem Lichtbündel beleuchtet.

Das Lichtbündel soll etwa den gleichen Durchmesser wie der Ball haben. Dadurch erreicht man, dass die Schatten auf dem Ball deutlich zu sehen sind. Der Raum sollte möglichst dunkel sein.

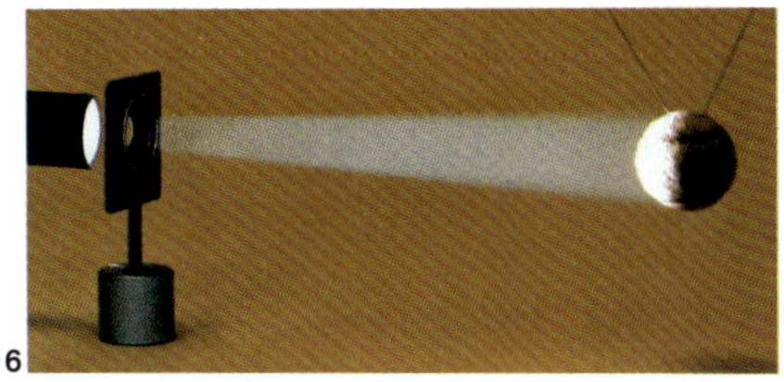
6

Gehe um den Ball herum und betrachte ihn von allen Seiten.

Beschreibe, was du von verschiedenen Seiten aus siehst. Fertige mehrere Skizzen an.

Die wechselnde Gestalt des Mondes

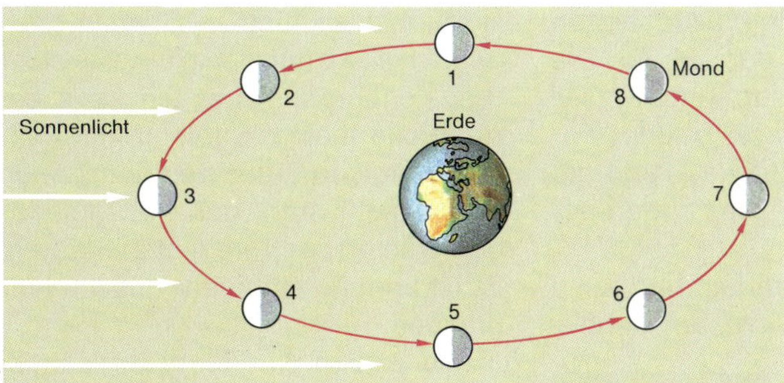

7

Auch der Mond ist eine Kugel. Er ist aber viel kleiner als die Erde. Sein Durchmesser beträgt 3476 km, rund ein Viertel des Erddurchmessers.

Der Mond erzeugt kein Licht, sondern wird von der Sonne beleuchtet. Wie bei der Erde ist auch beim Mond immer eine Halbkugel dunkel, die andere hell.

Der Mond sieht jeden Tag anders aus. Man bezeichnet seine wechselnden Gestalten auch als *Mondphasen*.

Bild 7 zeigt, wie der Mond um die Erde kreist. Eine Umrundung dauert 29½ Tage. Daher ändert sich ständig die Richtung, aus der wir auf den Mond blicken. Von der beleuchteten Mondhälfte sehen wir unterschiedliche Teile.

In Bild 8 ist zu jeder Stellung die Mondphase gezeichnet.
- ○ *Position 1:* Wir sehen gleich große beleuchtete und unbeleuchtete Teile des Mondes *(abnehmender Halbmond)*.
- ○ *Position 2:* Wir sehen einen kleinen Teil der beleuchteten Halbkugel. Der größere Teil des Mondes ist dunkel.
- ○ *Position 3:* Von der Erde aus gesehen steht der Mond etwa in Richtung der Sonne. Wir sehen nichts von der beleuchteten Halbkugel des Mondes. Es ist *Neumond*.
- ○ *Position 4:* Nun ist wieder nur ein kleiner Teil der beleuchteten Halbkugel zu sehen.
- ○ *Position 5:* Wir sehen den *zunehmenden Halbmond*.

Die übrigen Mondphasen lassen sich genauso erklären (Bild 9). In *Position 7* blicken wir auf die beleuchtete Halbkugel. Es ist *Vollmond*.

Die Zeit eines Mondumlaufs fassten schon die Ägypter zu einem *Monat* zusammen.

Zwölf Mondumläufe dauern 354 Tage. Um auf ein Jahr zu kommen, muss man die Monate um ½ bis 1½ Tage verlängern. Sonst begänne z. B. der Monat Mai jedes Jahr ein paar Tage früher. Nach einigen Jahren läge der Mai mitten im Winter.

In unserem Kalender ist die Verlängerung der Monate gleichmäßig über das Jahr verteilt. In früheren Zeiten verlängerte man nicht die Monate, sondern schaltete z. B. alle drei Jahre einen vollen Monat zum Jahr dazu.

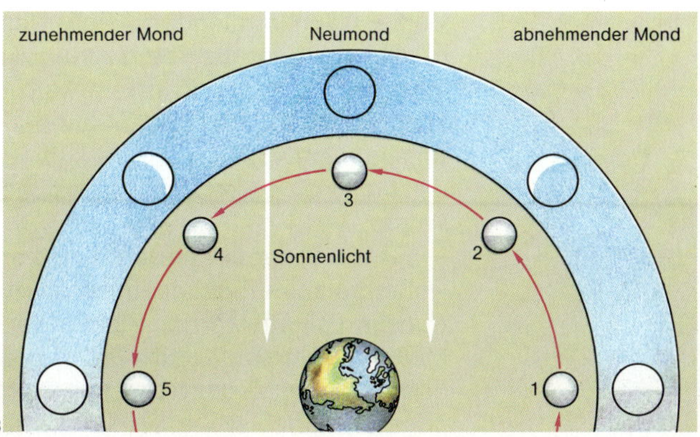

8

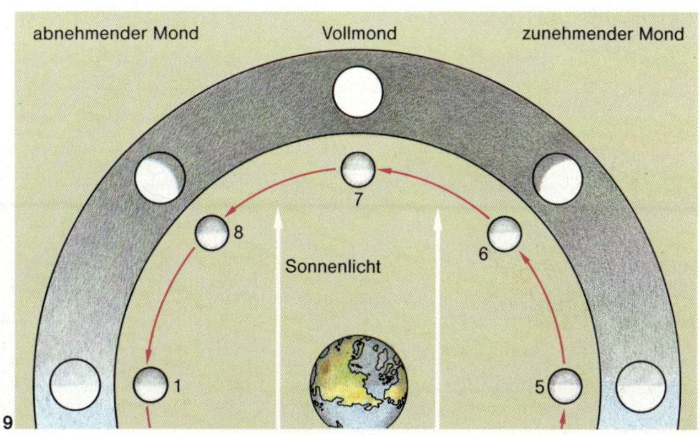

9

Aufgaben

1 Beschreibe, wie es zu den Mondphasen in den Positionen 5–8 (Bild 7 auf der Vorseite) kommt.

2 Warum sehen wir zwar den Mond in unterschiedlichen Phasen, nicht aber die Sonne?

3 In welcher Richtung befindet sich die Sonne, wenn du gerade den Vollmond betrachtest?

Warum geht der Vollmond immer abends auf? Um welche Zeit erreicht er seinen höchsten Stand?

4 Wenn sich der Halbmond zum Buchstaben *a* ergänzen lässt, nimmt der Mond gerade ab. Ist eine Ergänzung zu einem geschwungenen *z* (Zett) möglich, nimmt er zu (Bild 1).

Zu welcher Tageszeit erreicht der *zunehmende* Halbmond seinen höchsten Stand? Wann erreicht der *abnehmende* Halbmond seinen höchsten Stand?

1

5 Beschreibe, wie bei Neumond Sonne, Mond und Erde zueinander stehen.

Warum ist der Neumond nicht zu sehen?

6 Manchmal sieht man eine ganz schmale Mondsichel am Himmel, meist am Tage oder in der frühen Dämmerung. Warum sieht man sie niemals tief in der Nacht?

Aus Umwelt und Technik: **Licht und Schatten auf dem Mond**

Schon immer hat der Mond die Menschen in seinen Bann gezogen. Viele Dichter haben ihn beschrieben. Das milde Mondlicht, „silberhell“ oder „golden“, regt die Fantasie des Betrachters an.

„Ist der Mond aus Gold oder aus Silber oder aus einem anderen wunderbaren Stoff?“, fragen kleine Kinder ihre Eltern. Auch für die Wissenschaftler war die Frage, woraus der Mond besteht, lange Zeit von großem Interesse.

Im Jahr 1969 landeten zum ersten Mal Menschen auf dem Mond. Die amerikanischen Astronauten *Neil Armstrong* und *Edwin Aldrin* beschrieben ihre Eindrücke – und die Beschreibung klang ganz anders als bei den Dichtern:

„Die Oberfläche ist fein und pulvrig. Ich kann sie leicht mit meiner Fußspitze anheben. Sie bleibt in feinen Schichten wie pulverisierte Holzkohle an meinen Stiefeln hängen. Ich sinke nur wenig ein, vielleicht drei Zentimeter, aber ich kann die Abdrücke meiner Stiefel in dem feinen, sandigen Staub erkennen. ... Es gleicht sehr stark den hochgelegenen Wüsten der Vereinigten Staaten. Es ist anders, aber sehr hübsch hier draußen.“

2

Bild 2 zeigt eine Mondlandschaft, wie sie die Astronauten angetroffen haben.

Krater, Gebirge und bizarre Felsen bedecken die Mondoberfläche. Es gibt keine Lufthülle. Der Himmel ist tiefschwarz, denn ohne die Atmosphäre gibt es kein Streulicht am Himmel. Die Sonne fällt gleißend auf die Mondoberfläche. Wegen des fehlenden Streulichtes sind die Schatten scharf gezeichnet und schwarz. Dagegen erscheinen beleuchtete weiße Flächen blendend hell. Das dunkle Gestein absorbiert mehr als 9/10 der Lichtenergie und erwärmt sich sehr stark. Die Bodentemperatur liegt über 100 °C. Alles in allem ist der Mond eine trostlose, unwirtliche Wüste.

Für uns Erdbewohner aber wird er weiterhin seine Schönheit behalten. Auch in Zukunft werden Dichter den Mond beschreiben und Kinder ihre Eltern fragen, ob der Mond aus Gold oder aus Silber ist ...

5689R

3 Mondfinsternis und Sonnenfinsternis

3

Der Schriftsteller *Hans Baumann* erzählt in seinem Roman „Der Sohn des Columbus" von der letzten Reise des Columbus. Seine Schiffe waren gestrandet und die Indianer hatten sich geweigert, die Seeleute auf den Schiffen mit Lebensmitteln zu versorgen ...

Columbus wurde wach. Er schlug die Augen auf und schloss sie gleich wieder. Die Helligkeit schmerzte.

Columbus sah einen Punkt vor sich. Er wartete darauf, dass der Punkt verschwände. Er blieb da, dunkel, rund, unbeweglich. Er dachte: Die kleine schwarze Scheibe kenn ich, diesen winzigen dunklen Mond ... Den hab ich doch selber in den Kalender eingezeichnet ... Als Zeichen für die bevorstehende Mondfinsternis. Nur weiß ich nicht mehr, auf welchen Tag sie trifft. Aber um die Zeit etwa muss es sein.

Columbus stemmte die Fäuste hinter sich auf das Lager. Er schob sich vom Bett. Die Kajüte war leer. Columbus machte die große Kiste auf, in der seine Bücher waren, und nahm den Kalender heraus. Er legte das schwere Buch, in das er vor der Reise viele astronomische Zeichen aus einem arabischen Kalender übertragen hatte, auf den Tisch. Er blätterte hastig. Die letzte Februarwoche war bald gefunden. Neben das Datum vom neunundzwanzigsten Februar war ein kleiner Kreis gezeichnet. ...

„Du musst gleich Apostel spielen", sagte Columbus zu seinem Sohn, sobald er in die Kajüte trat. Dann weihte er Fernan in seinen Plan ein.

„Von dir hängt alles ab", sagte der Vater zu ihm. „Du musst dafür sorgen, dass die Leute zum Strand kommen."

„Sie werden kommen!", sagte Fernan, vom Plan des Vaters begeistert. ...

„Ihr habt Chia, die Mondgöttin, erzürnt."

„Woher willst du das wissen?", fragte der Alte.

„Mein Vater hat mit Chia geredet. Chia hat ihm gesagt, dass sie euch ein Zeichen geben wird. Chia wird sich heute Nacht von euch abwenden. Kommt zum Strand, sonst wird Chia euch strafen." ...

Columbus hatte das große Sandglas dabei. Er hielt es vor sich hin. Der Sand war bis auf einen kleinen Teil aus dem oberen Trichter geronnen. Da hob Columbus den Arm und deutete auf den Mond.

Lange stand Columbus mit erhobenem Arm. Die Indianer starrten zum Mond hinauf. Ein Klagelaut aus tausend Kehlen ließ die Luft erzittern. Über die helle Mondscheibe begann sich ein dunkler Schatten zu schieben.

Die Frauen warfen sich mit dem Gesicht auf die Erde. Die Männer wateten ins Wasser und umdrängten das Boot, in dem der mächtige Mann, mit dem Chia geredet hatte, stand. Die Indianer hielten den Atem an. Columbus sagte mit starker Stimme: „Ihr seht: Chia zürnt." ...

V 5 Was bei einer Sonnenfinsternis zu beobachten ist, zeigt dieser Versuch.

a) Stell dich etwa 2 m vor eine große kugelförmige Glühlampe (mattiert, Durchmesser: 12 cm). Halte einen Tennisball vor das Auge, und zwar so, dass der Ball die Lampe gerade vollständig verdeckt.

Bewege dann den Kopf hin und her. Was beobachtest du?

b) In welchem Teil des Schattens befand sich dein Auge, als du die Lampe hinter dem Ball nicht mehr gesehen hast? Wo befand es sich, als die Lampe teilweise verdeckt war?

4

V 6 Wie stehen Sonne, Mond und Erde bei einer Mond- oder Sonnenfinsternis? Die Experimentierleuchte stellt die Sonne dar, der Globus die Erde und der Ball den Mond (Bild 4).

Stelle mit diesen „Himmelskörpern" eine Mondfinsternis und eine Sonnenfinsternis nach.

Zeichne die beiden Anordnungen in dein Heft.

Wie kommen Sonnenfinsternis und Mondfinsternis zustande?

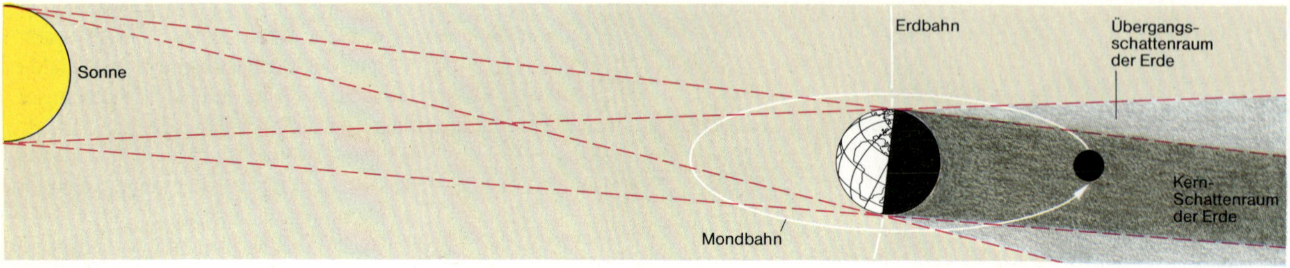

1

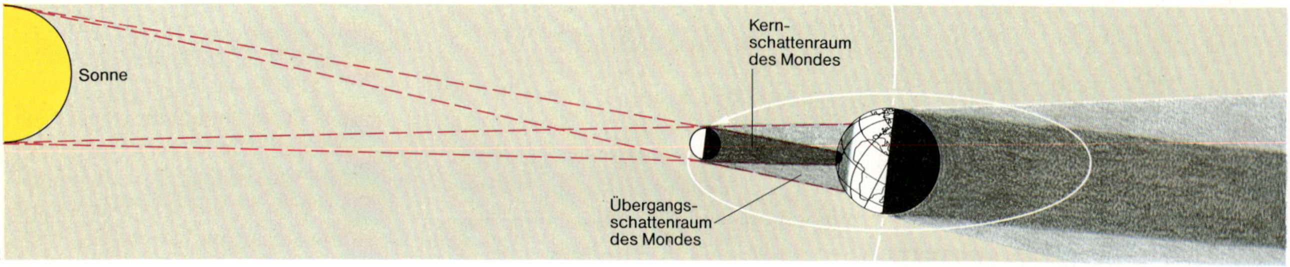

2

Sowohl die Erde als auch der Mond werden von der Sonne beschienen. Hinter der Erde und hinter dem Mond entstehen Schattenräume, die Hunderttausende von Kilometern weit in den Weltraum reichen. Da die Sonne eine ausgedehnte Lichtquelle ist, entstehen Kernschatten- und Halbschattenräume.

Eine **Mondfinsternis** (Bild 1) können wir so erklären: Der Mond umkreist einmal im Monat die Erde. Meistens verläuft seine Bahn oberhalb oder unterhalb des Schattenraumes der Erde. Gelegentlich streift der Mond aber auch den Kernschatten der Erde oder durchquert ihn sogar. Man sieht dann auf dem Mond den Schatten der Erde.

Im Jahr gibt es durchschnittlich zwei Mondfinsternisse. Sie sind überall dort zu sehen, wo der Mond gerade über dem Horizont steht.

Bild 3 zeigt eine Mondfinsternis, bei der ein Teil des Mondes in den Kernschatten der Erde getreten ist.

Bei einer **Sonnenfinsternis** (Bild 2) steht der Mond zwischen Sonne und Erde. Sein Schatten fällt auf die Erde.

Von der Erde aus beobachtet man, dass sich der Mond als schwarze Scheibe vor die Sonne schiebt und sie verdunkelt.

Der Schatten des Mondes besteht aus einem Kernschatten und einem Halbschatten. Wenn man sich auf der Erde im Halbschatten des Mondes aufhält, sieht man die Sonne wie in Bild 4. Nur ein Teil der Sonne ist durch den Mond verdeckt.

Im Kernschatten des Mondes sieht man die Sonne ganz verdeckt (Bild 5).

Der Kernschatten des Mondes auf der Erde hat einen Durchmesser von nur 200 km. Nur wo er entlangwandert, kann man die totale Sonnenfinsternis sehen. Deshalb sind solche Finsternisse selten zu beobachten.

Am 11. 8. 1999 ist in Süddeutschland eine totale Sonnenfinsternis zu sehen.

3

4

5

Die Entfernungen im Weltall und die Größe der Himmelskörper sind unvorstellbar groß (Bild 6).

Sie sind in den Bildern 1 u. 2 nicht maßstabsgetreu dargestellt. Stell dir vor, die Erde wäre auf die Größe eines Fußballs verkleinert. Dann hätte die Sonne einen Durchmesser von immerhin 15 m. Die Entfernung Sonne–Erde betrüge 15 km. Der Mond wäre so groß wie ein Tischtennisball und würde die Erde in 3,8 m Entfernung umkreisen.

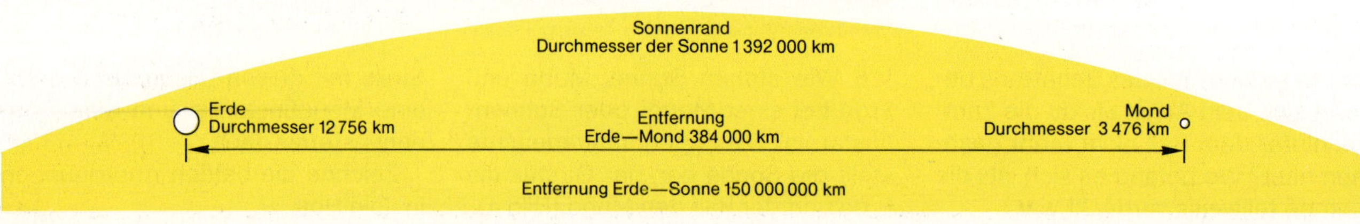

6

5691R

Alles klar?

7

8

1 Bild 7 zeigt die Erde von einem Wettersatelliten aus. Die Aufnahmen wurden zu verschiedenen Zeiten gemacht (und nebeneinander gestellt). Der Satellit befand sich immer 36 000 km über der angekreuzten Stelle. Wann stand die Sonne hinter dem Satelliten? Erkläre das unterschiedliche Aussehen der Erdkugel.

2 Das Wort *Monat* ist von *Mond* abgeleitet. Welcher Zusammenhang besteht zwischen Mond und Monat? Warum ist nicht in jedem Monat zur gleichen Zeit Vollmond oder Neumond?

3 Bild 8 zeigt eine Aufnahme des Mondes. Wie wird der Mond eine Woche später aussehen? Zeichne.

4 Wie sieht der Mond aus, wenn er sich bei einer Mondfinsternis im Halbschatten der Erde befindet?

5 Sowohl bei Neumond als auch bei einer totalen Mondfinsternis ist der Mond dunkel.

Erläutere den Unterschied. (*Tipp:* Überlege dir jeweils den Stand von Sonne, Mond und Erde.)

6 Wie stehen Sonne, Mond und Erde zueinander, wenn die Sonne teilweise verfinstert ist? Was lässt sich über den Standort des Beobachters sagen?

4 Zusammenfassung

Licht und Schatten auf der Erde: Tag und Nacht

Die Sonne beleuchtet immer eine Hälfte der Erdkugel. Die andere Hälfte der Erdoberfläche liegt im Schatten der Erdkugel; dort ist es Nacht. Da sich die Erde in 24 Stunden einmal um die eigene Achse dreht, entsteht der Wechsel zwischen Tag und Nacht.

Im Laufe eines Jahres bewegt sich die Erde einmal um die Sonne. Die Erdachse ist dabei der Sonne mal mehr oder mal weniger zugeneigt. Dadurch ändert sich die Länge von Tag und Nacht: Ein Ort auf der Erdkugel beschreibt im Laufe eines Tages eine Kreisbahn um die Erdachse. Im Herbst und Winter liegt er dabei länger im Dunkeln als im Licht. Im Frühjahr und Sommer ist es dagegen länger hell als dunkel.

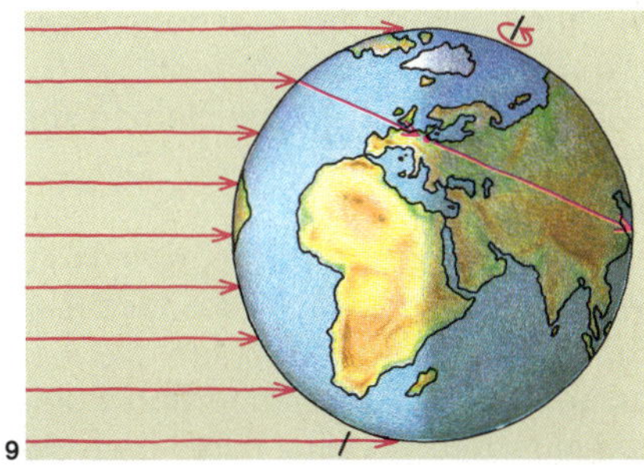

9

Licht und Schatten auf dem Mond: die Mondphasen

Das stets wechselnde Aussehen des Mondes hängt mit Licht und Schatten auf dem Mond zusammen: Der Mond wird immer zur Hälfte beleuchtet. Von der Erde aus sehen wir unterschiedlich viel von der beleuchteten Mondhälfte.

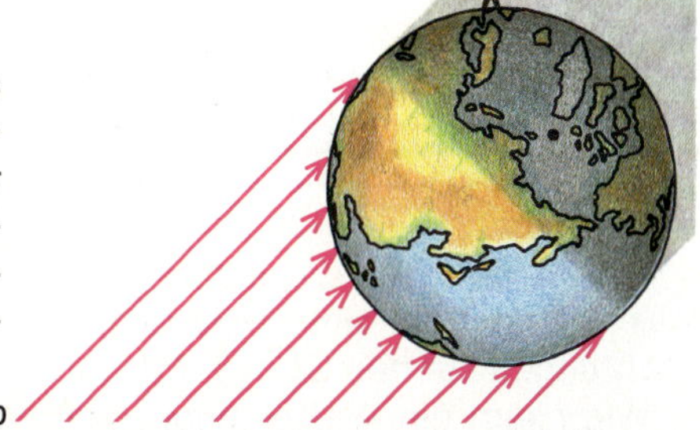

10

Sonnen- und Mondfinsternis

Bei seinem Lauf um die Erde schiebt sich der Mond gelegentlich zwischen Erde und Sonne. Auf der Erde entsteht ein Schattenbild des Mondes. Von diesem Schattengebiet aus sieht man, wie der Mond die Sonne verdeckt **(Sonnenfinsternis)**.

Liegt die Erde genau zwischen Sonne und Mond, fällt der Schatten der Erde auf den Mond **(Mondfinsternis)**.

Reflexion und Spiegelbilder

1 Licht wird reflektiert

Dem Glänzen und Glitzern von Gegenständen messen wir oft eine besondere Bedeutung bei:

1

- ○ Schmuckstücke haben oft viele glänzende Flächen, deren Funkeln die Aufmerksamkeit weckt.
- ○ Als Zeichen für Sauberkeit gilt, wenn im Badezimmer alles glänzt und spiegelt.
- ○ „Spiegelblank" haben die Musiker ihre Instrumente geputzt.
- ○ Glänzende Gegenstände verstärken die festliche Stimmung.

2

3

4

Die Ursache für das Glänzen und Spiegeln ist die Reflexion von Licht.

V 1 Unter Umständen ist es ganz wichtig, mit einem Taschenspiegel die *richtige* Stelle zu treffen (Bild 5).

Das Licht einer Taschenlampe soll mit einem Spiegel auf ein Ziel gelenkt werden.

Wähle ein Ziel aus. Überlege dann, wie du den Spiegel und die Taschenlampe aufstellen musst, um das Ziel zu treffen. Richte Lampe und Spiegel aus und schalte dann erst die Lampe ein. Getroffen?

V 2 Wir legen einen Spiegel flach auf den Tisch und beleuchten ihn schräg von oben. Ein Karton wird so in den Lichtweg gehalten, dass er vom Licht streifend getroffen wird (Bild 6).

Durch diesen einfachen Trick werden einfallendes und reflektiertes Licht sichtbar.

Wie hängt die Richtung des reflektierten Lichtbündels von der des einfallenden ab?

5

V 3 Mit einer optischen Scheibe kann man den Lichtweg am ebenen Spiegel genauer verfolgen. Bild 7 zeigt den Versuchsaufbau.

Wir erzeugen mit einer waagerechten Schlitzblende ein schmales Lichtbündel.

In dieses Lichtbündel stellen wir die optische Scheibe. Auf ihr sehen wir dann das Lichtbündel als schmale Linie.

Die Scheibe wird so gedreht, dass das Licht aus unterschiedlichen Richtungen auf den Spiegel fällt.

Wie hängt der Winkel, unter dem das Licht auf den Spiegel fällt, mit dem Winkel zusammen, unter dem es reflektiert wird?

Miss jeweils den *Einfallswinkel* und den *Reflexionswinkel* (→ Info).

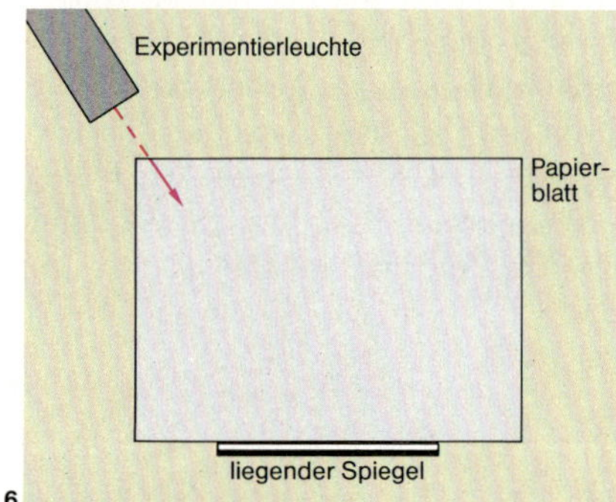

6

7

6479R

Das Reflexionsgesetz

Wenn Licht auf einen Spiegel fällt, wird es umgelenkt. Man sagt, es wird **reflektiert** (lat. *reflectere:* zurückbiegen).

Reflexion von Licht tritt immer an sehr glatten Oberflächen auf, besonders bei Metallen, Glas und Flüssigkeiten.

Die Reflexion erfolgt nach einer ganz bestimmten Gesetzmäßigkeit. Wir erkennen diese Gesetzmäßigkeit, wenn wir den Verlauf eines schmalen Lichtbündels betrachten.

Um die Richtung des einfallenden und des reflektierten Strahls zu beschreiben, benutzt man das *Einfallslot*. So nennt man die Senkrechte auf der Spiegelfläche.

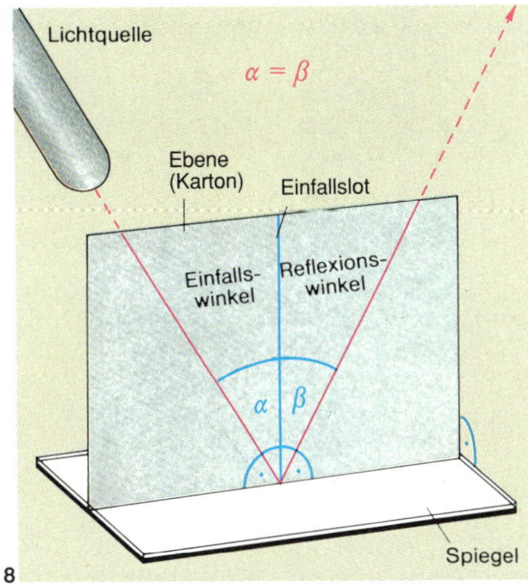

8

Den Winkel zwischen dem einfallenden Strahl und dem Einfallslot nennen wir *Einfallswinkel*. Der Winkel zwischen dem Einfallslot und dem reflektierten Strahl heißt *Reflexionswinkel*.

An allen reflektierenden Flächen gilt das *Reflexionsgesetz* (Bild 8):

Der Einfallswinkel ist immer genauso groß wie der Reflexionswinkel.

Einfallswinkel = Reflexionswinkel.

Der einfallende Lichtstrahl, das Einfallslot und der reflektierte Strahl liegen *in einer Ebene*.

Diese Ebene kannst du dir einfach als ein Stück Karton vorstellen, das im rechten Winkel auf dem Spiegel steht.

Aufgaben

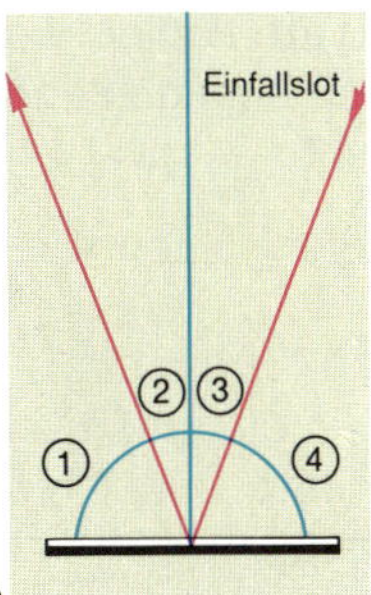

9

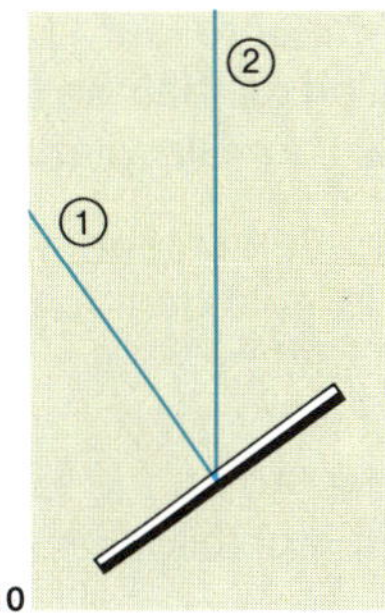

10

1 Welcher Winkel in Bild 9 ist der Einfallswinkel?

2 In Bild 10 siehst du einen Spiegel. Welche der beiden Geraden ist das Einfallslot?

Maurer, Maler und andere Handwerker benutzen ein „Lot". Worin unterscheidet sich die Richtung, die ein solches Lot anzeigt, von der Richtung des Einfallslotes?

3 In Bild 11 werden ein Spiegel und farbige Gegenstände beleuchtet.

a) Warum sieht der Spiegel schwarz aus, obwohl er beleuchtet ist?

b) In welcher Richtung wird man durch das Licht geblendet, das der Spiegel zurückwirft?

c) Der Spiegel reflektiert das Licht, die anderen Gegenstände streuen es. Worin besteht der Unterschied?

4 Auf welchen Punkt (A, B oder C) trifft das reflektierte Licht (Bild 12)?

5 Licht fällt auf einen Spiegel (Einfallswinkel: 40°) und wird reflektiert. Fertige dazu eine Zeichnung an.

6 Manchmal wirken reflektierende Flächen störend. Man trifft dann besondere Maßnahmen um die Reflexion des Lichtes zu verhindern.

Nenne dafür Beispiele.

7 Mit einem Sehrohr (Periskop) lassen sich von U-Booten aus Vorgänge an der Wasseroberfläche beobachten. Im Prinzip enthält ein Periskop nur zwei ebene Spiegel. Wie sind sie angeordnet?

Zeichne, wie einfallendes Licht reflektiert wird.

8 Bild 13 zeigt zwei rechtwinklig angeordnete Spiegel *(Winkelspiegel)*.

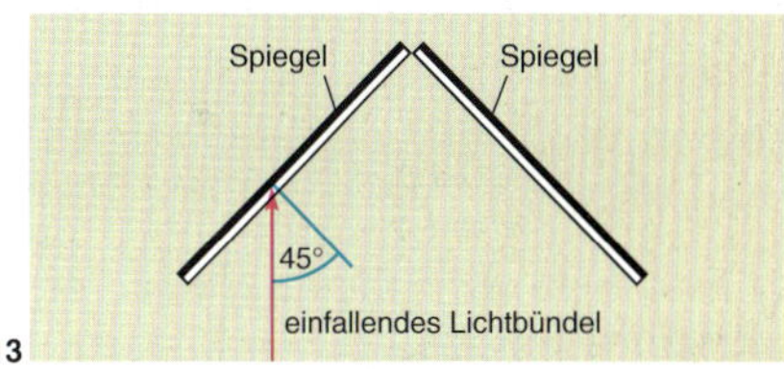

13

a) Wie verläuft der eingezeichnete Strahl (Richtungsstrahl) weiter? Zeichne in dein Heft.

b) Ändere den Einfallswinkel und zeichne wieder den Verlauf des Lichtstrahls. Vergleiche die Richtung des Strahls vor und nach dem Winkelspiegel.

11

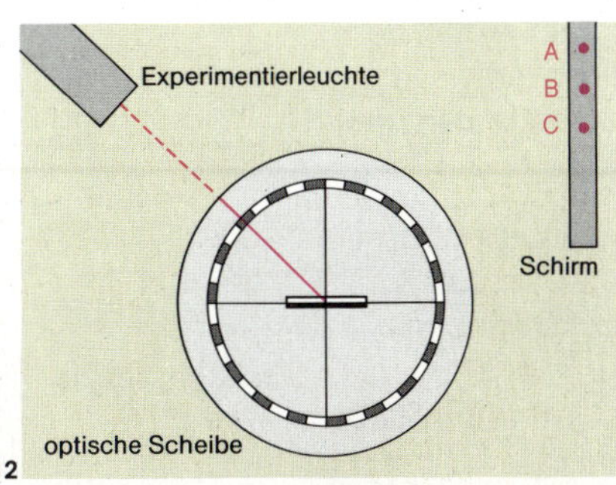

12

2 Spiegelbilder – wo liegen sie eigentlich?

1

2

Kathrin sieht das Spiegelbild von Becherglas 1 und gibt Michael Anweisungen. Michael soll das Becherglas 2 genau über das Spiegelbild halten und dort abstellen.

Kathrin sieht jetzt das Becherglas 2 nicht mehr. Sie gießt das Wasser hinter den Spiegel – in das „Spiegelbild" (Bild 2).

Ob das gut geht?

V 4 Führe den Versuch durch, der in den Bildern 1 u. 2 dargestellt ist.

Was kannst du über die Lage des Spiegelbildes aussagen?

V 5 Stelle dich vor einen Spiegel. Male mit ausgestrecktem Arm den Umriss deines Kopfes – so wie du ihn im Spiegel siehst – auf die Spiegelfläche (Bild 3).

a) Miss die Höhe des gezeichneten Kopfes. Vergleiche sie mit den wirklichen Maßen.

b) Eine Hilfe zur Erklärung des Versuchsergebnisses:

Nimm einen 10 cm langen Pappstreifen und peile mit ihm bei ausgestrecktem Arm einen Maßstab an. Der Maßstab soll gerade doppelt (dreifach) so weit vom Auge entfernt sein wie der Streifen.

Welche Strecke deckt der Streifen auf dem Maßstab ab?

c) Zeichne in einer Draufsicht (also von oben), wo sich dein Kopf, der Spiegel, das Spiegelbild sowie das auf den Spiegel gezeichnete Bild befanden.

d) „Je weiter Gegenstände entfernt sind, desto kleiner sehen sie aus." Erkläre damit das Versuchsergebnis.

V 6 Auch hier geht es um den Ort des Spiegelbildes (Bild 4).

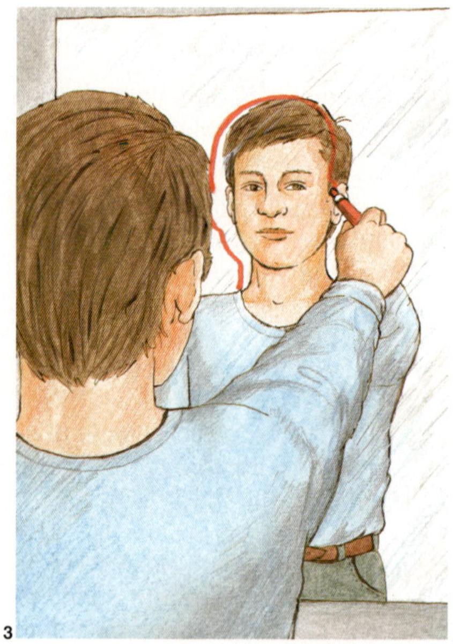

3

a) Zünde die Kerze ① an. Beobachte das Spiegelbild der Flamme in der Glasplatte. Schiebe dann die Kerze ② an die Stelle des Spiegelbildes. Sie scheint dann zu brennen.

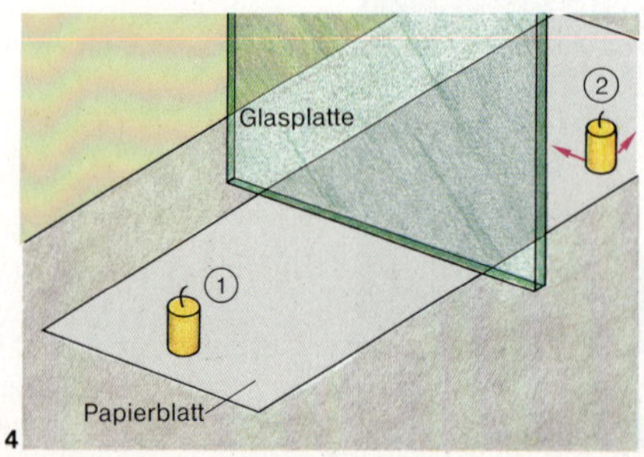

4

Markiere auf dem Blatt Papier, wo sich die beiden Kerzen befinden und wo die Glasplatte steht.

b) Verschiebe die Kerze ① und wiederhole den Versuch.

Zeichne jeweils die Verbindungslinie Kerze–Spiegelbild ein und miss die Abstände der Kerze und ihres Spiegelbildes zur Glasplatte.

V 7 Mit einer Spiegelreflexkamera kannst du den Abstand des Spiegelbildes messen.

Schaue aus 1 m Abstand auf einen Spiegel und stelle das Bild scharf. Welche Entfernung liest du auf der Skala am Objektiv ab?

V 8 Kannst du deinen Namen in Druckbuchstaben schreiben, wenn du deine Hand nur in einem Spiegel beobachtest? Probiere es aus.

V 9 Stelle dich hinter eine Person, die vor einem Spiegel steht.

a) Welche Seite der Person siehst du im Original, welche im Spiegel?

b) Die Person soll mit dem Arm nach rechts zeigen. In welche Richtung zeigt das Spiegelbild? In welche Richtung zeigt das Spiegelbild, wenn die Person nach vorne zeigt?

c) Welche Richtungen vertauscht der Spiegel?

6481R

Gegenstände, die wir im Spiegel sehen, scheinen sich an einem Ort zu befinden, an dem sie in Wirklichkeit nicht sein können: Spiegelbilder liegen nämlich hinter der Spiegelfläche! Hinter dem Spiegel befindet sich jedoch z. B. eine Wand oder ein Möbelstück. Von dort kann also gar kein Licht herkommen. Wieso sehen wir dann überhaupt ein Bild?

Dass wir ein Spiegelbild sehen, lässt sich mit Hilfe des Reflexionsgesetzes erklären.

Beim Sehen fällt Licht in unser Auge, das von dem Gegenstand herkommt, den wir sehen.

Unser Gehirn geht aufgrund der Erfahrung davon aus, dass dieses Licht *geradlinig* vom Gegenstand zu unserem Auge gelangt. Bei der Benutzung des Spiegels macht das Licht aber einen Umweg: Zunächst fällt es auf den Spiegel; dort wird es in eine andere Richtung reflektiert und gelangt erst dann in unser Auge. Dadurch lässt sich unser Gehirn täuschen. Es geht davon aus, dass das Licht aus dieser letzten Richtung ohne Umweg herkommt. So kommt es, dass wir den Gegenstand scheinbar hinter dem Spiegel sehen (Bild 5).

Der Spiegel täuscht uns also Gegenstände am falschen Ort vor. Diese vorgetäuschten Gegenstände heißen Spiegelbilder. Man nennt sie auch **Scheinbilder** oder **virtuelle Bilder** (franz. *virtuel:* möglich, scheinbar).

Bild 6 zeigt die Lage des Spiegelbildes. Es ist genauso weit vom Spiegel entfernt wie der Gegenstand, nur liegt es eben hinter der Spiegelebene.

An dem Würfel kannst du auch sehen, dass die rechte Seite des Originals (5 Würfelaugen) auch im Spiegelbild rechts ist. Die linke Seite ist dementsprechend links. Auch oben und unten bleiben erhalten. Aber vorne (6 Würfelaugen) und hinten (1 Würfelauge) werden vertauscht.

Man kann auch sagen: Der Spiegel kehrt immer die Richtung senkrecht zur Spiegelfläche um. Zeigt man mit der Hand zum Spiegel, so weist das Spiegelbild in die Gegenrichtung.

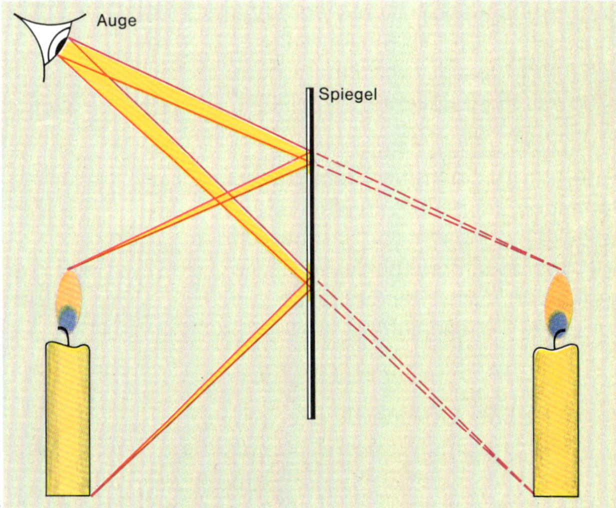

5

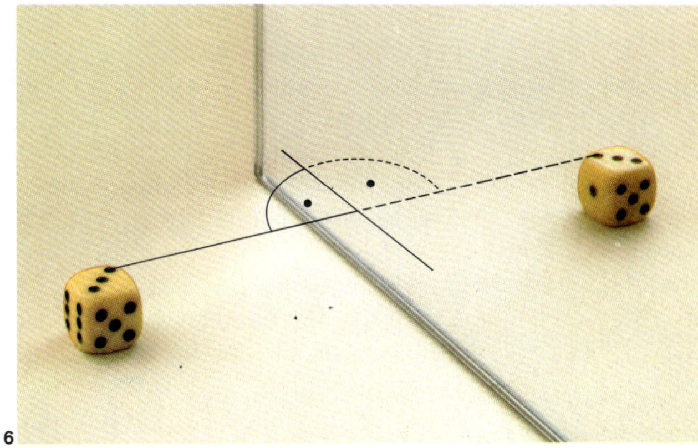
6

Aufgaben

7

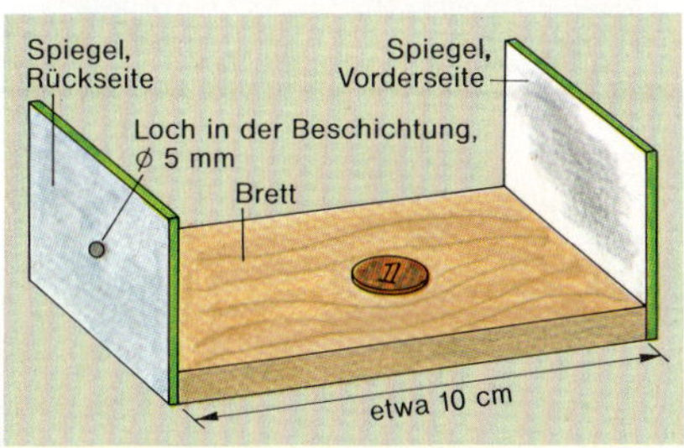

8

1 In Bild 7 siehst du ein „Zauberkunststück“: Eine Kerze brennt unter Wasser. Erkläre den Trick.

2 Bild 8 zeigt die **Bauanleitung** für ein praktisches „Gerät zur Geldvermehrung“. Wenn man durch das kleine Loch schaut, sieht man die Münze viele Male. Erkläre!

Warum werden die weiter entfernten Spiegelbilder immer dunkler?

3 Oft wird behauptet: „Beim Spiegelbild sind rechts und links vertauscht.“ Bild 9 scheint das auch zu bestätigen: Das Original hebt die rechte Hand, beim Spiegelbild ist es die linke. Aber beide Mal ist es die Hand auf der rechten Seite des Spiegels. Erkläre.

4 Ein Denkmal spiegelt sich in der 10 m entfernten Glaswand eines Gebäudes. Eine Frau, die direkt neben dem Denkmal steht, will das Spiegelbild aufnehmen.

Auf welche Entfernung muss sie ihren Fotoapparat einstellen?

9

Aus Umwelt und Technik: **Reflektoren erhöhen die Sicherheit**

Rückstrahler sind für alle Fahrzeuge vorgeschrieben. Der Rückstrahler eines Fahrrades, der von einem Autoscheinwerfer beleuchtet wird, ist heller als das Rücklicht.

Wie ein Rückstrahler funktioniert, kannst du am besten an einer „Spiegelecke" beobachten. Sie besteht aus drei zusammengeklebten Spiegelflächen. Auftreffendes Licht, z. B. von einer Taschenlampe, wird dreimal reflektiert (Bild 1). Es wird dabei genau in die Richtung zurückgeworfen, aus der es auf die Spiegelecke trifft.

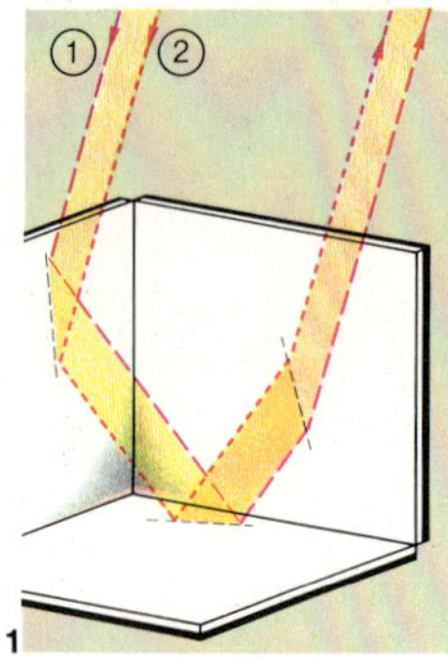

1

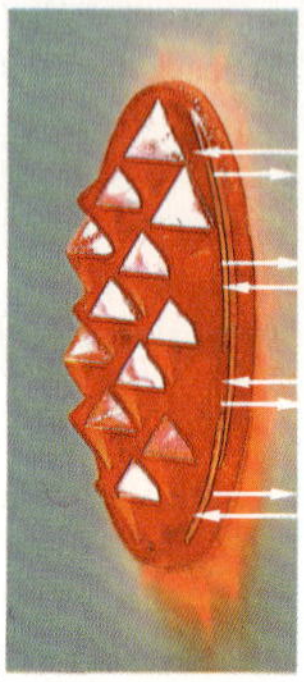

2

Alle Rückstrahler sind so gebaut, dass das Licht an vielen Spiegelecken reflektiert wird (Bild 2). Die Spiegelflächen bestehen aber nicht aus Spiegelglas. Vielmehr werden sie von den Flächen rechtwinkliger Glas- oder Kunststoffkörper gebildet.

Bauanleitung: **Das Periskop**

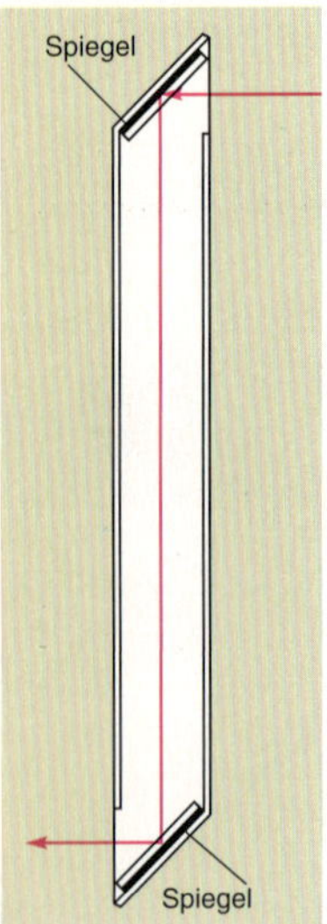

3

Mit dem Periskop hast du auch in der größten Menschenmenge immer eine gute Aussicht (griech. *peri:* über, hinaus; *skopein*: sehen). Bild 3 zeigt, wie das Licht im Periskop umgelenkt wird.

Du brauchst:
2 Taschenspiegel, 6 cm breit, 9 cm lang,
1 Bogen Karton oder Pappe (mindestens 25 cm · 40 cm),
Geodreieck, Schere, Lineal, Klebstoff.

So wird's gemacht:
Übertrage den Bauplan von Bild 4 auf die Pappe. Schneide die Hülle für das Periskop an den durchgezogenen Linien aus.

Die gestrichelten Falzkanten ritzt du etwas ein. Falte nun die Pappe an den gestrichelten Linien zu einer Röhre. Bevor du sie an den Rändern zusammenklebst, musst du die Spiegel aufkleben.

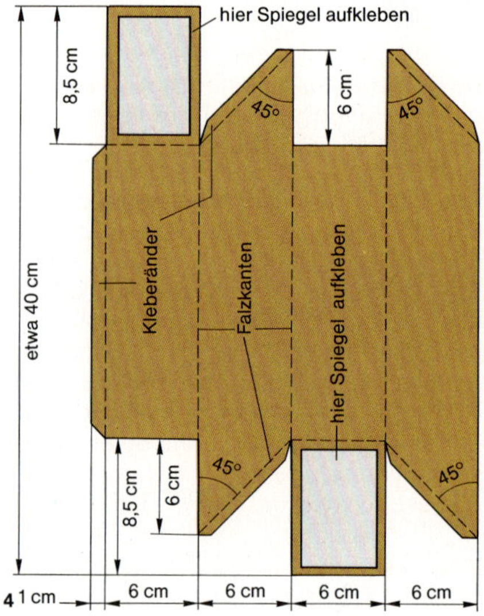

4

Bauanleitung: **Das Kaleidoskop**

Sicher hast du schon einmal einen Blick in ein Kaleidoskop geworfen (griech. *kalos:* schön; *eidos:* Form, Gestalt; *skopein:* sehen). Die bunten vielfältigen Muster, die man darin sieht, beeindrucken die Menschen schon seit Jahrhunderten.

Du brauchst:
3 Streifen aus Spiegelglas oder Spiegelfolie,
2,5 cm breit, 15 cm lang,
Textil-Klebeband.

So wird's gemacht:
Ein Kaleidoskop kannst du dir aus drei Spiegelstreifen bauen.

Die Streifen werden mit Textil-Klebeband so zusammengeklebt, dass eine Röhre mit dreieckigem Grundriss entsteht (Bild 5).

Halte vor das Kaleidoskop z. B. eine bunte Glasmurmel oder ein Farbdia. Du kannst auch das Kaleidoskop direkt auf den Bildschirm aufsetzen und das Fernsehbild betrachten – ein ganz neues „Bildschirm-Erlebnis".

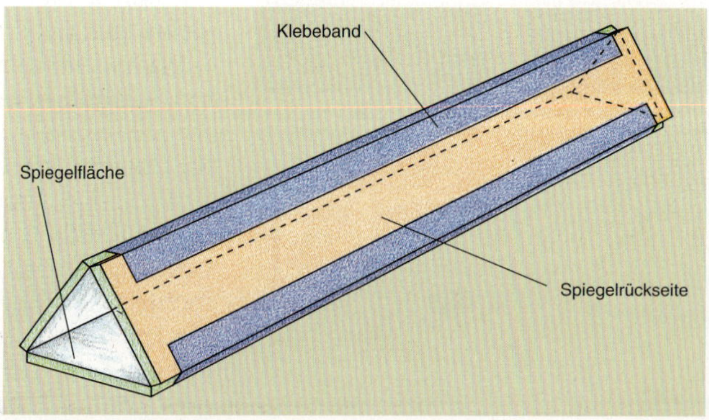

5

Alles klar?

1 Bild 6 zeigt den Blick in einen Rückspiegel. Was fällt dir auf?

2 In welche Richtung wird das Auto abbiegen (Bild 7)?

3 Wenn Licht an Oberflächen gestreut wird, spricht man auch von *ungerichteter Reflexion*.

Erkläre den Begriff „ungerichtete Reflexion" mit Hilfe von Bild 8.

4 Fußgänger sollten bei Dunkelheit möglichst helle Kleidung oder Reflektoren tragen.

Welchen Vorteil haben Reflektoren gegenüber heller Kleidung?

6

7

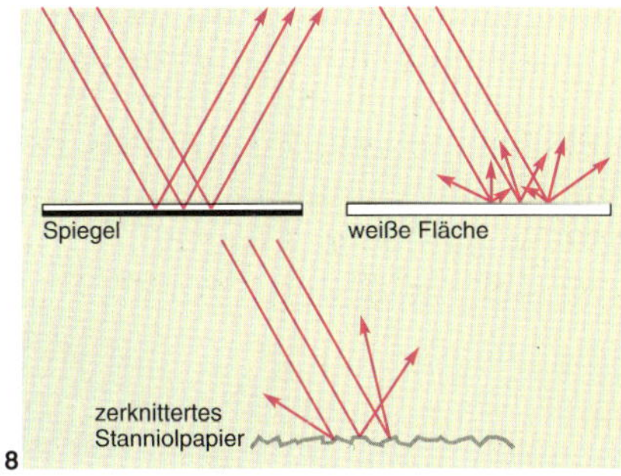

8

3 Zusammenfassung

Das Reflexionsgesetz

Licht wird an spiegelnden Flächen reflektiert. Dabei gilt das Reflexionsgesetz:

Der einfallende Strahl, das Einfallslot und der reflektierte Strahl liegen in einer Ebene.

Der Einfallswinkel ist genauso groß wie der Reflexionswinkel.

Einfallswinkel = Reflexionswinkel.

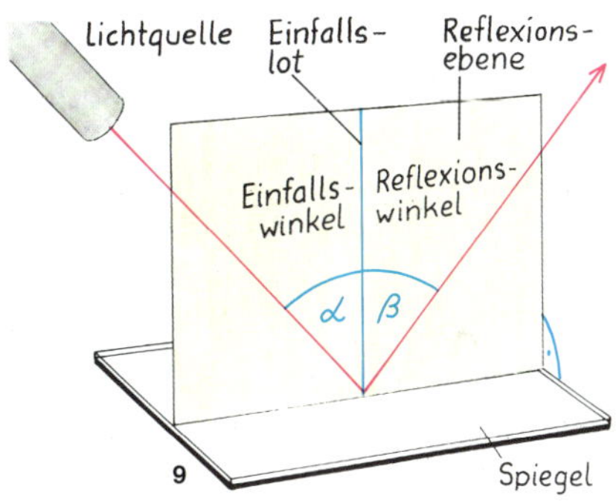

9

Spiegelbilder

Spiegelbilder sind Scheinbilder (virtuelle Bilder).

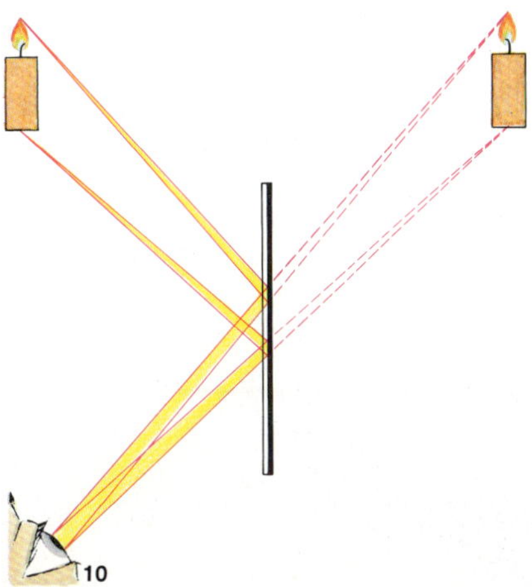
10

Das Licht vom Gegenstand wird am Spiegel reflektiert und fällt ins Auge. Es scheint von Punkten herzukommen, die hinter dem Spiegel liegen.

Das Spiegelbild ist ebenso weit vom Spiegel entfernt wie der Gegenstand.

Die Richtungen rechts, links, oben und unten werden durch den Spiegel nicht verändert. Wenn das Original z. B. nach rechts weist, zeigt das Spiegelbild ebenfalls nach rechts.

Dagegen werden die Richtungen senkrecht zur Spiegelfläche – also vorne und hinten – vertauscht.

11

Brechung und Totalreflexion

1 Wo kommt die Münze her?

1

2

In die Tasse wird *nur Wasser* gegossen, aber es ist *nicht nur Wasser* zu sehen!

V 1 Ob der „Trick" mit der Münze (Bilder 1 u. 2) nur mit Wasser funktioniert?

Nimm statt des Wassers Spiritus oder eine andere klare Flüssigkeit. Entdeckst du Unterschiede?

V 2 Fülle zunächst ein weites, flaches Gefäß einige Zentimeter hoch mit Wasser.

a) Stelle ein Lineal senkrecht ins Wasser. Betrachte den eingetauchten Teil zunächst von oben. Schaue dann schräg und schließlich fast parallel zur Wasseroberfläche auf das Lineal.

Beschreibe deine Beobachtungen.

b) Halte das Lineal nun schräg ins Wasser und peile an ihm entlang. Tauche es dann immer flacher in das Wasser. Was fällt dir dabei auf?

V 3 Bild 3 zeigt den Aufbau. Richte das Rohr so aus, dass du die Münze durch das Rohr hindurch sehen kannst.

a) Lass eine lange Stricknadel oder eine Fahrradspeiche durch das Rohr gleiten. Triffst du so die Münze?

b) Statt mit der Stricknadel versuchen wir die Münze mit einem feinen Lichtbündel zu treffen. Das Lichtbündel soll ebenfalls durch das schräg eingespannte Rohr fallen. Das Wasser wird vorher mit etwas Badesalz angefärbt.

c) Stelle das Glasrohr steiler und achte darauf, dass du die Münze siehst. Trifft die Stricknadel diesmal?

Welche Beobachtung machst du, wenn das Glasrohr senkrecht zur Wasseroberfläche eingestellt wird?

V 4 Damit wir bei unserem „Trick" die Münze sehen konnten, muss Licht von der Münze ins Auge gelangt sein. Das Licht musste also vom Wasser in Luft übergehen.

Wir untersuchen jetzt den Weg des Lichtes beim *Übergang von Wasser in Luft.*

a) In Bild 4 siehst du den grundsätzlichen Aufbau.

Der Spiegel wird am besten an einer Stativstange befestigt. Damit du das Lichtbündel sehen kannst, lässt du es an einem Schirm entlangfallen. Wie verläuft das Licht, wenn es von Wasser in Luft übergeht?

b) Verändere die Stellung des Spiegels so, dass das Lichtbündel flacher von unten auf die Wasseroberfläche trifft. Was fällt dir auf?

c) Untersuche, wie das Lichtbündel verläuft, wenn es *senkrecht* von unten auf die Wasseroberfläche fällt.

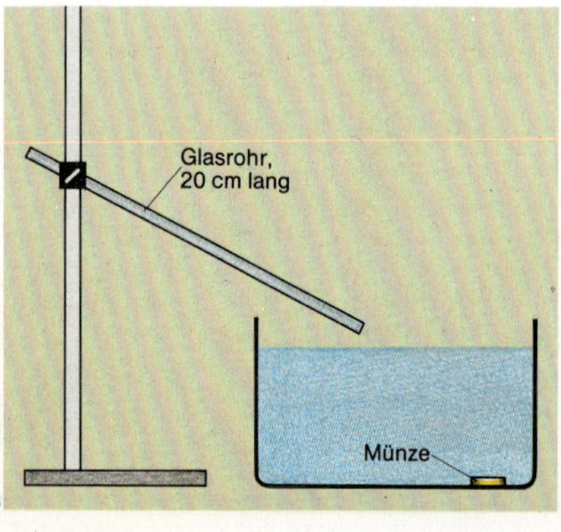

3

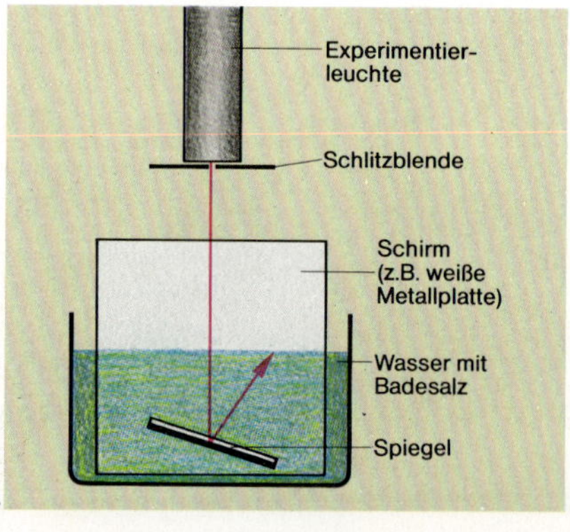

4

6484R

Die Brechung des Lichtes an Grenzflächen

Wenn Licht schräg von einem Stoff in einen anderen übergeht, ändert es seine Richtung.
Man sagt, das Licht wird an der Grenzfläche der beiden Stoffe **gebrochen**.

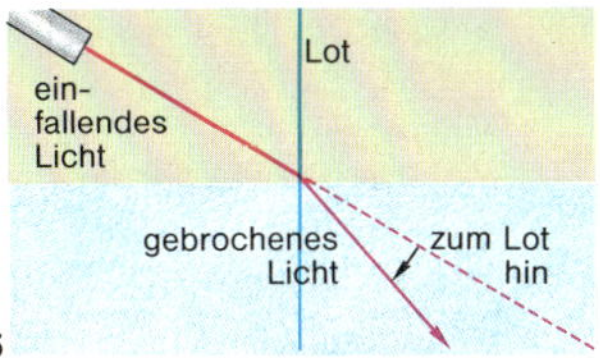

5

Beim Übergang Luft–Wasser (Luft–Glas) wird das Licht *zum Lot hin* gebrochen.

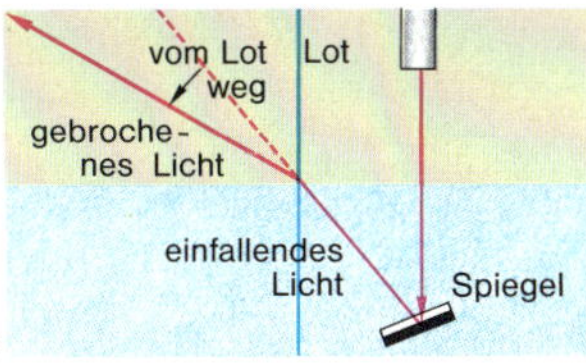

6

Beim Übergang Wasser–Luft (Glas–Luft) wird das Licht *vom Lot weg* gebrochen.

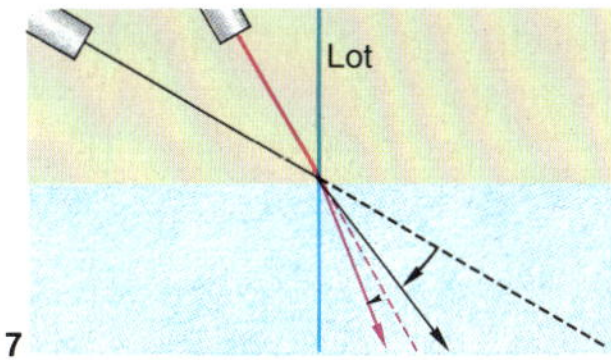

7

Je schräger das Licht einfällt, desto stärker wird es aus seiner Richtung abgelenkt.

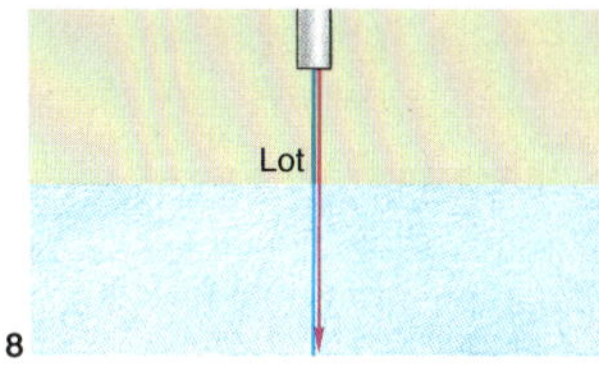

8

Wenn das Licht senkrecht einfällt, wird es nicht gebrochen.

Aufgaben

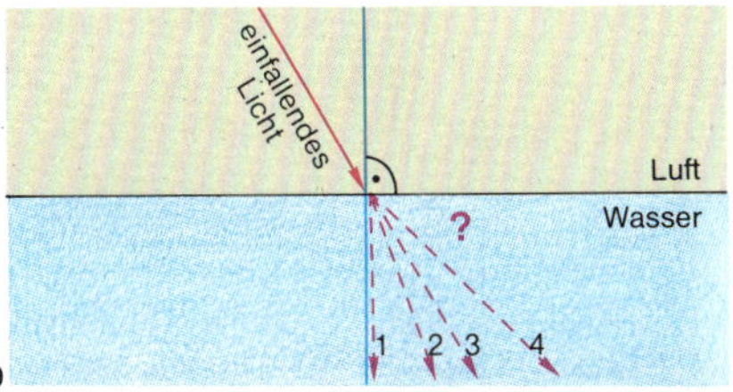

9

10

1 Ergänze die folgenden Sätze:
„Je schräger das Licht von Luft auf Wasser trifft, desto …"
„Wenn Licht senkrecht auf eine Wasserfläche trifft, …"

2 Licht trifft schräg auf eine Wasserfläche (Bild 9). Welchen der gezeichneten Wege nimmt es?

3 Bild 10 zeigt, wie Licht durch Plexiglas fällt. Erkläre den Lichtweg.

4 *Johannes Kepler,* ein berühmter Astronom (1571–1630), beschäftigte sich mit der Lichtbrechung. Seine Anordnung ist in Bild 11 nachgebaut. Auf dem Boden siehst du den Schatten des Kartons. Warum ist der Schatten unter dem Wasserbecken kürzer als der vor dem Becken?

11

2 „Trugbilder" durch Brechung

Wieso erscheinen Gegenstände unter Wasser geknickt, gehoben oder verkürzt?

Warum sehen wir die Münze in der Tasse nur, wenn Wasser eingefüllt ist?

Bild 12 zeigt, auf welchem Weg das Licht von der Münze in unser Auge gelangen würde. Wir sehen sie nicht, weil der Rand der Tasse im Lichtweg steht.

Erst wenn man Wasser in die Tasse füllt, ist die Münze zu sehen. Das Licht von der Münze fällt schräg von unten auf die Grenzfläche Wasser–Luft und wird gebrochen. Das Licht kann nun über den Tassenrand ins Auge gelangen (Bild 13).

Die Münze erscheint uns angehoben. Unser Gehirn geht nämlich von der geradlinigen Lichtausbreitung aus. Es verlegt daher den Ausgangspunkt des Lichtes dorthin, wo das Licht ohne die Brechung herkommen würde.

Wird ein Körper senkrecht oder schräg ins Wasser gehalten, erscheint uns jeder seiner Punkte angehoben. Daher sehen wir den Körper verkürzt oder geknickt (Bild 14). Das „Trugbild", das wir wahrnehmen, beruht also auf der Brechung des Lichts.

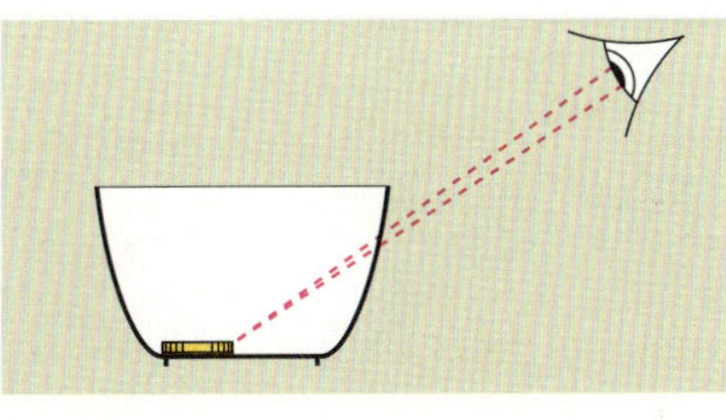
12

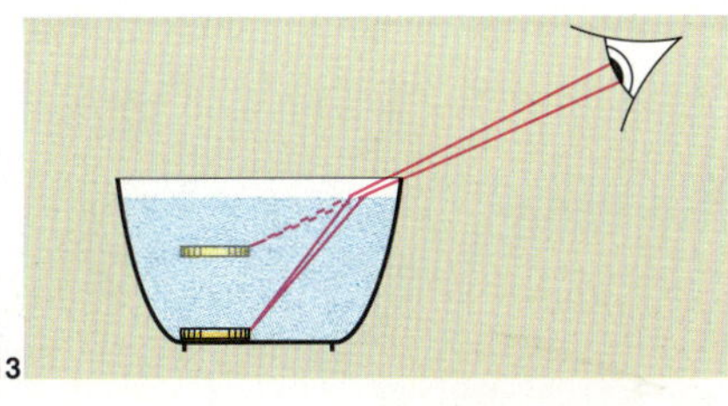
13

14

Aufgaben

1 Erkläre, weshalb die Beine in Bild 1 so kurz aussehen.

2 Viele Schwimmbecken sind überall gleich tief. Wenn man am Rand eines solchen Beckens steht, erscheint die gegenüberliegende Seite flacher.

Erkläre diese Beobachtung.

1

3 Warum ist es gefährlich, in ein Wasserbecken zu springen, von dem man die Tiefe nicht kennt? Wieso nutzt es auch wenig, wenn man den Grund sehen kann?

4 Schützenfische jagen Insekten, die über dem Wasser auf Blättern sitzen. Sie spucken dazu Wassertropfen auf die Beutetiere.

Die Fische zielen mit beiden Augen und treffen dank ausdauerndem „Training“ noch auf 60 cm Entfernung.

Welche Probleme hat ein Schützenfisch im Training zu meistern?

5 An Land sehen Muscheln viel kleiner aus, als sie unter Wasser durch die Taucherbrille erscheinen. Warum? Bild 2 hilft dir bei der Erklärung.

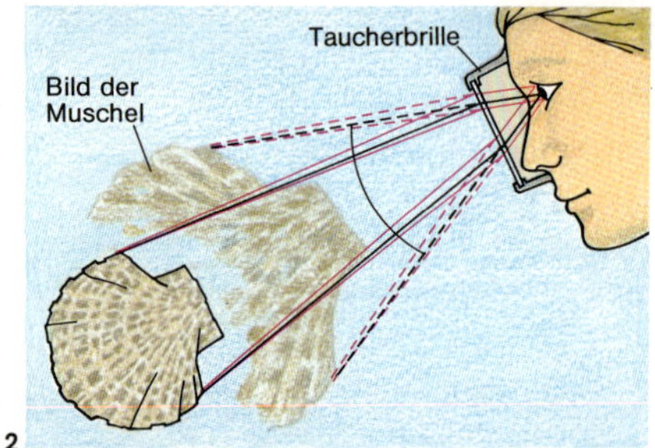

2

6 „Wenn man in einen Teich schaut, sieht man nicht die Fische selbst, sondern nur Trugbilder von ihnen.“

Erläutere diese Behauptung.

Aus Umwelt und Technik: **Die Abendsonne ist nicht rund**

Kurz vor Sonnenuntergang scheint die Sonne etwas „platt gedrückt“ zu sein (Bild 3) – vor allem bei starkem Abendrot. Wie kommt das?

Die Lufthülle der Erde weist keine scharfe Grenze auf, sondern sie wird zur Erdoberfläche hin immer dichter. Licht, das aus dem Weltall kommt und in die Lufthülle eintritt, wird daher nicht einmalig an einer Grenzfläche gebrochen. Vielmehr erfolgt die Brechung nach und nach.

Bild 4 zeigt diesen Vorgang in einem **Versuch**: Hier wurde über eine Zuckerlösung vorsichtig Wasser „geschichtet“. Die Grenzschicht zwischen beiden Flüssigkeiten wurde dann etwas aufgerührt. Es entstand so ein allmählicher Übergang.

3

Wie sich die Brechung durch die Lufthülle auswirkt, zeigt Bild 5 für einen Stern: Von dem Stern fällt Licht in unser Auge. Es durchquert die Lufthülle auf einer gekrümmten Bahn. In der Richtung, aus der das Licht ins Auge trifft, vermuten wir den Stern. In Wirklichkeit steht er aber tiefer über dem Horizont. Es ist sogar möglich, dass wir einen Stern noch sehen, obwohl sein wahrer Ort bereits unter dem Horizont liegt.

Auch die untergehende Sonne steht nicht in der Richtung, in der wir sie wahrnehmen, sondern etwas tiefer. Sie wird durch den Brechungsvorgang scheinbar angehoben.

Warum die Sonne nicht rund ist, macht Bild 6 deutlich:

Gezeichnet ist das Licht, das vom oberen und vom unteren Sonnenrand ins Auge trifft. Das Licht vom unteren Sonnenrand wird stärker gebrochen als das vom oberen Rand. Der untere Rand scheint somit stärker angehoben zu sein. Deswegen ist die Abendsonne nicht rund.

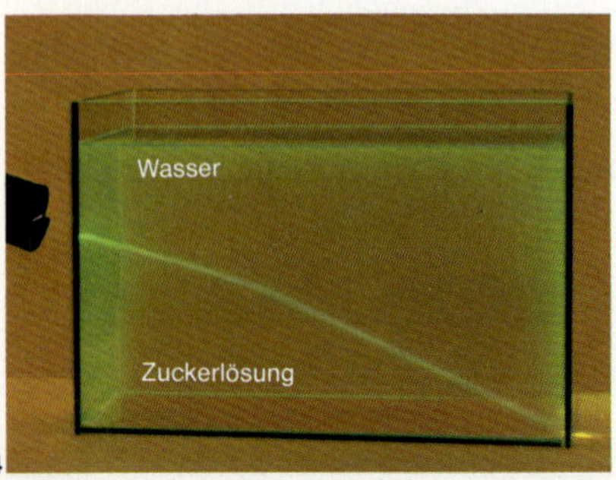

4

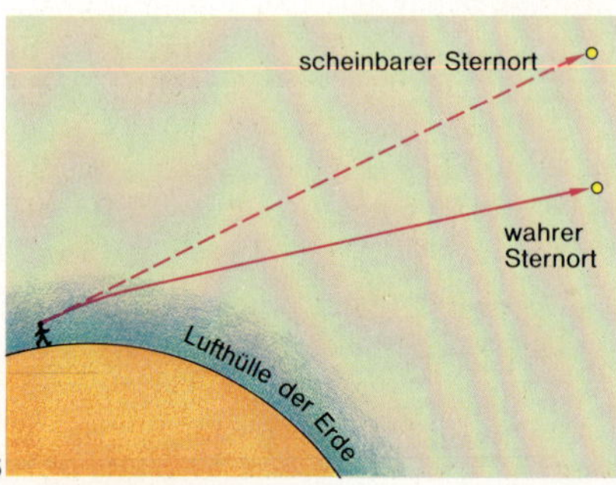

5

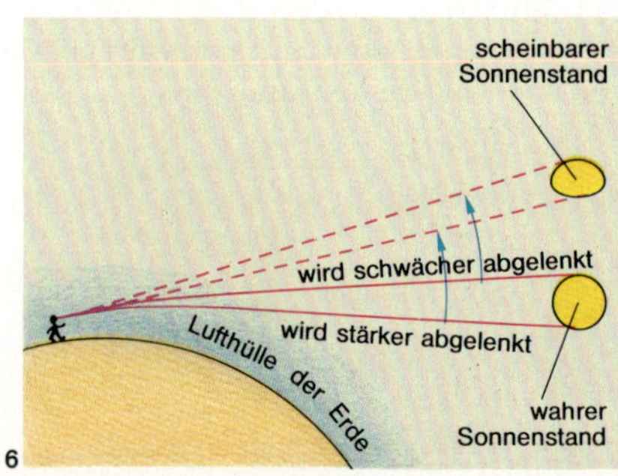

6

6486R

3 Reflexion an Grenzflächen – die Totalreflexion

7

Eine Hand im Aquarium – von unten betrachtet …

Kann denn klares Wasser undurchsichtig sein?

V 5 Etwas Ähnliches wie in Bild 7 beobachtest du, wenn du schräg von unten in ein Glas Wasser (oder in ein Aquarium) blickst.

a) Halte einen Finger über die Wasseroberfläche und probiere aus, ob du ihn durch die Wasseroberfläche hindurch sehen kannst.

b) Tauche den Finger ins Wasser. Welche Teile des Fingers siehst du, welche nicht?

c) Notiere die Beobachtungen, die du machst.

V 6 In Bild 8 fällt Licht vom Wasser her auf die Grenzfläche zur Luft. Das Licht wird zum Teil gebrochen und zum Teil reflektiert.

Wir lassen nun das Licht immer flacher auf die Grenzfläche treffen. Wir vergrößern also den Einfallswinkel. Was geschieht?

Erläutere den Begriff *Totalreflexion*.

V 7 Ein Körper, der aus klarem Glas oder Kunststoff besteht, kann unter bestimmten Bedingungen lichtundurchlässig sein.

Wir verwenden die Anordnung von Bild 9. Ein schmales Lichtbündel trifft auf die (ebene) Grenzfläche zwischen dem Glas und der Luft.

Wie groß muss der Einfallswinkel mindestens sein, damit kein Licht mehr durch die ebene Fläche dringt?

8

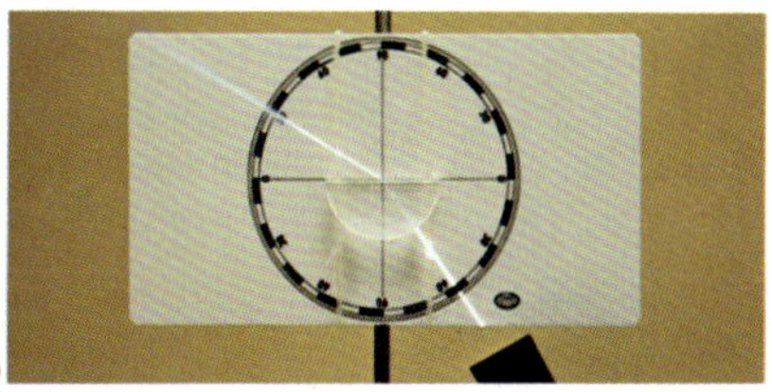

9

Licht wird an Grenzflächen reflektiert

Licht wird an einer Grenzfläche nicht nur gebrochen. Immer wird ein Teil des Lichtes von der Grenzfläche auch reflektiert. Der reflektierte Anteil des Lichtes ist umso größer, je flacher das Licht auf die Grenzfläche trifft (je größer also der Einfallswinkel ist).

Beim Übergang des Lichtes von Wasser oder Glas in Luft beobachtet man etwas Besonderes (Bild 10). Wenn das Licht sehr flach auf die Grenzfläche trifft, wird es vollständig reflektiert. Man spricht von **Totalreflexion**.

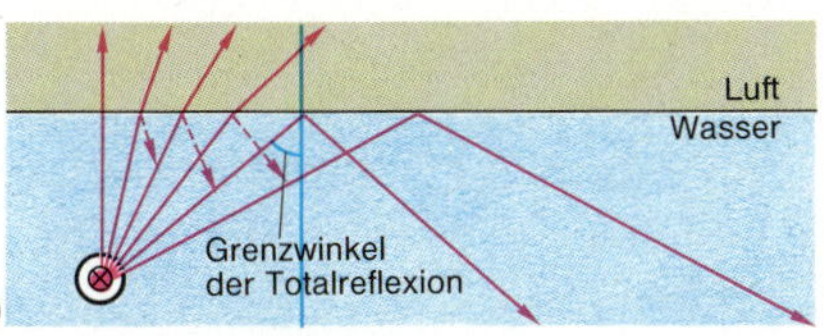

10

Totalreflexion tritt auf, wenn der Einfallswinkel des Lichtes einen bestimmten Wert überschreitet. Diesen Winkel bezeichnet man als Grenzwinkel der Totalreflexion. Er beträgt für den Übergang von Wasser in Luft 49° und für den Übergang von Glas in Luft 42°.

Aufgrund der Totalreflexion kann eine Wasser- oder Glasfläche wie ein Spiegel wirken.

So verwendet man in Ferngläsern und anderen optischen Geräten Glaskörper (Prismen), um das Licht durch Totalreflexion umzulenken. Oft erzielt man auf diese Weise eine kompaktere Bauweise der Geräte (Bild 11).

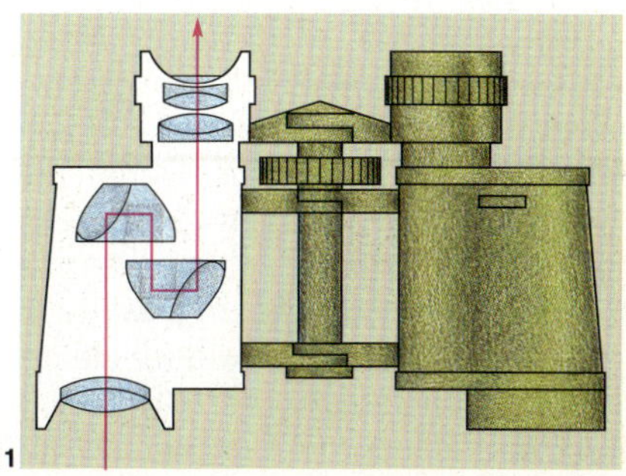

11

Aus Umwelt und Technik: **Glasfasern leiten Licht**

1

Bild 1 zeigt eine *Glasfaserleuchte*. In ihrem Innern fällt Licht einer Glühlampe auf die Enden von **Glasfasern**. Das Licht geht durch die Glasfasern hindurch und tritt erst an ihren äußeren Enden wieder aus – obwohl die Glasfasern gebogen sind. Wie ist das möglich, wo sich Licht doch geradlinig ausbreitet?

Obwohl Glasfasern sehr dünn sind (ca. $\frac{1}{200}$ mm Durchmesser), bestehen sie meist aus zwei verschiedenen Glassorten: einem *Kern* aus einer Glassorte und einem Mantel aus einer anderen Glassorte.

Ein Lichtbündel, das an einem Ende in die Glasfaser eintritt, trifft bald auf die Grenzfläche zwischen Kern und Mantel. Dort wird es totalreflektiert (Bild 2). Dies wiederholt sich auf dem Weg durch die Glasfaser viele Male. Das Licht verlässt die Glasfaser nicht, sondern folgt ihren Biegungen.

Man kann nun viele tausend solcher Glasfasern zu einem Bündel von nur einigen Millimetern Durchmesser zusammenfassen. Auf diese Weise erhält man ein **Glasfaserkabel**. Für solche Kabel gibt es viele Verwendungsmöglichkeiten.

Wenn z. B. ein Arzt bei einem Patienten in den Magen sieht, benutzt er ein *Endoskop*. Das ist ein schlauchartiges Instrument, das durch die Speiseröhre des Patienten in den Magen eingeführt wird. Es besteht hauptsächlich aus zwei Glasfaserkabeln, die so angeordnet sind, wie Bild 3 es zeigt. Außerdem enthält es ein kleines Objektiv, das aus mehreren Linsen besteht (ähnlich wie das Objektiv im Fotoapparat).

Durch das äußere Glasfaserkabel wird Licht in den Magen geleitet (1); auf diese Weise wird z. B. ein Teil der Magenwand beleuchtet. Mit Hilfe des Objektivs (2) entsteht nun ein Bild von dieser Stelle des Magens, und zwar auf dem Ende des inneren Glasfaserkabels (3). Da jede Faser das Licht eines bestimmten Punktes der Magenwand überträgt, sieht der Arzt am Ende der Glasfaser ein Bild der betreffenden Stelle; es ist Punkt für Punkt zusammengesetzt. Er betrachtet dieses Bild durch die eingebaute Lupe.

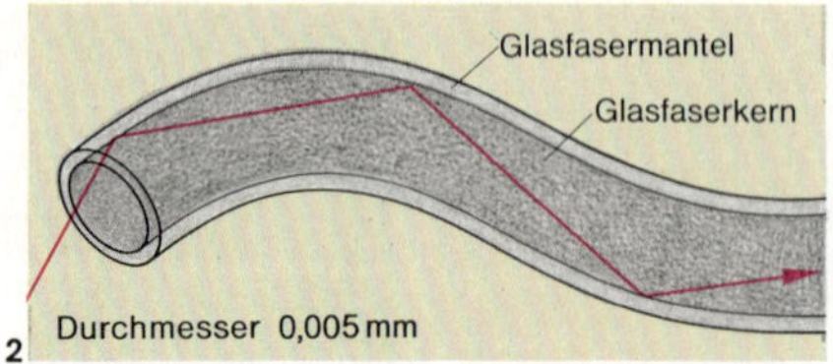

2

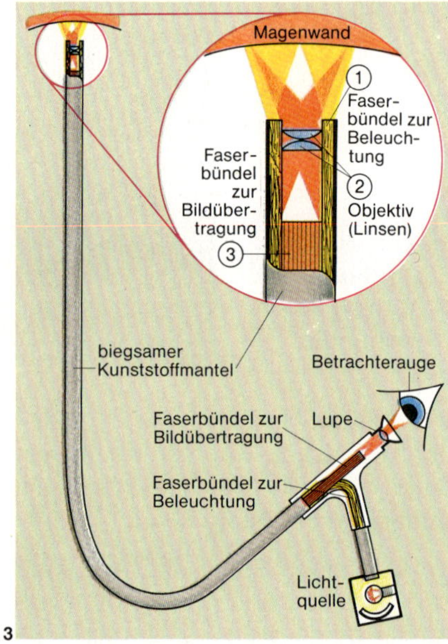

3

Auch in Autowerkstätten verwendet man Endoskope. Damit können unzugängliche Hohlräume der Karosserie auf Rostschäden hin untersucht werden. Oder man kann durch das Zündkerzenloch in einen Motorzylinder hineinsehen.

Aus Umwelt und Technik: **Nachrichtenübertragung mit Glasfasern**

Glasfaserkabel spielen in der **Nachrichtenübertragung** (z. B. Telefongespräche und Fernsehbilder) eine immer größere Rolle.

Das Telefonieren mit Glasfaserkabeln funktioniert vereinfacht so:

Die Sprache wird durch einen Computer in viele Millionen Lichtblitze *(Lichtimpulse)* zerlegt. Die von einem Laser erzeugten Lichtblitze werden durch einzelne Glasfasern geleitet. An deren Ende werden sie in elektrische Signale umgewandelt. Daraus lässt sich dann wieder die ursprüngliche Sprache „herstellen". Ein Kabel kann mehrere Hundert Glasfasern enthalten. Das Kabel von Bild 4 hat 42 Glasfasern.

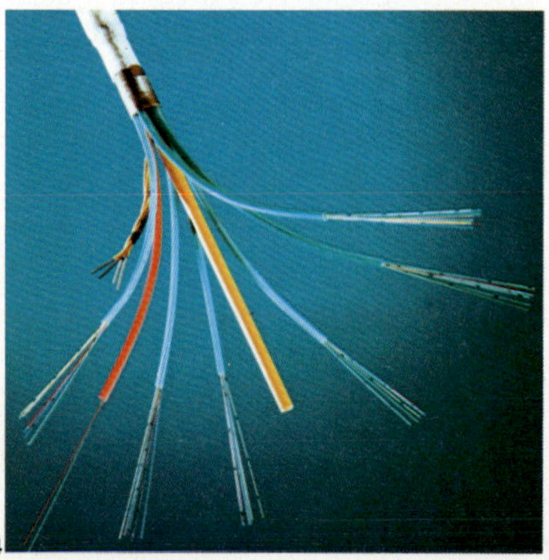
4

Man kann Licht durch Glasfasern 10 bis 20 km weit übertragen, ohne dass sie zwischendurch verstärkt werden müssen. Bei größeren Entfernungen werden die Blitze unterwegs mit Hilfe weiterer Lichtquellen „erneuert". Die Verstärker sind technische Wunderwerke: Tausende von Signalen werden auf kleinstem Raum unterschieden, verstärkt und in der „richtigen" Faser weitergeleitet.

Die Glasfasertechnik trägt dazu bei, dass die Weltvorräte an Kupfer geschont werden. Der Rohstoff für Glas ist reichlich vorhanden: Es ist Sand (Siliciumdioxid)!

6488R

Alles klar?

5

6

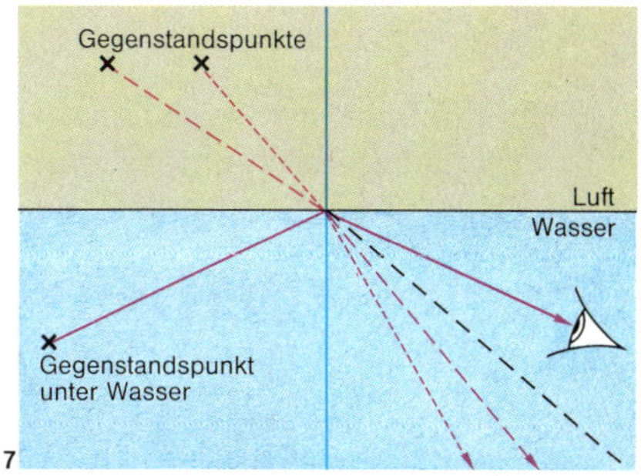

7

1 Legt man eine Buchseite unter einen „Fernsehstein", so sieht man die Schrift auf der Oberfläche des Steines (Bild 5).

Der Stein, ein *Ulexitkristall*, besteht aus unzähligen haarfeinen Fasern, die parallel angeordnet sind.

Wie funktioniert die Bildübertragung?

2 Eine wasserdicht verpackte Taschenlampe wird in eine Gießkanne mit Wasser gelegt. Der Lichtkegel wird in die Ausflussöffnung gerichtet. Was wird zu beobachten sein, wenn man das Wasser ausgießt?

Tipp: Wenn du den Versuch ausprobieren willst, muss der Raum dunkel sein.

3 Die Verkehrszeichen in Bild 6 sind aus lauter leuchtenden Punkten zusammengesetzt. Man verwendet dafür aber keine einzelnen Glühlämpchen. Erkläre.

4 Wieso siehst du die Hand in Bild 7 (auf der vorigen Doppelseite) zweimal? Weshalb sieht man den Arm ein Stück weit gar nicht? Bild 7 hilft dir bei der Antwort.

5 Beim Rückstrahler wird das Licht im Innern an den Rückwänden rechtwinkliger Kunststoff„ecken" reflektiert.

Warum brauchen diese Flächen nicht verspiegelt zu werden?

4 Zusammenfassung

8

Lichtbrechung an Grenzflächen

Wenn Licht schräg auf die Grenzfläche zwischen zwei lichtdurchlässigen Stoffen fällt, wird es gebrochen.

9

Tritt das Licht von Luft in Glas oder in eine Flüssigkeit ein, so erfolgt die Brechung *zum Einfallslot hin*. Beim Übergang von Glas oder einer Flüssigkeit in die Luft wird das Licht *vom Lot weg* gebrochen.

Die Brechung ist umso stärker, je flacher das Licht auf die Grenzfläche trifft (je größer also der Einfallswinkel ist).

Fällt das Licht senkrecht auf die Grenzfläche, wird es nicht gebrochen.

Trugbilder durch Brechung

Wenn Licht gebrochen wird und dann ins Auge fällt, merken wir von der Richtungsänderung an der Grenzfläche nichts. Wir gehen von geradliniger Lichtausbreitung aus. Daher sehen wir die Gegenstandspunkte in der Richtung, aus der das Licht kommt. Die Gegenstände erscheinen dadurch angehoben, verkürzt oder geknickt.

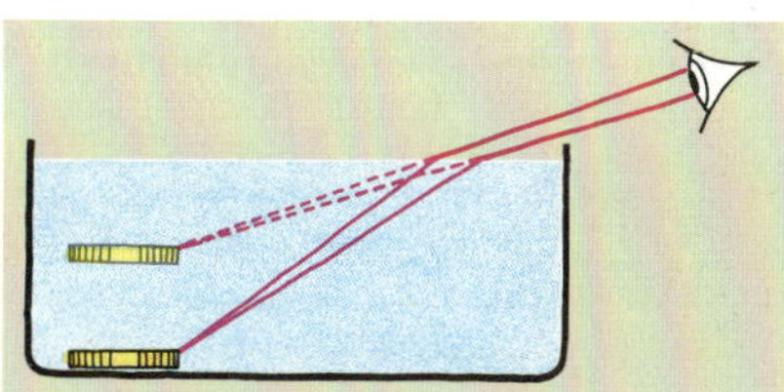

10

Die Totalreflexion

Totalreflexion tritt auf, wenn Licht von Wasser oder Glas in Luft übergeht: Trifft das Licht flach auf die Grenzfläche, so wird es vollständig (total) reflektiert. Das Licht fällt dann ins Wasser oder Glas zurück.

Auf der Totalreflexion beruht die Leitung von Licht in Glasfasern.

11

Optische Abbildungen mit Linsen

1 Bilder der Lochkamera – scharf und dunkel oder unscharf und hell

„Sonnentaler“ sind kreisrunde Lichtflecke, die gelegentlich unter dem Blätterwerk von Bäumen auf dem Boden zu sehen sind.

1

2

Man beobachtet sie, wenn die Sonne hoch steht und durch die Lücken im Laub scheint. Diese Lücken sind aber keineswegs rund, sondern weisen alle möglichen Formen auf.

Die Flecken sind Bilder der Sonne!

V 1 Baue dir eine einfache Lochkamera: In die Schmalseite eines Schuhkartons schneidest du ein dreieckiges Loch mit 1 cm Seitenlänge. Um die Größe des Lochs zu verändern, befestigst du einen Pappstreifen mit Klebeband quer über dem Loch (Bild 3). Auf der gegenüberliegenden Seite des Kartons schneidest du eine 10 cm · 10 cm große Öffnung und überklebst sie mit Pergamentpapier.

Wenn die Sonne scheint, sind auf dem Pergamentpapier Bilder der Landschaft zu sehen. Zur besseren Beobachtung kannst du ein dunkles Tuch über deinen Kopf und die Bildseite der Lochkamera hängen.

Schau dir die Landschaft mal bei ganz kleiner und dann bei großer Blendenöffnung an.

Was beobachtest du auf dem Schirm, wenn nur das Licht *einer* kleinen Glühlampe durch das Loch fällt?

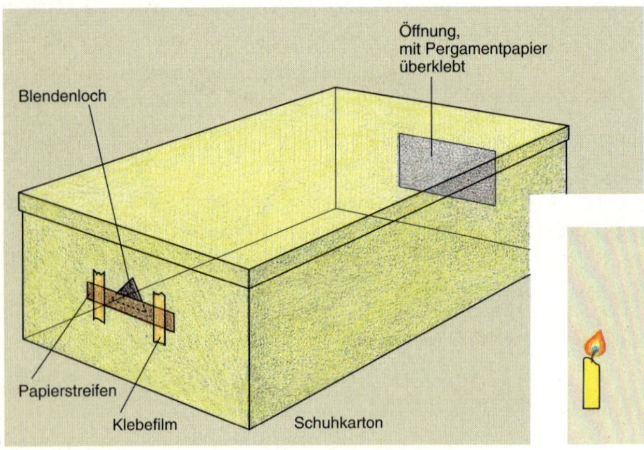

3

V 2 Um das Bild einer Kerzenflamme zu erzeugen, benötigst du nur einen Schirm und ein Blendenloch (Bild 4).

Verwende eine Blende mit verstellbarer Öffnung (Irisblende).

Wie ändert sich das Bild, wenn du die Blendenöffnung vergrößerst oder verkleinerst?

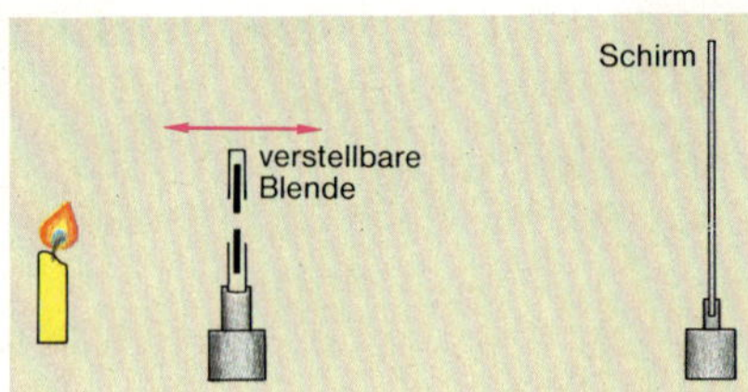

4

Lochkamerabilder

Ein heller Gegenstand und ein kleines Loch reichen aus um auf einem Schirm das Bild des Gegenstands zu erzeugen.

Damit man ein scharfes Bild erhält, muss jeder Punkt eines Gegenstands wiederum als *ein Punkt* der Bildfläche abgebildet werden.

Bei einem Loch ist diese Bedingung nur annähernd erfüllt (Bild 5): Von jedem Gegenstandspunkt tritt ein schmales Lichtbündel durch das Loch und erzeugt auf dem Schirm einen kleinen Fleck. Dieser Fleck hat die Form der Blendenöffnung. Das Bild setzt sich aus lauter Flecken zusammen. Je kleiner sie sind, desto schärfer ist das Bild.

Aber bei sehr kleiner Blendenöffnung fällt auch nur wenig Licht durch die Blende, und das Bild ist dunkel. Bei großer Blendenöffnung ist das Bild zwar hell, aber zugleich so unscharf, dass man kaum noch etwas erkennen kann.

Der Wunsch, helle und zugleich scharfe Bilder zu erzeugen, ist mit einer einfachen Lochkamera nicht zu erfüllen.

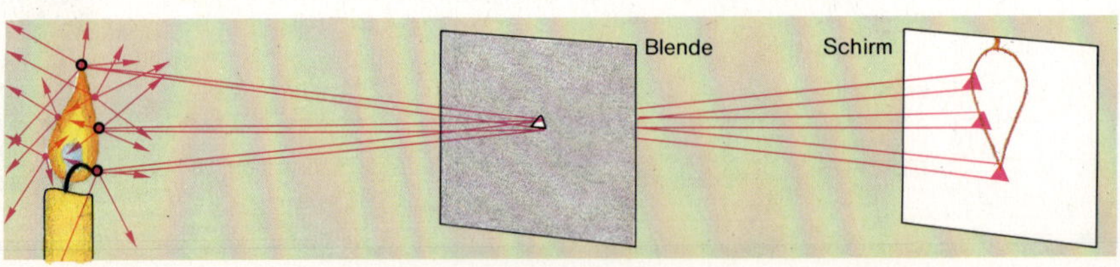

5

6507R

2 Scharf und hell – Linsen machen's möglich

6

Bild 6 wurde von einer Lochkamera erzeugt.

7

8

Mit einer Sammellinse vor der (vergrößerten) Blendenöffnung (Bild 7) sieht das Lochkamerabild so aus (Bild 8).

V 3 Mit einer Sammellinse (z. B. einem Brillenglas mit „+5 Dioptrien") kannst du ohne weitere Hilfsmittel scharfe Bilder erzeugen.

Du brauchst dazu nur eine helle Fläche als Schirm, z. B. ein Blatt Papier (Bild 9).

a) Suche dir zunächst weit entfernte Gegenstände, z. B. eine Landschaft oder ein Haus.

Halte den Schirm direkt hinter die Linse. Entferne dann den Schirm immer weiter von der Linse, bis ein scharfes Bild der Landschaft oder des Hauses entsteht.

Beschreibe, was du beobachtest, wenn du den Schirm von der Linse entfernst. Miss auch den Abstand zwischen Linse und Bild.

b) Was ändert sich, wenn du – statt der weit entfernten Landschaft oder des Hauses – eine Kerzenflamme aus weniger als 2 m Abstand abbildest?

c) Die Sonne ist eine sehr weit entfernte Lichtquelle. (Der mittlere Abstand der Erde von der Sonne beträgt etwa 150 000 000 km.) Auch von ihr lässt sich mit der Sammellinse ein Bild erzeugen:

Halte die Sammellinse so, dass Sonnenlicht hindurchfällt. Fange das Sonnenbildchen auf dem Schirm auf. (Nie direkt in die Sonne blicken!)

In welchem Abstand entsteht das Bild hinter der Linse? Vergleiche diesen Abstand mit deinem Messwert von Versuchsteil a.

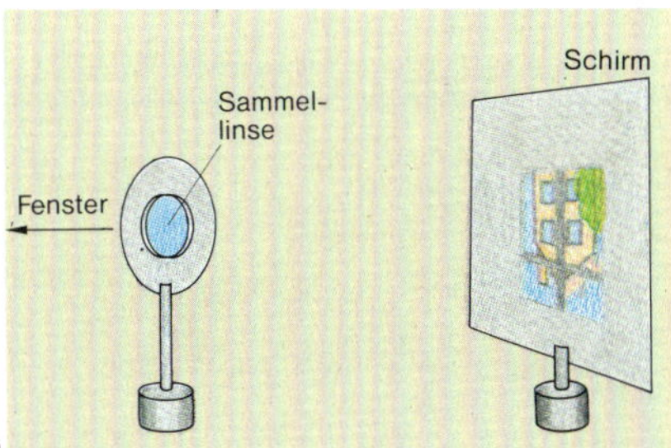

9

d) Man nennt den Abstand zwischen der Linse und dem (scharfen) Bild auf dem Schirm die *Bildweite b*.

Welches ist die kleinste Bildweite, die bei der Sammellinse möglich ist?

Wo muss sich der Gegenstand befinden, wenn sein scharfes Bild möglichst dicht hinter der Linse entstehen soll?

V 4 Dieser Versuch soll zeigen, wie bei der Sammellinse das Bild eines Gegenstands entsteht. Den Aufbau des Versuchs siehst du in Bild 10.

Der Glühdraht einer Glühlampe stellt eine annähernd punktförmige Lichtquelle dar. Der Glühdraht ist der *Gegenstandspunkt*, der abgebildet werden soll.

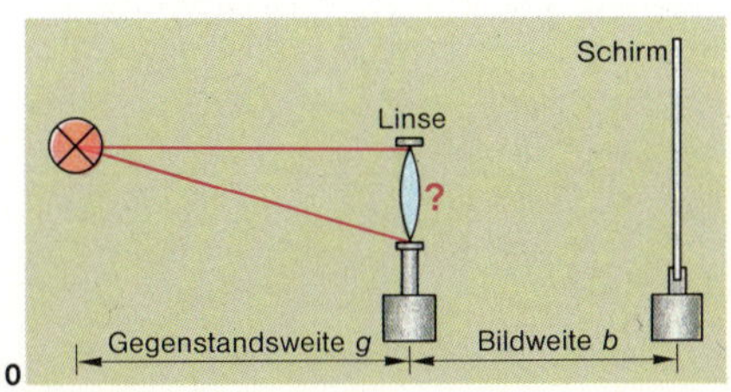

10

a) Stelle die Lampe etwa 1 m vor die Linse. Halte den Schirm zunächst direkt hinter die Linse und entferne ihn dann langsam von ihr.

Beobachte den Lichtfleck auf dem Schirm. Wo erreicht er seinen kleinsten Durchmesser? Dieser Punkt ist der *Bildpunkt*.

Wie verläuft das Licht hinter dem Bildpunkt weiter?

b) Prüfe mit Hilfe einer Schnur, ob Gegenstandspunkt, Linsenmitte und Bildpunkt auf einer Geraden liegen.

c) Übertrage Bild 10 vergrößert in dein Heft.

Zeichne den Strahl ein, der vom Gegenstandspunkt durch die Linsenmitte zum Bildpunkt verläuft, den *Mittelpunktstrahl*. Ergänze dann den Verlauf der *Randstrahlen* bis zum Schirm.

V 5 Der Abstand der Glühlampe von der Linse heißt *Gegenstandsweite g*. Den Abstand des Bildes von der Linse nennt man *Bildweite*.

a) Wie ändert sich die Bildweite, wenn man die Gegenstandsweite verkleinert?

b) Wie klein darf die Gegenstandsweite bei deiner Linse höchstens werden, wenn auf dem Schirm noch ein Bildpunkt entstehen soll?

Brechung an Sammellinsen

Wenn ein Lichtbündel aus der Luft schräg auf eine ebene Glasfläche fällt, wird es zum Einfallslot hin gebrochen. Tritt es aus dem Glas aus, so erfolgt die Brechung vom Einfallslot weg.

Auch Sammellinsen bestehen aus Glas (oder Kunststoff). Ihre Oberfläche ist aber nicht eben, sondern auf beiden Seiten nach außen gewölbt.

Du kannst dir die Linse so vorstellen, als wäre sie aus lauter kleinen Glaskörpern mit ebenen Flächen zusammengesetzt (Bild 1).

Beim Durchgang durch die Glaskörper werden die Lichtbündel zweimal gebrochen. Der obere Randstrahl wird beide Male in die gleiche Richtung (nach unten) abgelenkt. Der untere Randstrahl

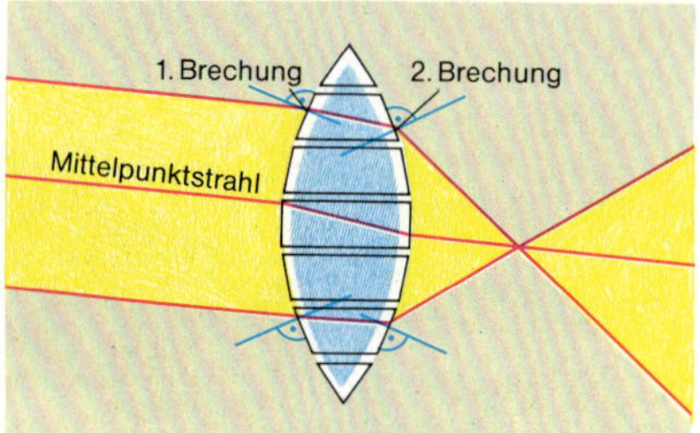

1

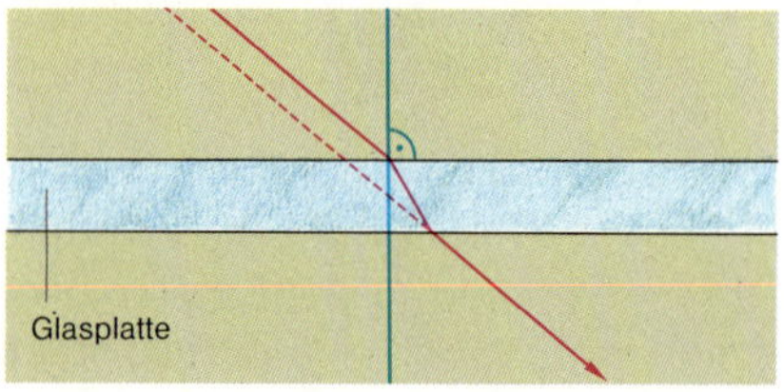

2

wird bei beiden Brechungen nach oben abgelenkt. Das Lichtbündel läuft hinter der Linse in einem Punkt zusammen.

Der Mittelpunktstrahl hat vor und hinter der Linse die gleiche Richtung. Er wird nämlich bei der ersten Brechung nach unten und bei der zweiten gleich stark nach oben abgelenkt. So wird die erste Richtungsänderung durch die zweite aufgehoben.

Genauso wie bei einer ebenen Glasplatte wird der Strahl nur parallel verschoben (Bild 2).

Diese Parallelverschiebung ist meist nur sehr gering. Wenn wir daher das Lichtbündel zeichnen wollen, können wir den Mittelpunktstrahl ungebrochen durch die Linsenmitte hindurchziehen.

Sammellinsen erzeugen Bilder

Helle *Lochkamera*bilder sind immer unscharf. Zu jedem Punkt des Gegenstands wird statt eines Bild*punktes* ein *Fleck* auf dem Schirm erzeugt. Die Lichtflecke von benachbarten Gegenstandspunkten überlappen sich, dadurch entsteht die Unschärfe (Bild 3).

Punkt für Punkt

Die Brechung an der **Sammellinse** bewirkt, dass die Lichtbündel hinter der Linse auf einzelne Punkte zulaufen. Es entstehen Bild*punkte* (Bild 4).

Wir können uns jeden Gegenstand aus vielen Gegenstandspunkten zusammengesetzt denken. **Mit Hilfe der Sammellinse entsteht zu jedem dieser Gegenstandspunkte ein Bildpunkt.**

In Bild 5 sind zwei Gegenstandspunkte P_1 und P_2 und die zugehörigen Bildpunkte Q_1 bzw. Q_2 eingezeichnet. Das Bild kann man sich aus vielen Bildpunkten zusammengesetzt denken.

Bildweite und Gegenstandsweite

Den Abstand des Bildes von der Linse nennt man **Bildweite** b. Die Ebene, in der ein scharfes Bild hinter der Linse entsteht, ist die *Bildebene*.

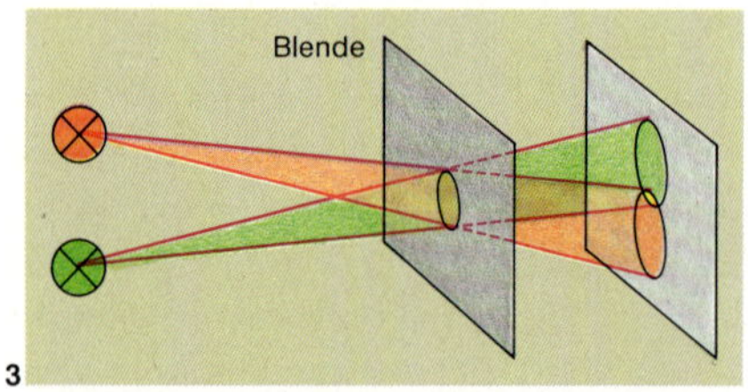

3

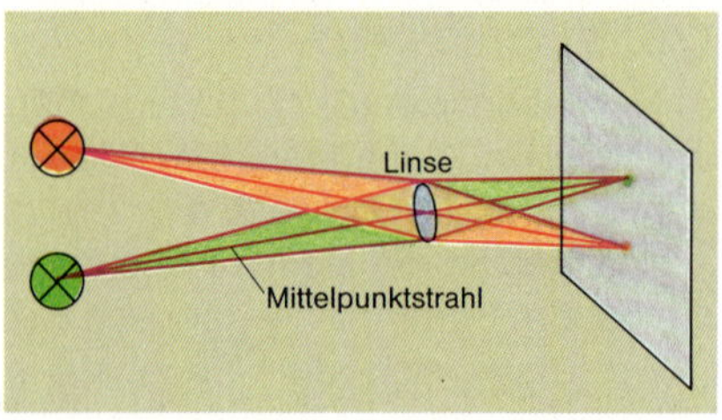

4

Hinter der Bildebene wird das Bild wieder unscharf, weil die Lichtbündel hinter den Bildpunkten wieder auseinander laufen.

Den Abstand zwischen Gegenstand und Linse nennt man **Gegenstandsweite** g. Die Bildweite ist von der Gegenstandsweite g abhängig: Je weiter der Gegenstand von der Linse entfernt ist, desto näher liegt das Bild an der Linse.

Je größer die Gegenstandsweite ist, desto kleiner die Bildweite.

Brennweite, Brennebene, Brennpunkt

Bei sehr weit entfernten Gegenständen treffen Lichtbündel auf die Linse, deren Randstrahlen praktisch parallel sind. In diesem Fall ist die Bildweite am kleinsten.

Näher als bis auf diese kleinstmögliche Bildweite kann kein Bild an die Linse heranrücken.

So liegt z. B. das Bild der Sonne in der kleinstmöglichen Bildweite hinter der Linse. Das ganze Sonnenlicht, das durch die Linse fällt, wird in einem kleinen Scheibchen gebündelt. Dort, wo dieses Scheibchen entsteht, kann es so heiß werden, dass leicht entzündliches Material zu brennen beginnt.

Die kleinstmögliche Bildweite heißt Brennweite *f*, die zugehörige Bildebene nennt man Brennebene (Bild 6).

Unter dem Brennpunkt F einer Linse versteht man den Schnittpunkt der Brennebene mit der optischen Achse (in Bild 7 gestrichelt).

Im Brennpunkt läuft das Lichtbündel zusammen, das parallel zur optischen Achse auf die Linse fällt.

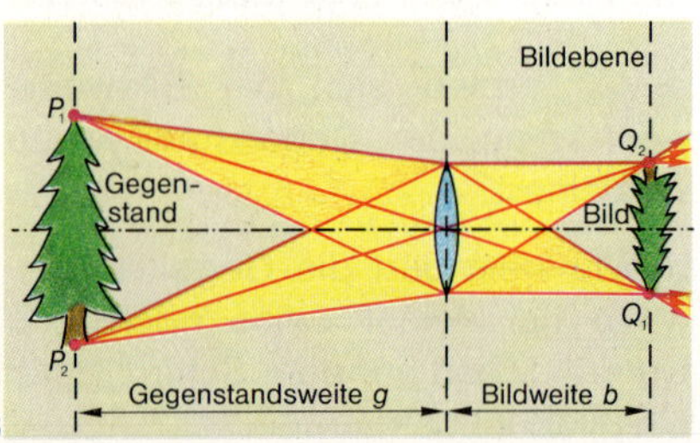

5

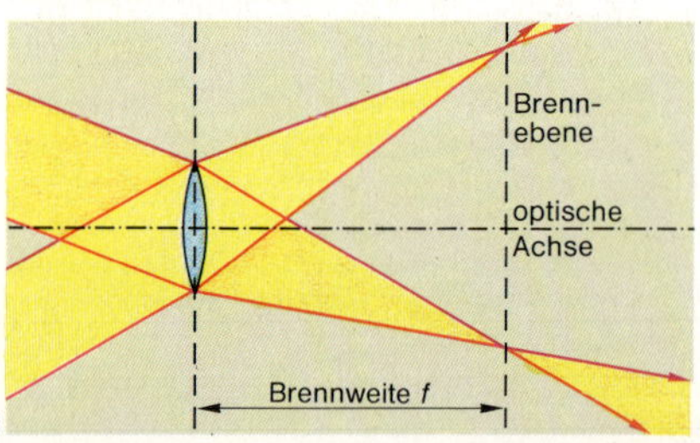

6

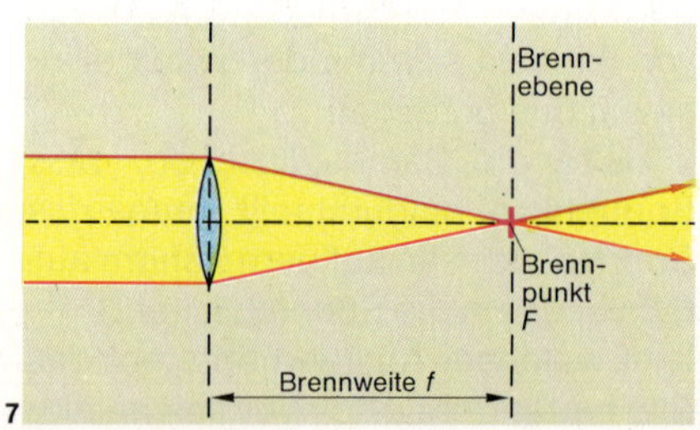

7

6509R

Aus Umwelt und Technik: **So werden Linsen hergestellt**

8

9

10

Linsen werden in vielen optischen Geräten gebraucht. Sie sollen stets klare, nicht verzerrte Bilder liefern. Bei der Linsenherstellung wird daher mit allergrößter Sorgfalt gearbeitet.

Schon das Material muss hohe Anforderungen erfüllen: Linsen werden deshalb aus Spezialglas hergestellt, dem sog. *optischen Glas*. Es unterscheidet sich vom einfachen Fensterglas durch seine chemische Zusammensetzung; außerdem müssen die Ausgangsstoffe von großer Reinheit sein.

Die *Glasrohlinge*, die zunächst hergestellt werden, haben die unterschiedlichsten Formen (Bild 8).

Als Nächstes müssen diese Glasrohlinge in die gewünschte Form gebracht werden. Das geschieht durch *Abfräsen* mit einem Diamantwerkzeug oder durch Abschleifen mit einer besonderen Schmirgelmasse. Dazu kittet man die Rohlinge auf halbrunde Linsenträger. Diese drehen sich so lange unter einer Schleifglocke, bis sie die gewünschte Wölbung haben (Bild 9).

Doch erst durch das anschließende *Polieren* erhalten die Linsen ihre endgültige Form und ihre blanke Oberfläche. Je nach Form und Größe werden sie einzeln oder zu mehreren auf dem Linsenträger bearbeitet.

Anschließend erfolgt die erste genaue Kontrolle der Linsen (Bild 10): Die Dicke der Linse wird gemessen, die Reinheit des Glases geprüft und vor allem die Oberfläche betrachtet. Linsen, deren Oberfläche auch nur kleinste Kratzer oder Schleifspuren aufweisen, werden aussortiert und in die Werkstatt zurückgegeben.

Nur absolut fehlerfreie Linsen behandelt man weiter: Damit sie später fest in den vorgesehenen Halterungen sitzen, *schleift man ihren Außenrand* entsprechend ab.

Zum Schluss werden die Linsen meist noch *entspiegelt*: Es werden hauchdünne Schichten auf die Linsen aufgedampft. An den Linsenoberflächen wird so nur noch sehr wenig Licht gespiegelt. Wenn du in das Objektiv einer Kamera blickst, siehst du daher stets nur schwache, bläulichviolette Spiegelbilder.

Aufgaben

1 Warum kann man mit Hilfe einer Sammellinse scharfe und gleichzeitig helle Bilder erzeugen, mit der Lochkamera dagegen nicht?

2 Findest du für die Bezeichnung *Sammellinse* eine Begründung?

3 Bei der Sammellinse entsteht ein scharfes Bild nur in einem ganz *bestimmten* Abstand hinter der Linse – nämlich in der *Bildweite b*.

Warum gibt es bei der Lochkamera keine Bildweite?

4 Die Bildpunkte sehr weit entfernter Gegenstände liegen praktisch in der *Brennebene* der Linse.

Begründe, warum die Brennweite der kleinste Abstand ist, in der die Linse noch ein Bild erzeugen kann. Woher kommt der Begriff *Brennebene*?

11

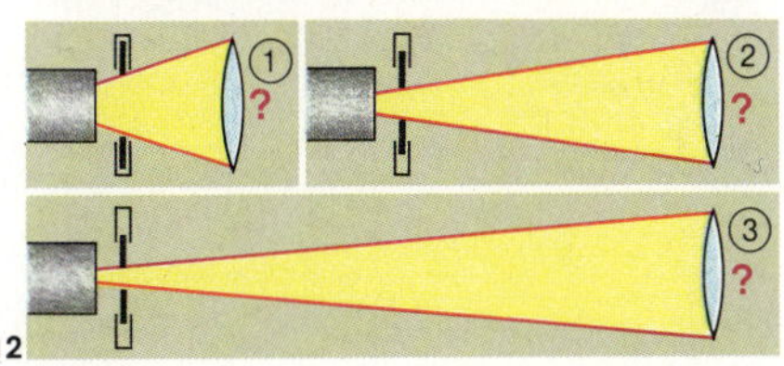

12

5 In einem Versuch fällt das Licht einer Experimentierleuchte durch eine Sammellinse in gefärbtes Wasser (Bild 11). Welchen Weg nimmt das Licht? Zeichne und beschreibe!

Was kannst du feststellen, wenn die Linse durch eine andere Sammellinse ersetzt wird? Zeichne wieder!

6 Bei welchem der drei Lichtbündel von Bild 12 liegt der Bildpunkt am nächsten an der Linse?

Ergänze den Satz: „Je weniger stark das Licht vor der Linse auseinander läuft, desto …"

3 Verschiedene Linsen – verschiedene Bilder

1

Die Bilder 1 u. 2 wurden von zwei verschiedenen Sammellinsen erzeugt. Das Fenster war in beiden Fällen gleich weit von der Linse entfernt.

- ○ Warum erzeugen verschiedene Linsen verschiedene Bilder?
- ○ Worin unterscheiden sich die Linsen?

2

V 6 Lass Sonnenlicht durch verschiedene Linsen auf einen Schirm fallen.

Du kannst z. B. Lupen, Brillengläser oder das Objektiv eines Fotoapparates verwenden.

a) Suche die Linsen heraus, die als Sammellinsen wirken – mit denen du also ein Bild erzeugen kannst (Vorsicht, Feuergefahr!).

Beschreibe, wie sich die Sonnenbildchen unterscheiden. Miss jeweils die *Brennweite f* der Linsen.

b) Erzeuge mit verschiedenen Sammellinsen Bilder von einem Fenster (wie in den Bildern 1 u. 2).

Fühle, wie stark die Linsen gewölbt sind. Vergleiche dabei den Rand der Gläser mit ihrer Mitte.

Was haben alle Sammellinsen gemeinsam?

c) Worin unterscheidet sich eine Linse, bei der ein großes Bild entsteht, von einer anderen, die ein kleines Bild erzeugt?

V 7 Auch mit ein und derselben Linse kann man unterschiedlich große Bilder erzeugen.

Wir untersuchen, wovon die Größe eines Bildes bei einer Sammellinse mit 10 cm Brennweite abhängt. Dazu verwenden wir die Versuchsanordnung von Bild 3. Zwei farbige Glühlampen dienen als „Gegenstandspunkte“. Der Abstand zwischen den beiden Glühdrähten ist die *Gegenstandsgröße G*.

a) Wir wählen zunächst eine Gegenstandsweite *g* von etwa 1 m. Wie groß ist die Bildweite *b*?

Miss auch die Bildgröße *B* (also den Abstand der beiden Lichtpunkte auf dem Schirm).

Wie ändern sich Bildweite *b* und Bildgröße *B*, wenn wir die Lämpchen langsam der Linse nähern?

b) Nun nähern wir beide Lämpchen so weit der Linse, bis *G* genauso groß ist wie *B*.

Wie groß sind in diesem Fall *b* und *g* im Vergleich zur Brennweite *f*?

c) Wir rücken die Lämpchen langsam an die Linse heran – und zwar so weit, bis die Gegenstandsweite *g* gleich der Brennweite *f* ist. Verfolge dabei, wie sich die Bildweite *b* und die Bildgröße *B* ändern.

V 8 Was geschieht, wenn die Gegenstandsweite kleiner ist als die Brennweite? Probiere es mit einem Lämpchen aus.

Halte ein Blatt Papier hinter der Linse in das Lichtbündel. Beobachte, wie sich sein Durchmesser beim Bewegen des Papiers ändert.

Beschreibe deine Beobachtung.

V 9 Wenn man einen Gegenstand mit einer Sammellinse abbildet, muss man das Bild nicht unbedingt auf einem Schirm sichtbar machen. Schaut man nämlich in Richtung des Gegenstands auf die Linse, so sieht man das Bild sogar viel klarer.

Mit diesem Versuch kannst du nachweisen, dass das umgekehrte Bild immer zwischen dem Auge und der Linse entsteht. Du wirst überrascht sein!

a) Halte eine Linse ($f = 10$ cm) mit ausgestrecktem Arm von dir weg; betrachte durch sie einen kleinen Gegenstand auf dem Tisch, z. B. einen Radiergummi. Der Gegenstand soll etwa 50 cm von der Sammellinse entfernt sein.

b) Schaue mit *beiden* Augen auf die Linse.

Vermutlich siehst du jetzt *zwei* Bilder des Gegenstands.

c) Mit einem Trick kannst du deine Augen richtig auf das Bild einstellen:

Tippe mit einer Bleistiftspitze auf die Linse, und zwar genau zwischen die beiden Bilder. Sieh nun ganz fest auf die Bleistiftspitze und bewege sie langsam auf die Augen zu.

Gelingt es dir die beiden Bilder auf diese Weise zu einem einzigen zu verschmelzen?

d) Gib nun an, wo sich das Bild des Gegenstands tatsächlich befindet.

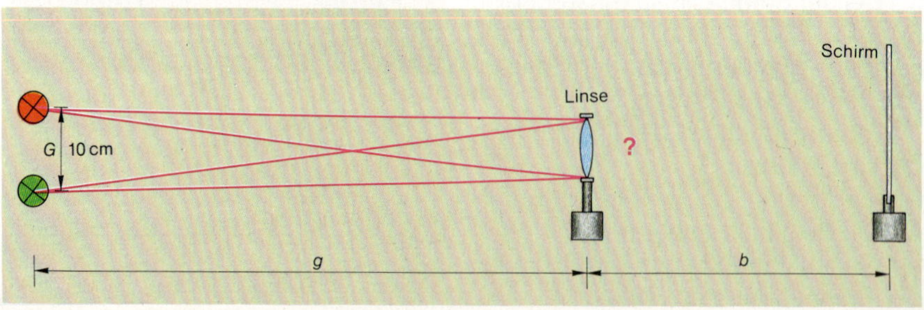

3

6511R

Wovon die Bildgröße bei der Sammellinse abhängt

Für die **Lochkamera** und die **Linsenkamera** gilt: Der Abstand des Schirmes vom Blendenloch bzw. von der Linse hat entscheidenden Einfluss auf die Bildgröße (Bilder 4–7):

Die Mittelpunktstrahlen bestimmen die Richtung, in der das Bild auf dem Schirm entsteht. Sie verlaufen geradlinig, bei der Lochkamera durch die Mitte der Blendenöffnung (Bild 4), bei der Linsenkamera durch die Linsenmitte (Bilder 5–7).

Sowohl bei der Lochkamera als auch bei der Linsenkamera stellt man fest: Je weiter das Bild von der Blendenöffnung (Lochkamera) bzw. von der Linse (Linsenkamera) entfernt ist, desto größer ist es.

Genauer: Bei doppelter Bildweite b verdoppelt sich die Bildgröße B; wird b verdreifacht, verdreifacht sich auch B usw.

Bei *einer* Sammellinse kann man die Bildweite nicht einfach verdoppeln, wenn die Gegenstandsweite gleich bleibt. Das Bild ist ja nur an einer ganz bestimmten Stelle – in der Bildebene – scharf (Bild 5).

Will man ein doppelt so großes Bild, muss die Linse gegen eine andere ausgewechselt werden, bei der das Licht weniger stark gebrochen wird (Bild 6).

Bei gleicher Gegenstandsweite ist das Bild umso größer, je größer die Brennweite der Sammellinse ist (je schwächer die Linse gewölbt ist).

Bisher haben wir die Gegenstandsweite nicht verändert. Wie groß die Bilder bei unterschiedlichen Gegenstandsweiten sind, zeigen die Bilder 8–10. Die Linse ist dabei immer die gleiche.

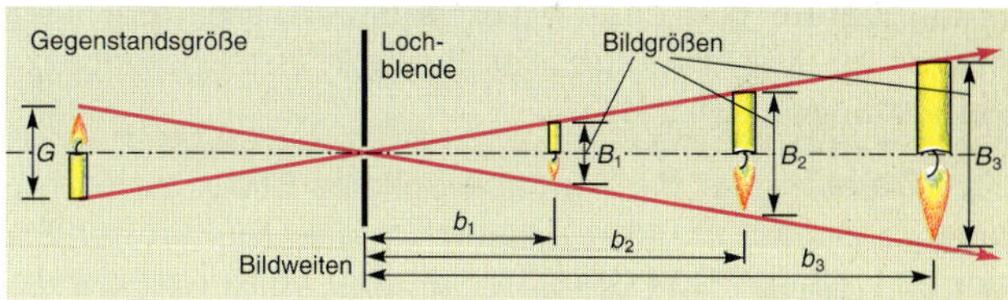

4

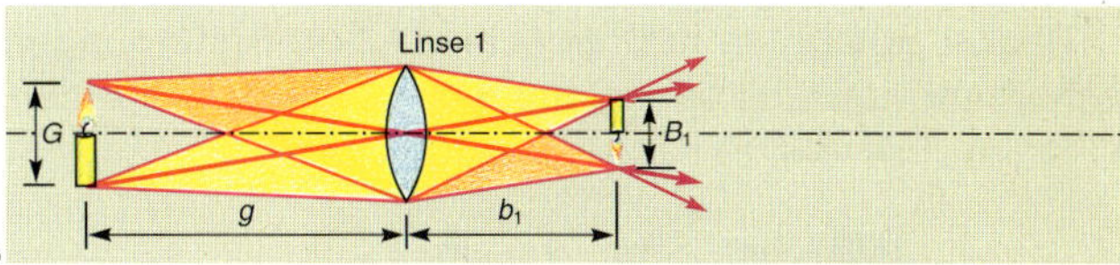

5

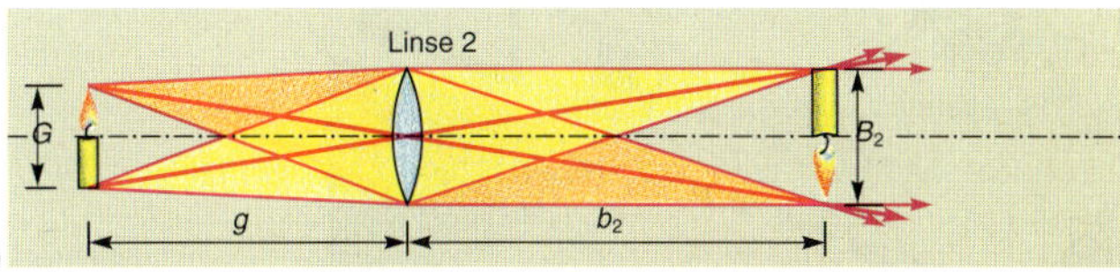

6

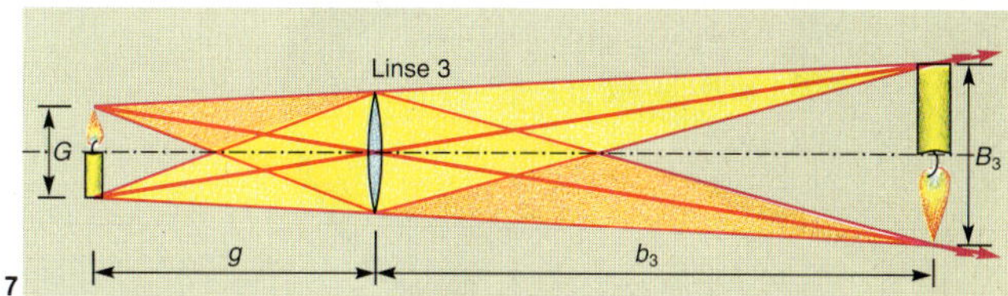

7

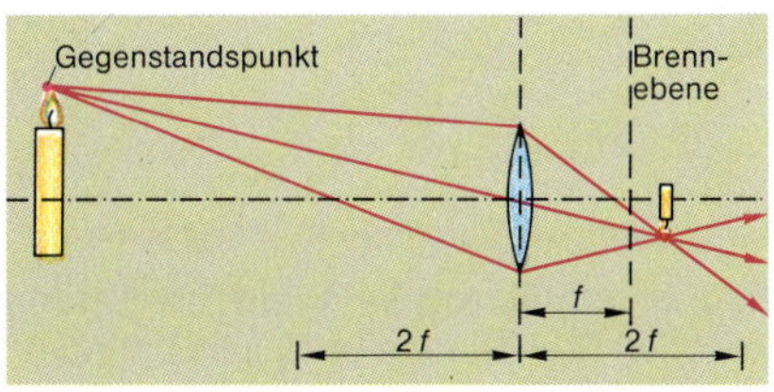

Solange die Gegenstandsweite größer als die doppelte Brennweite ist, erhält man ein verkleinertes Bild.

8

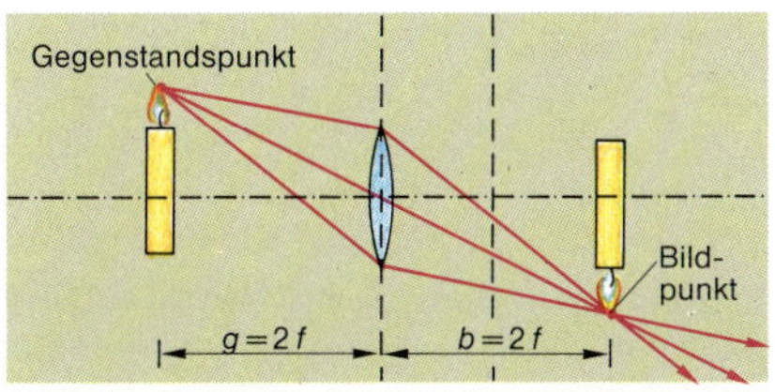

Wenn die Gegenstandsweite doppelt so groß wie die Brennweite ist, erhält man ein Bild, das so groß wie der Gegenstand ist.

9

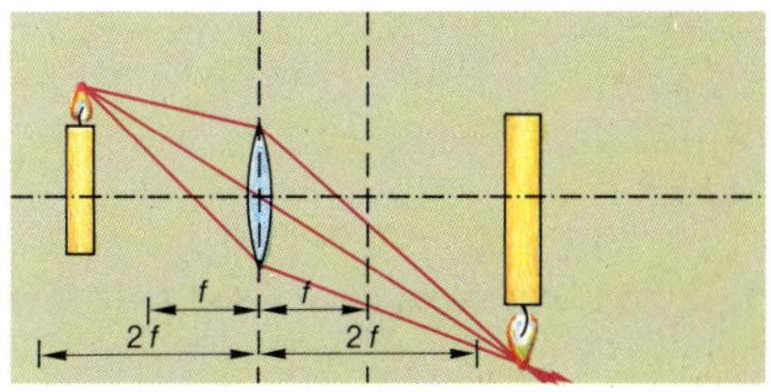

Liegt die Gegenstandsweite zwischen dem Einfachen und dem Doppelten der Brennweite, erhält man ein vergrößertes Bild.

10

Aufgaben

1 Bei gleicher Bildweite erzeugen Lochkamera und Sammellinse gleich große Bilder (Bilder 11 u. 12). Wieso?

2 Wann ist das Bild eines Gegenstands vergrößert bzw. verkleinert?

3 Mit einer selbst gebauten Linsenkamera erscheint ein Haus auf dem Schirm 2 cm hoch. Wie müsste man die Kamera verändern, wenn sie das Haus doppelt so groß abbilden soll (bei gleicher Gegenstandsweite)?

4 Ein Sammellinse erzeugt kein Bild, wenn sich der Gegenstand innerhalb der Brennweite vor der Linse befindet.

Übertrage Bild 13 in dein Heft und skizziere den Lichtweg.

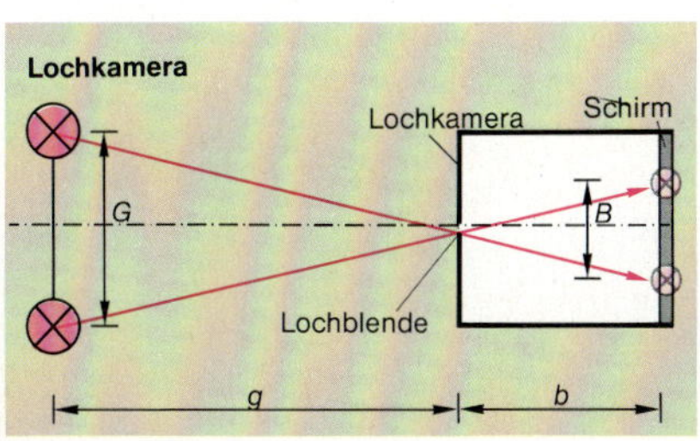

11

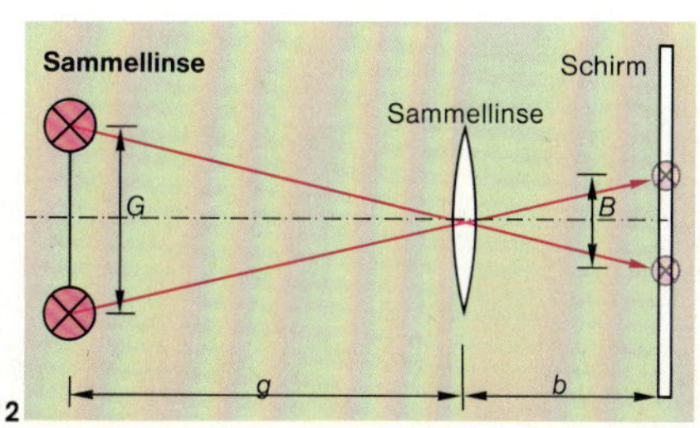

12

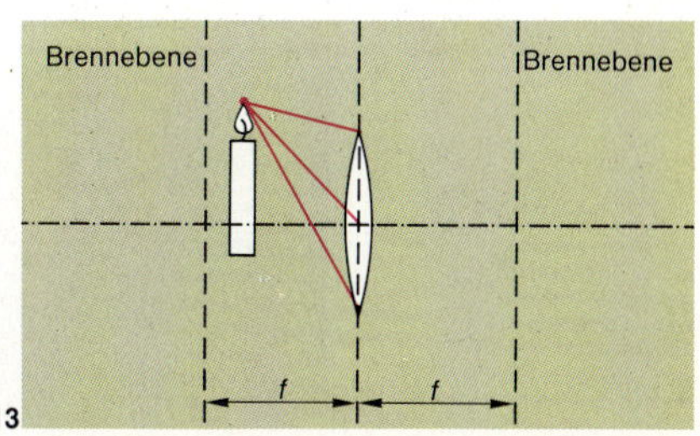

13

Aus Umwelt und Technik: **Der Fotoapparat**

Fotoapparate gibt es in vielen Ausführungen. Bei allen findest du aber die folgenden Bauteile und Bedienungsvorrichtungen (Bild 1):

Das **Objektiv** hat die Aufgabe scharfe Bilder zu erzeugen. Es enthält mehrere Linsen um die Qualität der Bilder zu steigern. Das Objektiv hat aber im Prinzip dieselbe Wirkung wie eine einzelne Sammellinse.

Um Gegenstände in unterschiedlichen Entfernungen scharf abbilden zu können, muss die *Bildweite* veränderbar sein. Die Bildweite beim Fotoapparat ist der Abstand zwischen dem Objektiv und dem Film. Sie wird mit Hilfe der **Entfernungseinstellung** verändert. Beim Einstellen wird das Objektiv vor oder zurück bewegt. Es wird umso weiter aus dem Fotoapparat herausgedreht, je näher der Gegenstand an der Kamera liegt.

Bei *Autofokuskameras* funktioniert die Entfernungseinstellung automatisch.

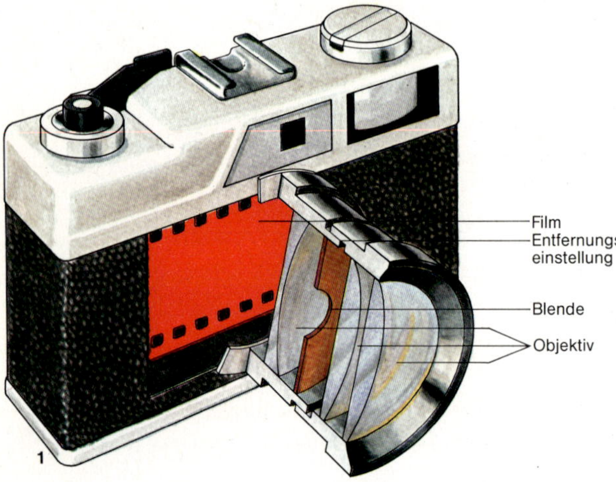

1

Das Filmmaterial ist sehr lichtempfindlich. Wenn man ein Bild erzeugen will, darf das Licht nur für Bruchteile von Sekunden auf den Film fallen. Wie viel Licht einfällt, wird durch den **Verschluss** gesteuert. Mit der *Belichtungszeit* wird eingestellt, wie lange der Verschluss geöffnet wird, wenn man den **Auslöser** betätigt (z. B. 1/125 s).

Auch mit der **Blende** kann man erreichen, dass mehr oder weniger Licht einfällt. Die Blende ist ein rundes Loch, durch das das Licht auf den Film fällt. Der **Blendenring** dient dazu, die Blendenöffnung kleiner oder größer zu machen. Je kleiner die Blendenöffnung ist, desto größer muss die Belichtungszeit sein.

Bei Fotoapparaten mit **Belichtungsautomatik** werden die Blendenöffnung oder die Verschlusszeit (oder beide) nach einem wählbaren Programm automatisch richtig eingestellt.

Alles klar?

1 Eine Kerzenflamme soll mit Hilfe einer Sammellinse auf einem Schirm abgebildet werden. Die Brennweite der Linse beträgt $f = 20$ cm.

a) Wie weit muss die Kerze von der Linse mindestens entfernt sein?

b) Bei welchen Gegenstandsweiten erhält man ein verkleinertes Bild der Kerze? In welchem Bereich liegen dabei die Bildweiten?

c) Bei welchen Gegenstandsweiten erhält man ein vergrößertes Bild der Kerze?
Wie weit ist es von der Linse entfernt?

2 Begründe folgende Behauptung:
„Ab der 100fachen Brennweite wird jeder Gegenstand in der Brennebene abgebildet."

3 Ein helles Fenster wird durch ein rundes Weinglas wie in Bild 2 abgebildet. Wie kommt das?

4 Warum erhält man auf einem Schirm kein Bild mehr, wenn sich der Gegenstand zwischen Brennebene und Linse befindet?

5 Welche dieser Linsen in Bild 3 erzeugt bei gleicher Gegenstandsweite das größte Bild?

6 Eine Sammellinse wird mit ausgestrecktem Arm gehalten. Wenn man „durch" die Linse schaut, sieht man verkleinerte, umgekehrte Bilder der Umgebung.

a) Könnte man diese Bilder auf einem Schirm auffangen?

b) Wie kommt es zu den Bildern?

c) Warum ist es eigentlich falsch, zu sagen, man sieht die Bilder, indem man „durch" die Linse schaut?

7 Bei welchen Lichtbündeln schneiden sich die Randstrahlen hinter der Linse in der Brennebene? Wo müssen sich Gegenstände befinden, von denen derartige Lichtbündel ausgehen?

2

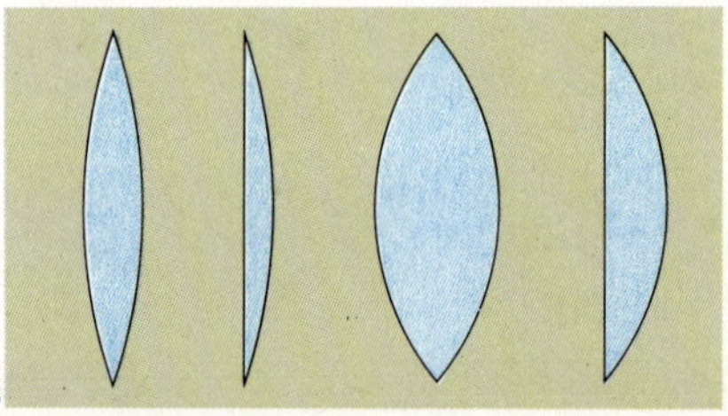
3

6845R

4 Zusammenfassung

Die Sammellinse

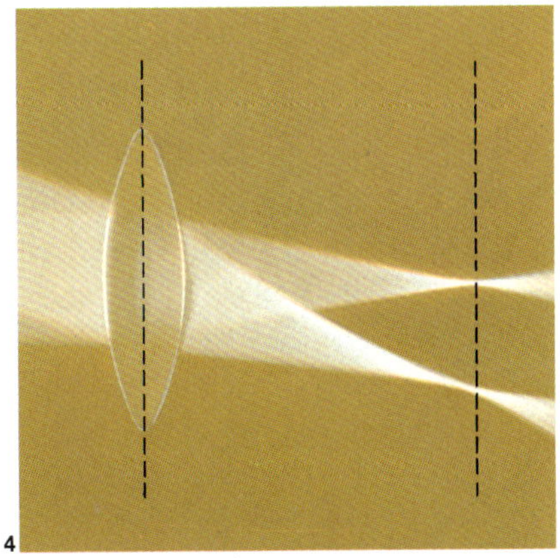

4

Sammellinsen sind am Rand dünner als in der Mitte. Sie brechen Licht.

Ihr wichtigstes Unterscheidungsmerkmal ist die **Brennweite** *f*. Man erhält sie, indem man sehr weit entfernte Gegenstände (z. B. die Sonne) mit der Linse abbildet: Die parallelen Lichtbündel laufen hinter der Linse in der *Brennebene* zusammen. Der Abstand der Brennebene von der Linse ist dann die Brennweite.

Dort, wo die Brennebene der Sammellinse die optische Achse schneidet, liegt der *Brennpunkt F*.

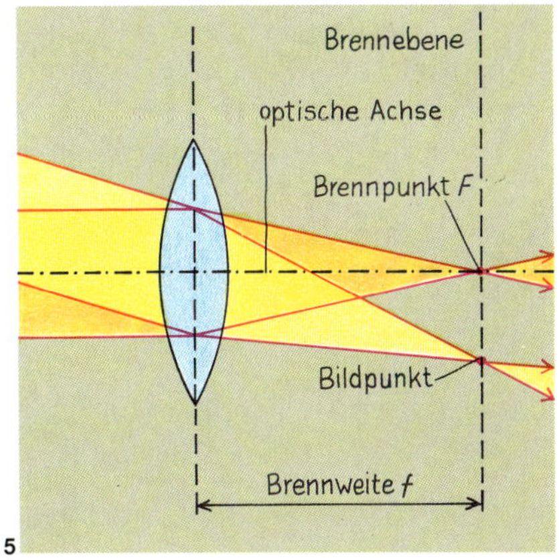

5

Sammellinse und Bildentstehung

Ein selbst leuchtender oder beleuchteter Körper wird von einer Sammellinse Punkt für Punkt abgebildet. Das Bild setzt sich ebenfalls aus vielen einzelnen Punkten zusammen.

Für jede Gegenstandsweite *g* gibt es nur eine bestimmte Bildweite *b*, in der das Bild entsteht. Wenn man die Gegenstandsweite verringert, wird die Bildweite größer – und umgekehrt.

Bei vorgegebener Gegenstandsgröße *G* und Gegenstandsweite *g* hängt die Bildgröße *B* von der gewählten Linse ab: Je größer die jeweilige Bildweite *b* ist, desto größer ist das Bild.

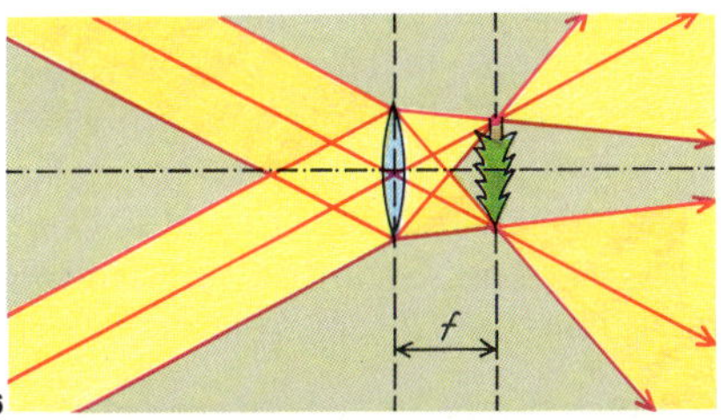

6

Von sehr weit entfernten Gegenstandspunkten (z. B. von der Sonne) treffen parallele Lichtbündel auf die Sammellinse. Das Bild dieser Gegenstände entsteht dann in der Brennebene der Linse.

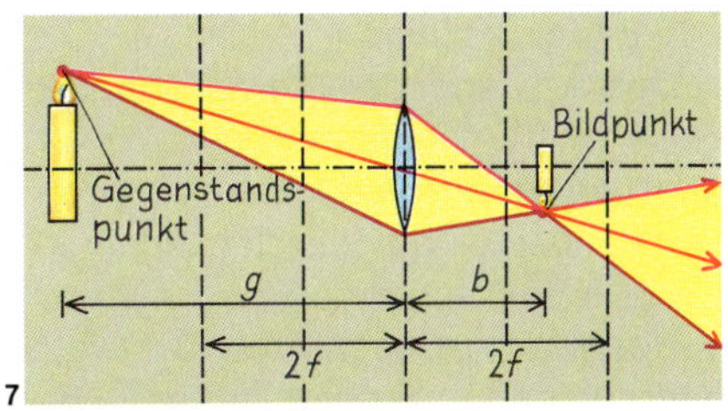

7

Befindet sich der Gegenstand außerhalb der doppelten Brennweite, so entsteht ein verkleinertes Bild; es befindet sich im Bereich zwischen einfacher und doppelter Brennweite.

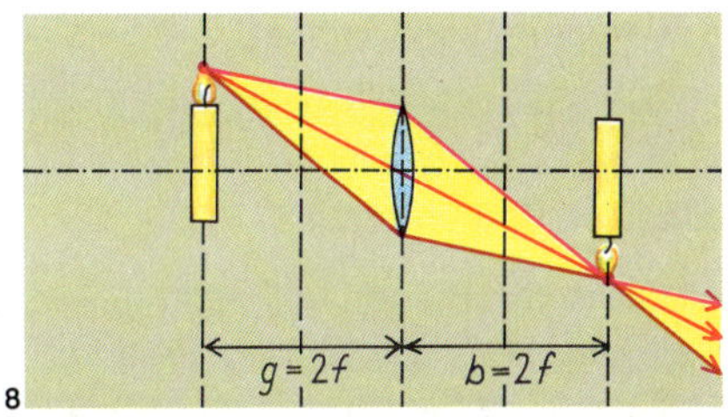

8

Wenn sich der Gegenstand genau im Abstand der doppelten Brennweite befindet, ist auch die Bildweite doppelt so groß wie die Brennweite. Gegenstand und Bild sind dann gleich groß.

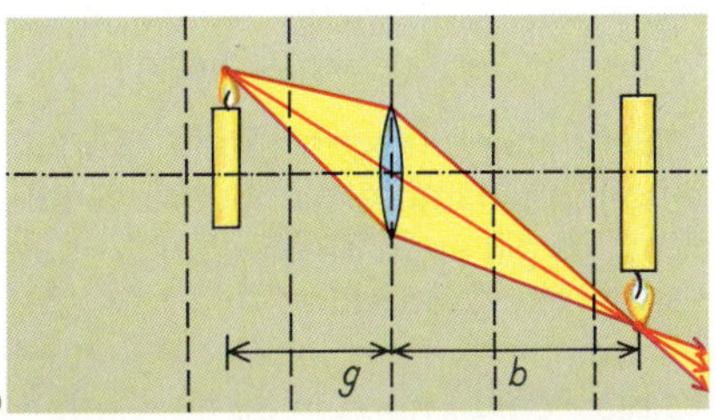

9

Befindet sich der Gegenstand zwischen der einfachen und der doppelten Brennweite, so entsteht ein vergrößertes Bild; es liegt außerhalb der doppelten Brennweite.

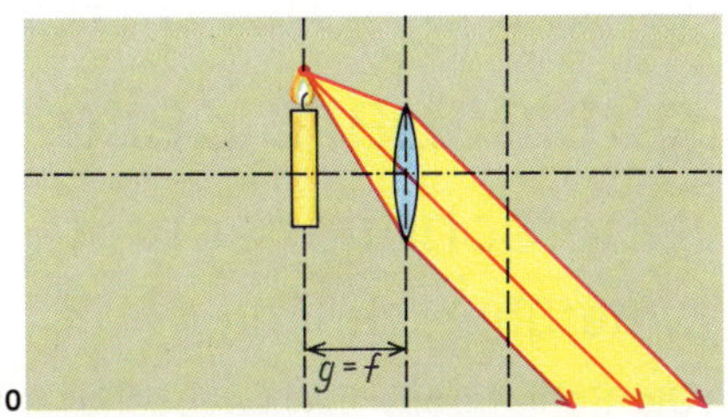

10

Wenn die Gegenstandsweite genauso groß ist wie die Brennweite der Sammellinse, verläuft das Lichtbündel hinter der Linse parallel; es entsteht kein Bildpunkt mehr.

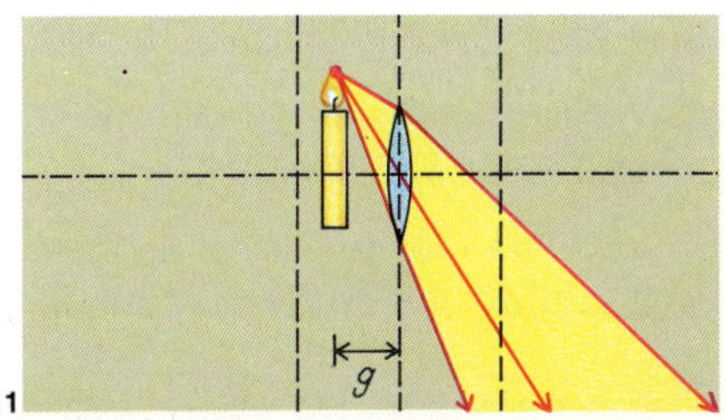

11

Wenn die Gegenstandsweite kleiner ist als die Brennweite, läuft das Lichtbündel auch hinter der Linse auseinander; es entsteht dann kein Bildpunkt.

Das Auge – ein „Fotoapparat“?

1 Das Auge – physikalisch betrachtet

Zwischen Fotoapparat und Auge gibt es Gemeinsamkeiten und Unterschiede ...

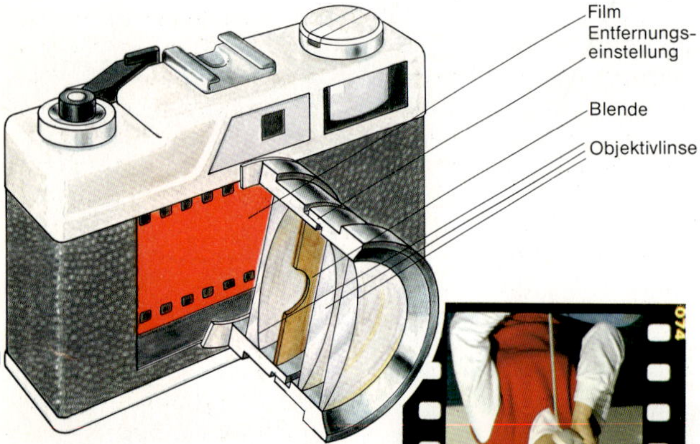

1

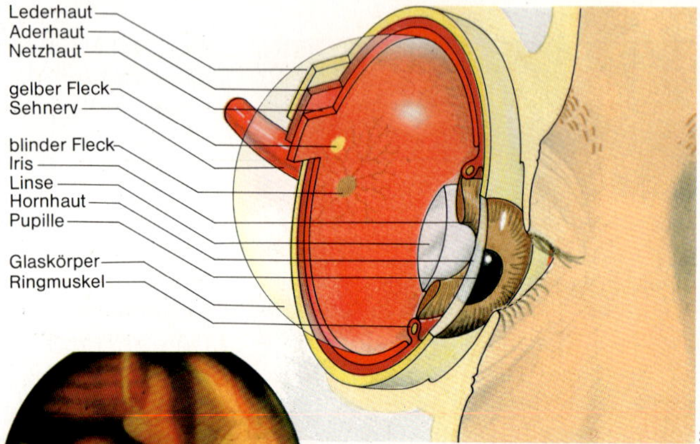

3

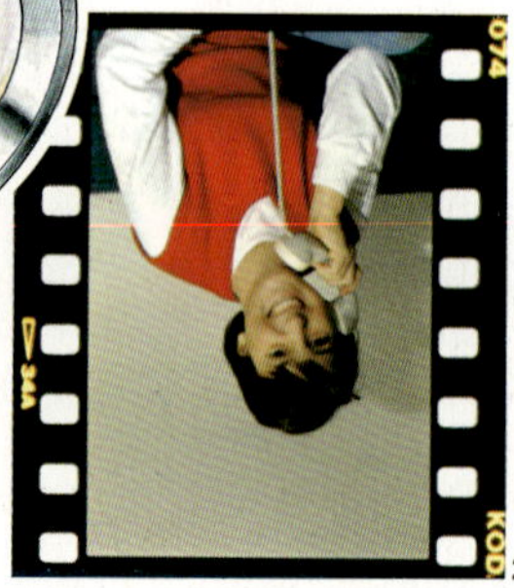
Ein solches Dia entsteht im Fotoapparat. 2

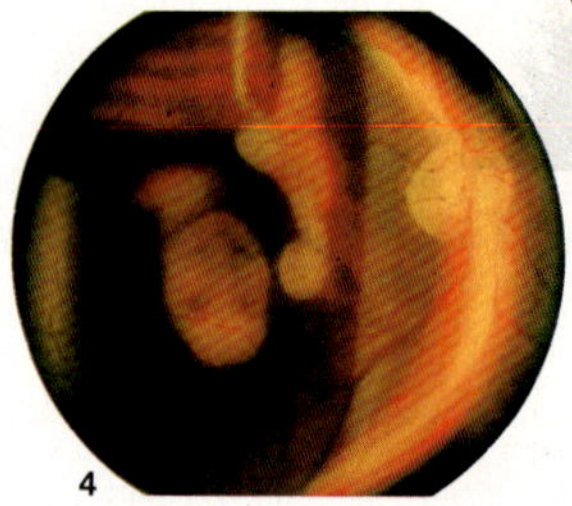
4 So sieht ein Bild auf der Netzhaut des menschlichen Auges aus.

V 1 Leuchte jemandem mit einer Taschenlampe ins Auge. Was kannst du beobachten?

V 2 Überlege bei der Durchführung dieses Versuches (Bild 5), was du jeweils über die entsprechenden Teile des Auges sagen kannst.

a) Schiebe die Kerze so lange hin und her, bis auf dem Schirm ein scharfes Bild entsteht.

b) Öffne die Blende vollständig. Wie weit kannst du den Schirm jetzt verschieben, ohne dass das Bild unscharf wird?

c) Schließe die Blende, bis die Öffnung sehr klein ist. Wie weit kannst du den Schirm diesmal verschieben, ohne dass das Bild unscharf wird?

d) Wie verändert sich das Bild, wenn du die Blende wegnimmst?

e) Stelle die Blende wieder an ihren Platz zurück und entferne stattdessen die Linse. Was siehst du jetzt auf dem Schirm?

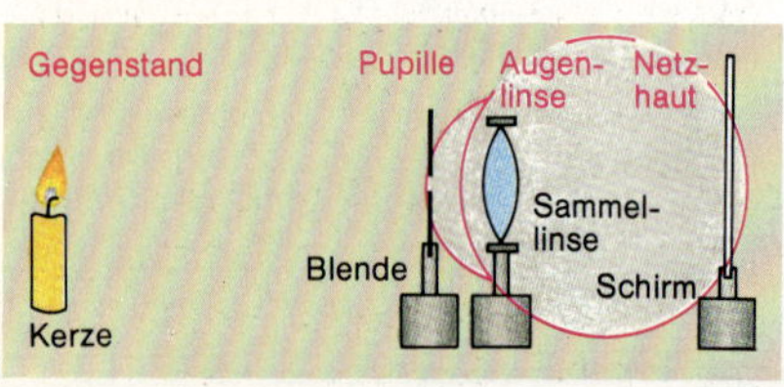

5

V 3 Beim Auge ist die Bildweite *b* (Abstand Linse–Netzhaut) unveränderlich. Die Bildweite soll deshalb auch in der Versuchsanordnung von Bild 5 gleich bleiben.

Der Abstand der Kerze von der Linse (die Gegenstandsweite *g*) soll nun vergrößert (verkleinert) werden. Wie kann man trotz gleich bleibender Bildweite ein scharfes Bild erhalten?

Überlege zunächst und prüfe dann deine Vermutung im Versuch.

Kannst du dir denken, wie diese Veränderung im Auge erfolgt?

große Schrift

gut lesbare Zeile

Überschriftenschrift

Unterüberschriftenschrift

Die Schriftgröße für Lesebücher

So klein ist die Schrift in den Zeitungen.

Lesen im Lexikon macht manchen Menschen Mühe.

Dieses ist nun schon eine ungewöhnlich kleine Schriftgröße.

Kleiner sollte dies Augenpulver nicht werden! Wer kann das lesen?

6

V 4 Hier siehst du, dass die Sehfähigkeit unseres Auges begrenzt ist:

a) Verdunkle den Raum möglichst vollständig. Betrachte anschließend die Schriftproben in Bild 6. Welche kannst du noch mühelos lesen?

Zünde nun zunächst eine Kerze an und stelle sie 2 m von der Schriftprobe entfernt auf. Wie verbessert sich dadurch die Lesbarkeit?

Erhöhe allmählich die Helligkeit (die Kerze der Schriftprobe nähern), bis du alle Wörter lesen kannst.

b) Stelle das Buch bei guter Beleuchtung senkrecht auf und betrachte die Schriftprobe aus zunehmender Entfernung. Wo siehst du am besten? Bis zu welcher Entfernung kannst du die einzelnen Schriften noch entziffern? (→ Sehprobentafel im Anhang.)

c) Sehr kleine Gegenstände können wir ohne Hilfsmittel nicht unterscheiden; das gilt auch für die Punkte, aus denen ein gedrucktes Bild besteht: Bei welcher Fläche von Bild 7 kannst du die Punkte noch in 30 cm Entfernung unterscheiden?

7

R4340

Wenn Licht ins Auge fällt …

Wir sehen Gegenstände durch das **Licht**, das von ihnen ausgeht und in unsere Augen gelangt.

Das Licht fällt dabei durch die Hornhaut und durch die Linse des Auges hindurch. Dabei wirkt die **Hornhaut** bereits wie eine Sammellinse; sie bildet nämlich eine nach außen gewölbte (konvexe) Fläche an der Grenze zwischen der Luft und der Augenflüssigkeit.

Dann fällt das Licht durch die **Pupille**. Sie wirkt wie eine automatisch verstellbare Blende. Wenn nämlich viel Licht ins Auge fällt, zieht sie sich zusammen und lässt nur wenig Licht ins Innere; bei wenig Licht weitet sie sich.

Die hinter der Pupille liegende **Linse** verstärkt die Brechung der Hornhaut. Dabei sorgt die Linse dafür, dass wir sowohl entfernte als auch nahe Gegenstände scharf sehen können. (Du weißt ja: Im Fotoapparat verschiebt man die Linse, je nachdem, in welcher Entfernung sich der Gegenstand befindet; das heißt, man ändert die *Bildweite*.)

Die Linse im Auge lässt sich aber nicht verschieben; die Bildweite kann also nicht verändert werden. Die Linse ist aber elastisch, sodass ihre *Form* verändert werden kann; dadurch ändert sich jeweils ihre Brennweite.

Beim Blick in die Ferne ist die Linse nur wenig gewölbt (Bild 8). Wenn man aber einen Gegenstand in der Nähe genau sehen will, krümmt sich die Linse stärker (Bild 9). Diese Veränderung der Wölbung geschieht mit Hilfe des Ringmuskels, der die Linse umschließt.

Hinter der Linse fällt das Licht durch den Glaskörper auf die **Netzhaut**. Hier trifft es auf lichtempfindliche Sinneszellen, die in die Netzhaut eingebettet sind. (Diese Sinneszellen nennt man *Stäbchen* für das Hell-Dunkel-Sehen und *Zapfen* für das Sehen von Farben.)

Der Linse genau gegenüber liegt eine Zone mit besonders vielen Zapfen *(gelber Fleck)*.

Auf der Netzhaut entsteht – genau wie im Fotoapparat – ein seitenverkehrtes und auf dem Kopf stehendes *Bild* des Gegenstandes.

An Bild 4 erkennst du, dass das Netzhautbild nicht die Qualität einer fotografischen Abbildung hat. So ist die Netzhaut von Adern durchzogen und hat etwas seitlich von der Mitte ein „Loch"; dieses Loch heißt *blinder Fleck*, weil sich hier keine lichtempfindlichen Zellen befinden. An dieser Stelle verlässt der **Sehnerv** das Auge und leitet die empfangenen Lichtsignale weiter zum Gehirn.

Es kommt beim Netzhautbild darauf an, dass die jeweils richtigen Sehzellen gereizt werden. Fotografische Mängel des entstehenden Netzhautbildes „übersieht" unser Gehirn großzügig.

Dies macht deutlich, dass das, was wir bewusst wahrnehmen, nicht nur vom Bild auf der Netzhaut abhängt; es wird vor allem von seiner **Auswertung durch das Gehirn** bestimmt.

Unser Gehirn macht aus den Netzhautbildern beider Augen ein einziges räumliches und farbiges Bild.

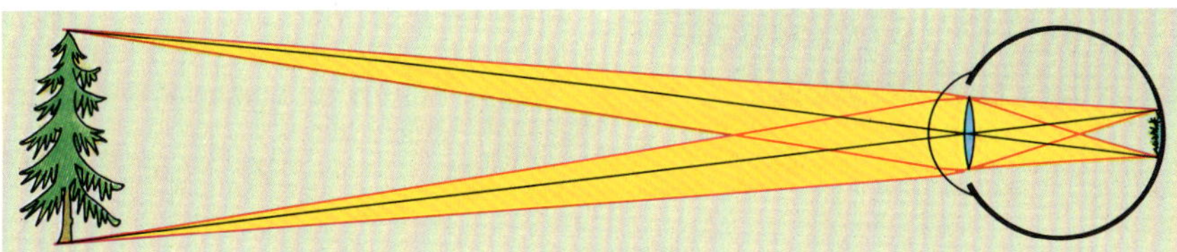
8

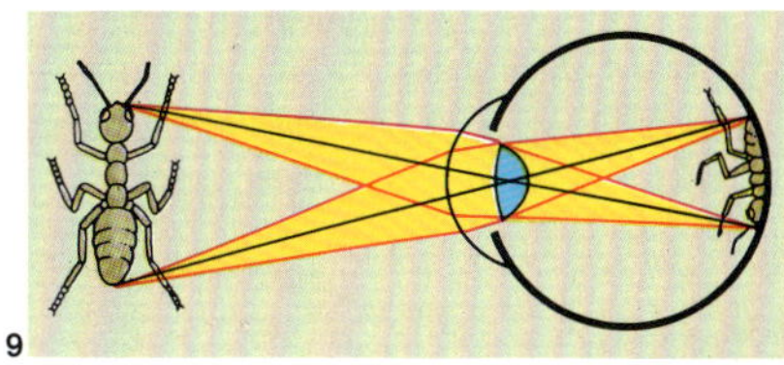
9

Aufgaben

1 Auge und Fotoapparat ähneln einander in ihrem Bau und in der Funktion ihrer einzelnen Teile. Es gibt jedoch auch einen wichtigen Unterschied …

2 Aus einer Beschreibung: „Das Auge ist ein höchst vielseitiges Instrument. Es vermag einen Golfball in 300 m Entfernung zu erkennen und gleich darauf die Einstellung so zu ändern, dass es mühelos einen gedruckten Text aus nächster Nähe lesen kann. Es ist in der Lage sich mit größter Geschwindigkeit wechselnder Helligkeit anzupassen und Tausende von Farbtönen zu unterscheiden." Welche Augenteile leisten das?

3 Du siehst von *einem* Standort aus ein Motiv zunächst so wie in Bild 10 und dann so wie in Bild 11. Wie hat sich dabei die Linse verändert?

4 Lege zwei Pfennigstücke im Abstand von 6 cm vor dich auf ein Blatt Papier. Schließe dann das linke Auge und sieh mit dem rechten Auge auf das linke Pfennigstück.

Was kannst du feststellen, wenn du das Auge langsam dem Pfennigstück näherst? Erkläre auch deine Beobachtungen.

10

11

5 Welchen Einfluss hat die Größe der Pupille auf das Bild, das auf der Netzhaut entsteht?

6 Wir haben Auge und Fotoapparat miteinander verglichen. Findest du auch Gemeinsamkeiten zwischen Auge und *Lochkamera*?

7 Das Netzhautbild (Bild 4) ist von Äderchen durchzogen und die Farben sind durch die Farbe der Aderhaut verfälscht. Außerdem hat die Netzhaut einen Bereich, in dem sich keine lichtempfindlichen Zellen befinden.

Warum nehmen wir trotzdem einwandfreie Bilder wahr?

8 Ein Fliegenauge ist ganz anders aufgebaut als ein Menschenauge. Beschreibe seinen Aufbau und nenne Unterschiede.

Aus Umwelt und Technik: **Vogelaugen sehen schärfer**

Das menschliche Auge gehört zu den besten, die in der Natur vorkommen. Die meisten Tiere sehen die Welt nicht so scharf wie der Mensch.

Eine Ausnahme bilden die Vögel. Die Augen von Singvögeln haben etwa dieselbe Sehschärfe wie das menschliche Auge, obwohl sie wesentlich kleiner sind.

Greifvögel (Bild 1) sehen dagegen viel besser als wir. Ein Mäusebussard kann z. B. eine Grasheuschrecke auf einer Wiese noch aus 100 m Höhe erkennen. Für uns Menschen „verschwimmt“ sie schon bei einem viel kleineren Abstand.

Wie scharf wir sehen können, hängt von der Dichte der Sehzellen in der Netzhaut unseres Auges ab. Die Sehzellen sind praktisch die Bildpunkte, aus denen das Netzhautbild zusammengesetzt ist.

Die Stelle der Netzhaut, an der das schärfste Bild entsteht, ist der „gelbe Fleck“. Dort sitzen die Sehzellen

1

2

beim Mäusebussard viermal so dicht wie beim Menschen.

Die bessere Sehschärfe der Greifvögel nutzte der Mensch schon im Mittelalter aus. Damals war die Jagd auf Kaninchen und anderes Kleinwild mit abgerichteten *Falken* weit verbreitet (Bild 2). Ein Falke kann auch aus größerer Höhe noch Kleinwild erkennen. Seine Beute wurde ihm dann vom Falkner abgenommen.

Die Falkner führten in einem Käfig auf dem Sattel ihres Pferdes oft noch einen zweiten kleinen Greifvogel mit. Das hatte folgenden Grund:

Wenn der Falke „abgeworfen“ wurde, stieg er oft in so große Höhen auf, dass der Falkner ihn nicht mehr sehen konnte. Der kleine Vogel im Käfig fürchtete sich aber vor dem Falken und behielt ihn genau im Auge. An der Stellung seines Kopfes konnte der Falkner erkennen, in welcher Richtung sich sein Jagdvogel befand. So konnte er ihm mit Leichtigkeit folgen.

2 Linsen helfen bei Augenfehlern

3

Marco hat seine Brille zerbrochen. Jetzt sieht er den Text an der Tafel nur noch so wie in Bild 3.

V 5 Lass das Licht der Sonne durch verschiedene Brillengläser fallen. Beobachte mit einem Blatt Papier, wie das Licht hinter den Gläsern verläuft.

a) Fühle, wie dick die Brillengläser sind. Vergleiche dabei den Rand der Gläser mit ihrer Mitte.

b) Versuche die Gläser (Linsen) in zwei Gruppen einzuteilen. Nenne die Merkmale dieser Gruppen.

V 6 Mit dem Versuchsaufbau in Bild 4 können wir die Wirkung von Brillengläsern untersuchen.

Halte vor die Wanne verschiedene Brillen für Kurzsichtige bzw. für Übersichtige. Fertige jeweils eine Skizze des Strahlengangs an. Vergleiche die Ergebnisse.

V 7 Wir versuchen mit Brillengläsern für Übersichtige das Bild einer Kerze auf einem Schirm zu erzeugen. Warum gelingt dies nicht mit Gläsern für Kurzsichtige?

V 8 Bilde den Glühfaden einer Lampe mit einer Sammellinse scharf ab. Halte dann eine *Zerstreuungslinse* vor die Sammellinse. Wo entsteht jetzt ein scharfes Bild?

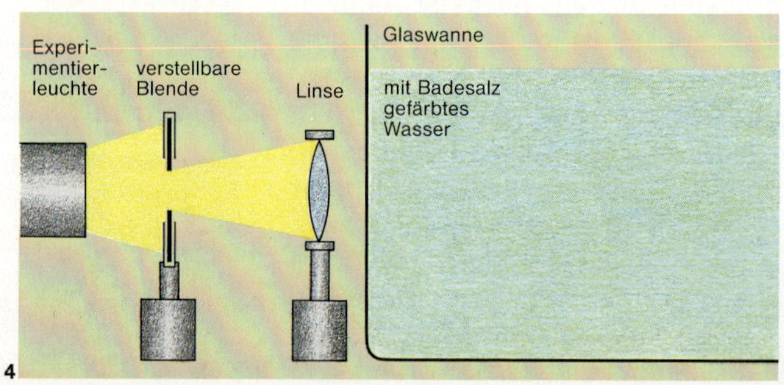

4

4342R

Die Zerstreuungslinse (Konkavlinse)

In unseren Versuchen haben wir Linsen kennen gelernt, die einfallende Lichtbündel in ganz anderer Weise brechen als Sammellinsen. Hinter der Linse liefen die Bündel nämlich stärker auseinander als vor der Linse (Bild 5).

Hält man einen Schirm in das Lichtbündel hinter einer solchen Linse, so ist das Licht auf eine größere Fläche verteilt als ohne Linse.

Man bezeichnet diese Linsen deshalb als **Zerstreuungslinsen.**

Zerstreuungslinsen sind in der Mitte dünner als am Rand. Deshalb heißen sie auch **Konkavlinsen** (lat. *concavus:* nach innen gewölbt).

Bild 5 zeigt dir in einer Schnittzeichnung, wie ein paralleles Lichtbündel durch eine Zerstreuungs- oder Konkavlinse gebrochen wird.

Obwohl man Zerstreuungslinsen nicht als Brenngläser benutzen kann, ordnet man auch ihnen einen **Brennpunkt** *F* und eine **Brennebene** zu.

Man erhält den Brennpunkt, indem man die Randstrahlen des Lichtbündels nach hinten verlängert (Bild 6).

Da es das Lichtbündel dort nicht wirklich gibt, hat die Zerstreuungslinse nur einen *scheinbaren* Brennpunkt.

5

6

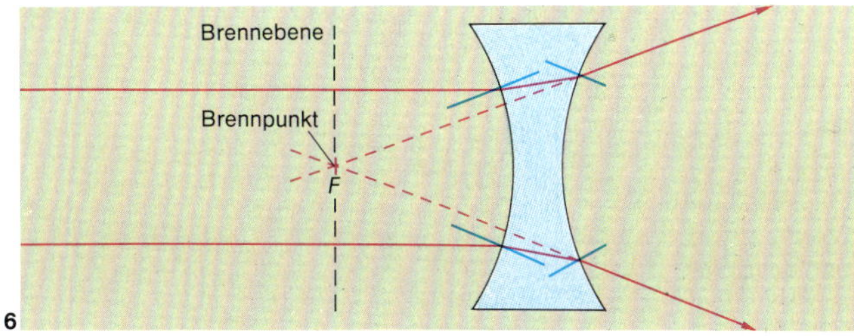

Aus Umwelt und Technik: **Marco bekommt eine Brille**

Marco ist **kurzsichtig**. Er kann gut ohne Brille lesen – doch Gegenstände, die in der Ferne liegen, sieht er nur verschwommen.

Bild 7 zeigt, welcher **Augenfehler** bei ihm vorliegt:

Normalerweise beträgt ja der Abstand zwischen der Hornhaut und der Netzhaut des menschlichen Auges *24 mm*. Marcos Augapfel ist aber länger; bei ihm liegen Hornhaut und Netzhaut *30 mm* auseinander.

So kommt es, dass ein scharfes Bild bei ihm nicht auf der Netzhaut, sondern bereits ein Stück weit *davor* entsteht; auf seiner Netzhaut wird somit ein Gegenstand (hier: die Tanne) nur *unscharf* abgebildet.

Da die Bildweite bei Marco zu klein ist, muss sein Augenfehler durch eine Brille mit **Zerstreuungslinsen** korrigiert werden (Bild 8).

Die Zerstreuungslinsen der Brille bewirken, dass das Licht hinter ihnen stärker auseinander läuft als vor ihnen. Dadurch wird auch die Bildweite vergrößert.

7

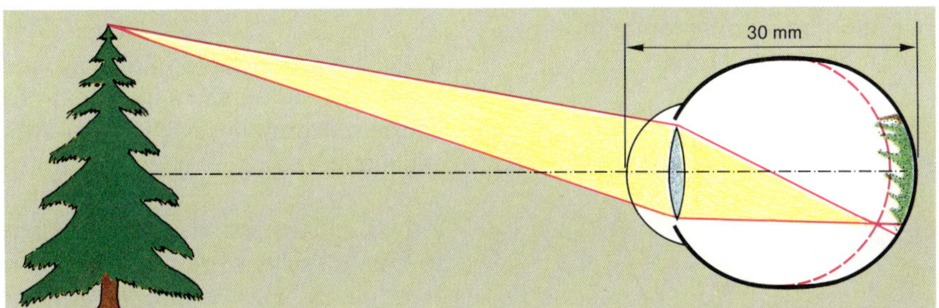

Kurzsichtiges Auge ohne Brille: unscharfes Bild auf der Netzhaut.

Hinweis: In diesen Bildern wurde die Brechung an der Hornhaut zur besseren Übersichtlichkeit nicht mitgezeichnet.

8

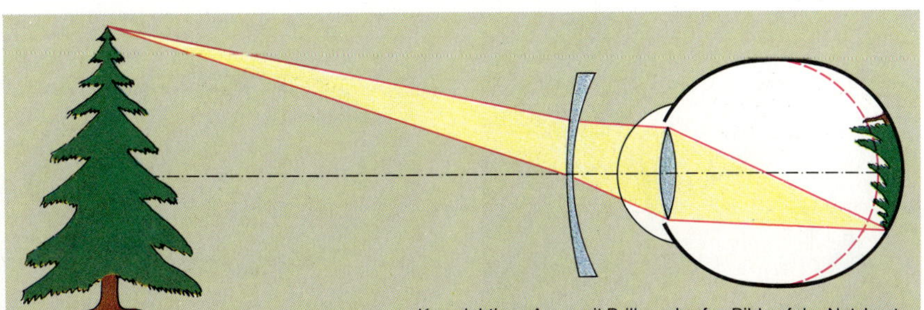

Kurzsichtiges Auge mit Brille: scharfes Bild auf der Netzhaut.

Aufgaben

1 Mit normalsichtigen Augen liest man bei 25–30 cm Abstand. Manche Kinder beugen aber ihren Kopf viel tiefer über ein Buch. Worauf könnte das hinweisen?

2 Die „Altersweitsichtigkeit" beruht auf einem Nachlassen der Elastizität der Augenlinsen. Weshalb kann das die Sehschärfe beeinträchtigen?

3 Großvater sagt im Scherz: „Wenn ich meine Brille verlegt habe, sind mir beim Lesen die Arme zu kurz."…

4 Warum sieht man unter Wasser alles verschwommen?

5 Peter ist *weitsichtig*. Wie könnte er die Dioptrienzahl (→ Anhang) seiner Brillengläser herausbekommen?

Schreibe den Text *Marco bekommt eine Brille* für Peter um.

4343R

Schall und Schallausbreitung

1 Was ist *Schall*?

1

2

Musik, eine Stimme, das Summen einer Mücke, der Lärm einer Baustelle, Mopedknattern – *alles* was du hören kannst, wird in der Physik als **Schall** bezeichnet. Und alles, was Schall aussendet, bezeichnet man als **Schallquelle**.

V 1 Erzeuge Schall mit folgenden Gegenständen: Lineal, Kamm, Joghurtbecher, Gummiband, Sprudelflasche. Achte dabei auf die jeweilige Schallquelle.

V 2 Presse ein Ende einer Stricknadel fest auf den Tisch. Das freie Ende der Nadel zupfst du dann mit dem Finger an.

V 3 Ziehe ein Stück Styropor® an einer Fensterscheibe entlang. (Wenn du vorher gegen die Scheibe hauchst, funktioniert die Nervensäge noch besser.)

V 4 Fülle etwas Wasser in ein dünnwandiges Weinglas. Tauche deinen Zeigefinger ein und fahre mit ihm langsam auf dem Glasrand entlang (Bild 3).

V 5 Blase einen Luftballon prall auf und ziehe die Öffnung auseinander. So entsteht ein Spalt, durch den die Luft ausströmen kann …

V 6 Für diesen Versuch brauchst du einen Trinkhalm, den du dir so zurechtschneidest, wie Bild 4 es zeigt. Presse dann das beschnittene Ende mit den Lippen zusammen und puste kräftig in den Halm.

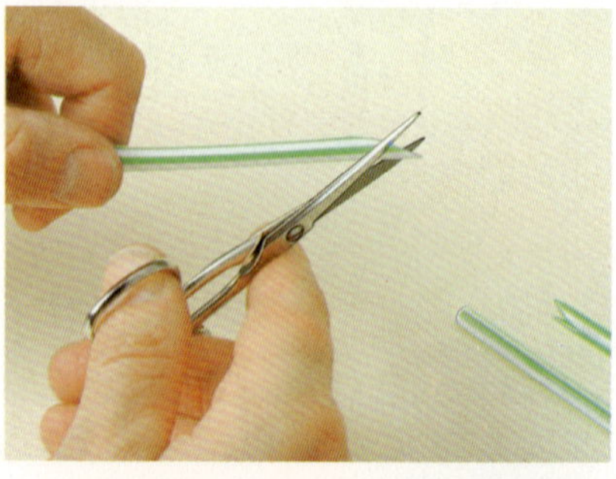

4

V 7 Viele Musiker stimmen ihr Instrument mit Hilfe einer Stimmgabel (Bild 5). Sie erzeugt nämlich immer den gleichen Ton.

Es ist kaum zu erkennen, wie der Ton entsteht. Wie kannst du mit einem Glas Wasser nachweisen, dass sich die Zinken der Stimmgabel nach dem Anschlagen schnell bewegen?

V 8 Eine Trommel (oder ein großes Tamburin) wird mit Sand bestreut und am Rand angeschlagen. Was geschieht?

V 9 In einem Radio oder in einem Tongenerator wird Schall elektrisch erzeugt: Ein Elektromagnet bewegt die Membran des Lautsprechers hin und her (Bild 6).

Kann man diese Bewegung sehen, fühlen oder hören?

3

5

6

384R

Ohne Schwingungen kein Schall!

Wenn man eine Stricknadel anzupft, sieht man recht deutlich, **wie Schall eigentlich entsteht** (Bild 7): Die Stricknadel wird zunächst aus ihrer Ruhelage nach unten gezogen und dann losgelassen. Sofort federt das freie Ende zurück – doch nicht nur bis zur Ruhelage, sondern weiter nach oben. Dann kehrt das Nadelende um und bewegt sich wieder nach unten. Dies wiederholt sich in einer einzigen Sekunde viele Male.

Du wirst sagen: Das freie Ende zittert auf und ab oder vibriert. In der Physik sagt man: Die Stricknadel **schwingt**. Die Bewegungen der angezupften Nadel nennt man **Schwingungen.**

Wenn ein Körper langsam schwingt, kannst du seine Bewegung recht gut mit den Augen verfolgen. Schnellere Schwingungen dagegen siehst du nur unscharf oder gar nicht. Du spürst und hörst jetzt aber, dass etwas schwingt (z. B. eine Gitarrensaite oder die Membran eines Lautsprechers).

Nach der Art der Schwingungen unterscheiden wir **verschiedene Schallarten**:

Schwingt die Schallquelle gleichmäßig hin und her, hören wir einen **Ton** oder **Klang** (Stimmgabel).

Von einem **Knall** sprechen wir, wenn die Schallquelle nur einmal stark angestoßen wird und die Schwingungen gleich wieder aufhören (Startschuss).

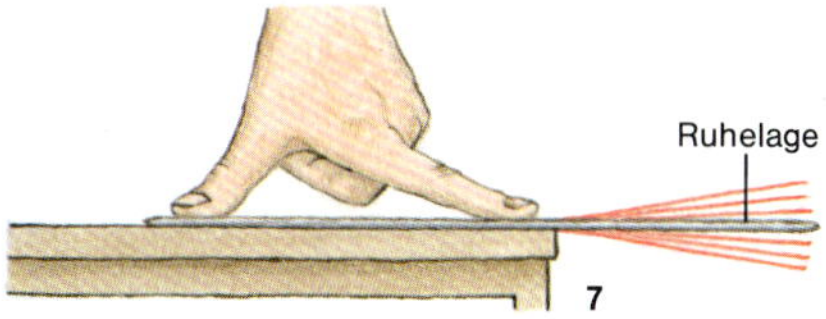

7

Ein **Geräusch** entsteht, wenn die Schallquelle unregelmäßig schwingt (Reißen von Papier).

Fragen und Aufgaben zum Text

1 Ergänze den folgenden Satz: „Ein Körper wird zur Schallquelle, wenn …"

2 Was haben die Schwingungen einer Schaukel und die Schallentstehung gemeinsam? Was unterscheidet sie?

3 Nach der Art der Schallerzeugung unterscheidet man Schlag-, Zupf-, Blas- und Streichinstrumente. Nenne zu jeder Art mehrere Beispiele.

4 Nenne Beispiele für die Schallarten Ton, Geräusch und Knall. Ordne sie in einer Tabelle an.

Aus Umwelt und Technik: **Der Kehlkopf – eine besondere Schallquelle**

Die **menschliche Stimme** übertrifft in ihrer Vielseitigkeit bei der Schallerzeugung die meisten Musikinstrumente.

Das eigentliche Sprechorgan des Menschen ist der **Kehlkopf**, der sich am oberen Ende der Luftröhre befindet (Bild 8).

Im Kehlkopf sitzen die **Stimmbänder**. Während des Atmens liegen sie etwa 1 cm weit auseinander. Sie können aber auch gespannt werden, sodass sie dicht nebeneinander liegen. Das geschieht beim Sprechen und Singen. Die Bilder 9–12 zeigen dazu einige Beispiele.

Wenn nun Luft aus der Lunge durch diese **Stimmritze** hindurchgepresst wird, beginnen die Stimmbänder zu schwingen. Das geschieht so:

Die durchströmende Luft stößt zunächst die Stimmbänder auseinander; diese werden aber durch die Anspannung der Muskeln sofort wieder zusammengeschlagen. Das erfolgt in einem ständigen Wechsel und sehr schnell hintereinander. So erzeugen die beiden Stimmbänder ein eigenartiges Geräusch, das dem „Schnattern" des Luftballons oder des Trinkhalms in den Versuchen 5 und 6 recht ähnlich ist.

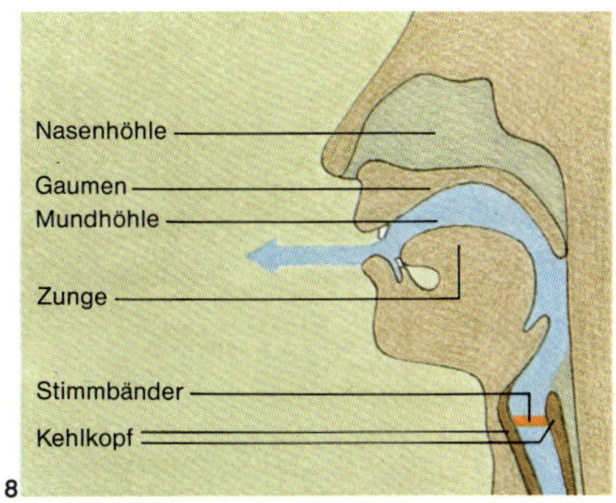

8

Dass daraus dann unsere Stimme wird, liegt an dem Zusammenwirken des Brust-, Rachen-, Nasen- und Mundraumes. Dort entstehen die unterschiedlichen Laute. Beim Sprechen verändern wir außerdem die Stellung unserer Zunge, unseres Gaumens, der Zähne und der Lippen.

Fragen und Aufgaben zum Text

1 Was stellst du fest, wenn du während des Singens den Kehlkopf mit den Fingern berührst?

2 Die Schallerzeugung im menschlichen Kehlkopf hat Ähnlichkeit mit der Schallerzeugung in den Versuchen 5 und 6. Welche Ähnlichkeiten erkennst du?

3 Die Menschen haben unterschiedliche Stimmen. Woran liegt das?

4 Sprich einige Buchstaben oder Laute aus und achte dabei auf die Stellung von Zunge, Lippen und Zähnen.

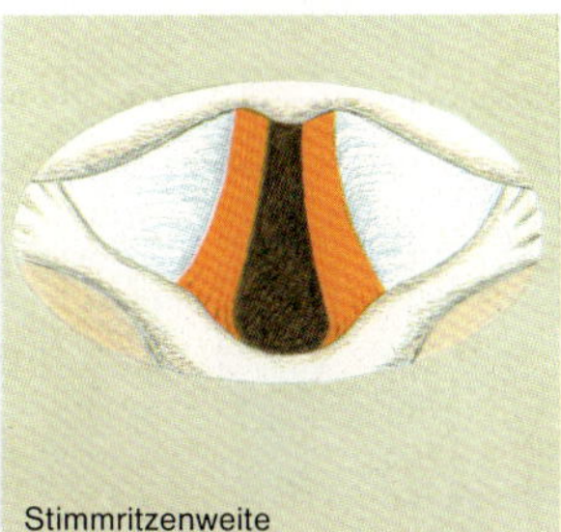
9 Stimmritzenweite beim normalen Atmen,

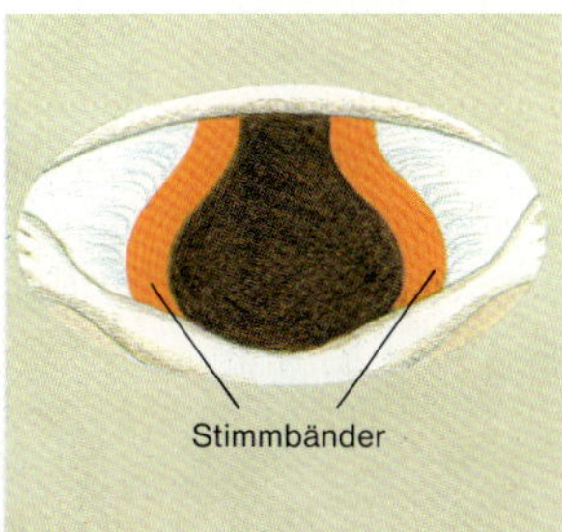

10 … beim starken Atmen,

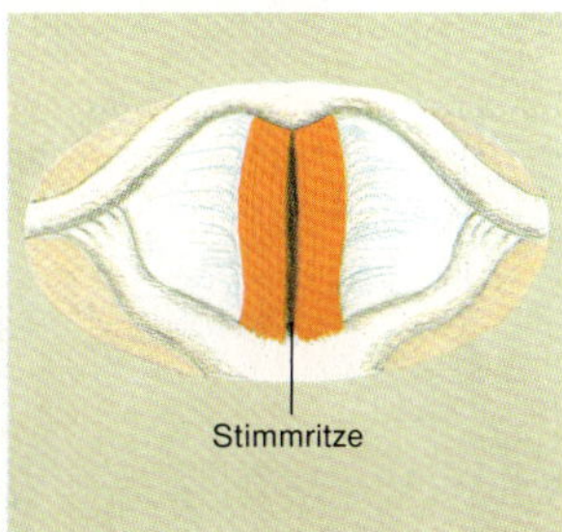

11 … beim normalen Sprechen,

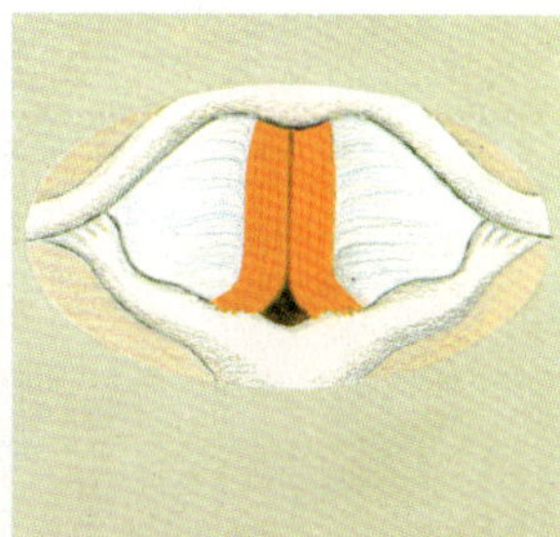
12 … beim Flüstern.

2 Schall breitet sich aus

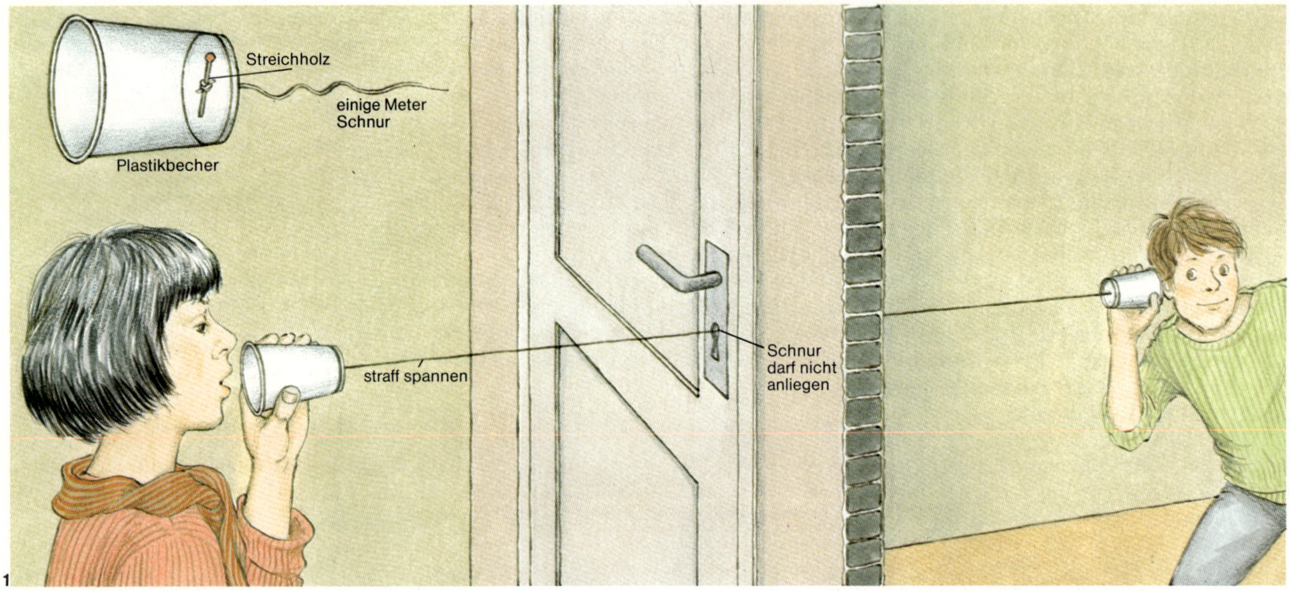

1

So kann man auch telefonieren …

Oder klappt das vielleicht doch nicht, was sich Anke und Markus da ausgedacht haben? Am besten probiert ihr das „Fadentelefon“ selbst einmal aus – der Zusammenbau ist ja ganz einfach und die „Zutaten“ sind schnell besorgt.

- ○ Wann ist die Verständigung besonders gut?
- ○ Kann man den Bindfaden durch ein dünnes Gummiband (Nähgummi) ersetzen?
- ○ Kann man auf den Faden ganz verzichten?
- ○ Wie erklärt ihr euch die Schallübertragung?

V 10 Lege eine tickende Uhr auf die entfernte Ecke eines Tisches.

a) Kannst du das Ticken hören?

b) Hörst du es, wenn du an der gegenüberliegenden Ecke ein Ohr auf die Tischplatte legst?

V 11 Knüpfe einen Bindfaden an eine Gabel und drücke die Fadenenden gegen die Ohren. Was hörst du, wenn du dich nun vorbeugst und die Gabel kurz gegen eine Tischkante schlagen lässt? Kannst du die Beobachtung erklären?

V 12 Ob man auch unter Wasser hören kann? Überlege dir dazu einen Versuch und führe ihn durch.

V 13 Was wird wohl geschehen, wenn jemand das linke Tamburin anschlägt (Bild 2)?

V 14 Kannst du durch eine Stativstange hindurch hören? Plane einen entsprechenden Versuch und führe ihn durch.

V 15 Solch ein Kugelspielzeug – wie Bild 3 es zeigt – kennst du vielleicht schon. (So ähnlich sieht auch ein Gerät aus der Physiksammlung aus.)

a) Was geschieht, wenn man die linke Kugel loslässt? Erkläre.

b) Was könnte dieser Versuch mit der Schallausbreitung zu tun haben?

V 16 „Im Weltall ist es ganz still. Morgens kann man nicht vom Läuten eines Weckers erschreckt werden.“ – So steht es in einem Sciencefictionroman.

Wie lässt sich das mit den abgebildeten Geräten überprüfen (Bild 4)?

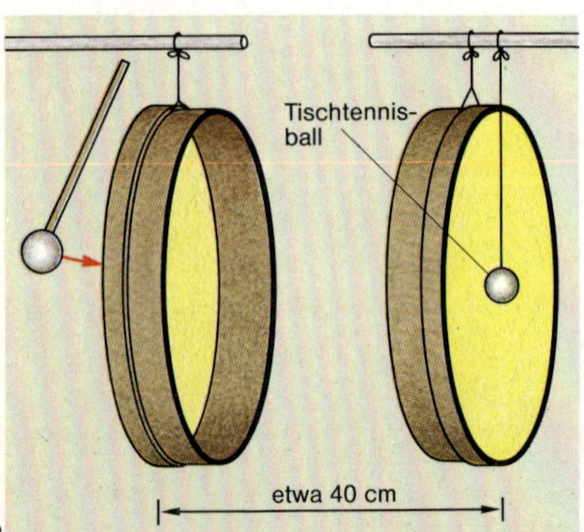

2

3

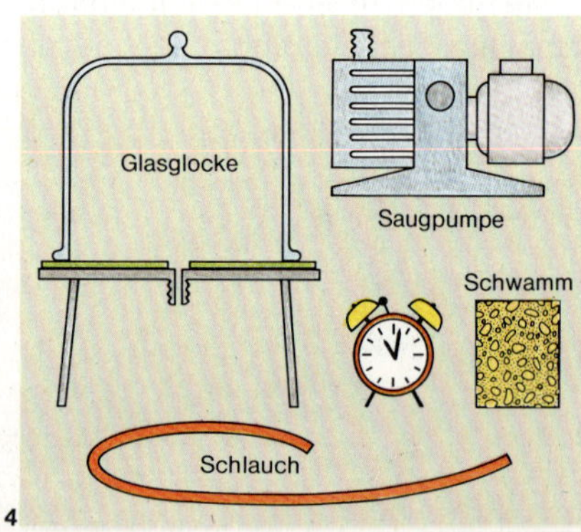

4

386R

Bewegt sich ein Gegenstand (z. B. eine Schaukel) langsam durch die Luft, so weicht die Luft vor ihm aus und strömt um ihn herum.

Wenn man dagegen auf eine Trommel schlägt, wird die Membran sehr rasch eingedrückt. Die Luft an ihrer Rückseite kann nicht schnell genug ausweichen. Daher wird die Luftschicht hinter der Membran zusammengepresst; es entsteht eine *Luftverdichtung*.

Gleich nach dem Anschlagen der Trommel schwingt die Membran nach vorne zurück. Nun steht für die Luftschicht hinter der Membran mehr Raum zur Verfügung; es entsteht eine *Luftverdünnung*. Anschließend folgt die nächste Verdichtung, dann wieder eine Verdünnung und so weiter.

Diese Schwingungen bleiben nicht auf die Luftschicht unmittelbar hinter der Membran beschränkt. Vielmehr übertragen sie sich von der einen Schicht auf die nächste: Die von der Membran zusammengepresste Luftschicht presst ihre Nachbarschicht zusammen und diese wieder ihre Nachbarschicht. Die Verdichtung wandert also von der Membran weg. Ihr folgen dann eine Verdünnung, eine Verdichtung ... (Bild 5).

Von der Schallquelle aus laufen Verdichtungen und Verdünnungen durch die Luft. Wir bezeichnen diese Luftverdichtungen und Luftverdünnungen als Schallwellen.

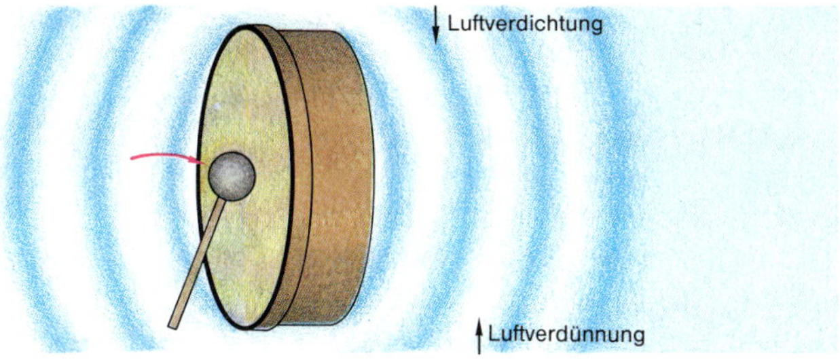

5

Von jeder Schallquelle gehen solche Schallwellen aus. Sie laufen nach allen Seiten auseinander. Daher werden die Schwingungen der Luft mit zunehmender Entfernung immer geringer. Die Lautstärke nimmt ab.

Schallwellen können sich auch in festen und flüssigen Körpern ausbreiten, nicht aber im luftleeren Raum.

Beim Anschlagen der Trommel in Bild 5 wird der Membran Energie zugeführt. Die Schallwellen in der Luft transportieren diese Energie fort. Durch die Schallwellen wird Energie bis zu unserem Ohr übertragen. Meist handelt es sich dabei um sehr wenig Energie.

Aus Umwelt und Technik: **Das Ohr – ein Schallempfänger**

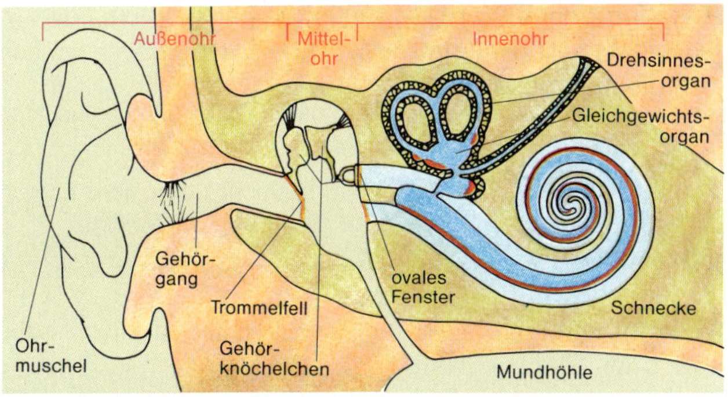

6

7

Das menschliche Ohr besteht aus drei Teilen: dem *Außenohr*, dem *Mittelohr* und dem *Innenohr* (Bild 6).

Das **Außenohr** nimmt die Schallwellen mit der *Ohrmuschel* auf und leitet sie durch den *Gehörgang* zum *Trommelfell* weiter. Durch den auftreffenden Schall wird das Trommelfell in Schwingungen versetzt.

Hinter dem Trommelfell beginnt das **Mittelohr** mit den drei Gehörknöchelchen: Das erste Knöchelchen, der *Hammer*, ist fest ans Trommelfell angewachsen. Wenn das Trommelfell schwingt, drückt der Hammer auf den *Amboss*, der seinerseits den *Steigbügel* bewegt. Die drei Knöchelchen übertragen die Schwingungen des Trommelfells auf das *ovale Fenster*.

Das ovale Fenster ist – wie das Trommelfell – eine Membran. Beim ovalen Fenster beginnt das **Innenohr**. Es ist ganz mit einer Flüssigkeit gefüllt. Hier befinden sich das *Gleichgewichtsorgan* und das eigentliche Hörorgan, die *Schnecke*. In ihren zwei Windungen befinden sich Tausende von Hörzellen, die *Haarzellen* (Bild 7).

Unterschiedlich hohe Töne führen zu unterschiedlich schnellen Druckschwankungen in der Flüssigkeit, mit der die Schnecke gefüllt ist. Etwa 20 000 Nervenfasern melden die Druckschwankungen über den Gehörnerv an das Gehirn weiter. Selbst bei gleicher Tonhöhe wissen wir aufgrund unserer Erfahrung, ob der Klang von einem Klavier, einer Flöte oder einer Gitarre kommt.

Ein weiteres Wunder der Natur ist die Empfindlichkeit des Ohres: Wir empfinden das Klingeln einer Fahrradglocke nicht als übermäßig laut. Doch wir würden auch noch ein Millionstel der Schallenergie einer Klingel wahrnehmen.

Sehr laute Töne und starker Lärm können die Haarzellen im Innenohr zerstören. Leider wachsen Haarzellen nicht wieder nach. Wer einmal schwerhörig ist, bleibt es sein Leben lang.

Wir hören mit beiden Ohren gleichzeitig. Daher können wir auch bei geschlossenen Augen genau feststellen, ob sich die Schallquelle rechts oder links befindet.

Aus Umwelt und Technik: **Schallleitung – erwünscht oder unerwünscht**

Unfall unter Tage: In einem Erzbergwerk haben herabstürzende Felsbrocken einen Stolleneingang zugeschüttet. Sie versperren zwei Bergleuten den Rückweg.

Nach dem ersten Schrecken besinnen sich die Eingeschlossenen auf das, was zu tun ist: Einer von ihnen schlägt mit einem Stein auf die Schienen der Grubenbahn; der andere klopft mit dem Hammer gegen das Gestein (Bild 1).

Der Lärm, den sie damit machen, wird noch in weiter Entfernung vom Unfallort gehört. Und tatsächlich sind schon bald die ersten Helfer an der Unglücksstelle …

Die Bergleute wussten natürlich, dass das Gestein und die Stahlschienen der Grubenbahn den Schall besser leiten als die Luft. In ihrem Fall ist die Schallleitung nicht nur nützlich und erwünscht gewesen – hier erwies sie sich sogar als Lebensretter.

In den Schienen breitet sich der Schall nicht nach allen Seiten hin aus, sondern vor allem in Längsrichtung. Die Energie bleibt so in dem festen Körper eingeschlossen und die Schwingungen breiten sich über weite Strecken aus. Zudem nehmen in festen Stoffen die Schallschwingungen weniger schnell ab als in Luft. Daher können sie noch in größerer Entfernung gehört werden.

Dass harte und feste Stoffe den Schall gut leiten, müssen Architekten und Handwerker beim Hausbau beachten. Eine gute Schallleitung ist nämlich in Wohnungen ausgesprochen unerwünscht. Niemand möchte

1

ja, dass seine Gespräche im Nachbarzimmer oder gar in einer anderen Wohnung gehört werden. Und auch der Straßenlärm sollte möglichst draußen bleiben.

Nun ist es nicht allzu schwierig, Schallwellen abzuschwächen, wenn diese sich durch die Luft fortpflanzen: Schon eine dicke Wand schützt vor solchem *Luftschall*.

Viel größere Probleme bereitet der *Körperschall*. Damit sind Schallwellen gemeint, die von festen Körpern ausgehen und von diesen auch weitergeleitet werden. Im Haus sind Wände, Decken, Fußböden und Rohre solche Schallleiter (Bild 2).

Um z. B. Trittgeräusche einzudämmen, ist die Geschossdecke der Wohnung wie in Bild 3 aufgebaut: Auf die Decke aus Beton kommt eine Schicht aus Kunststoff oder Steinwolle. Diese Stoffe **dämmen** den Schall, weil die Teilchen, aus denen sie bestehen, weniger dicht gepackt sind als die Teilchen des Betons.

Ein schmaler Streifen des Dämmstoffes wird an den Wänden sogar noch etwas hochgestülpt. Über den Dämmstoff kommt eine Folie und darauf gießt der Maurer den *Estrich*. (Das ist eine besondere Sorte Zementmörtel.) Der Estrich hat also mit der Betondecke keine direkte Verbindung; deshalb spricht man auch von einem *schwimmenden Estrich*. Wenn darauf später noch ein Teppichboden kommt, ist die Weiterleitung von Körperschall in andere Zimmer und Wohnungen nur noch gering.

Fragen und Aufgaben zum Text

1 Warum rufen eingeschlossene Bergleute nicht einfach um Hilfe?

2 Erkläre den Unterschied zwischen Körperschall und Luftschall.

3 In vielen Büros stehen die Schreibmaschinen auf dicken Filz- oder Gummiunterlagen. Welche Aufgabe haben die Unterlagen?

4 Herr Sparbier ärgert sich, weil die Handwerker beim Bau seines Hauses gepfuscht haben. Der Randstreifen um den schwimmenden Estrich fehlt.

Welche Folgen hat das Fehlen des Randstreifens?

5 Die Dämmschicht unter dem Estrich erfüllt noch eine Aufgabe. Welche?

6 Der Klempner arbeitet im Keller an einem Wasserrohr.

Warum kann man das im ganzen Haus hören?

7 Angler behaupten: „Fische können hören, wenn jemand am Ufer entlanggeht." Was meinst du dazu?

8 Der Mechaniker drückt einen Schraubendreher auf den laufenden Automotor und horcht daran. Warum macht er das wohl?

2

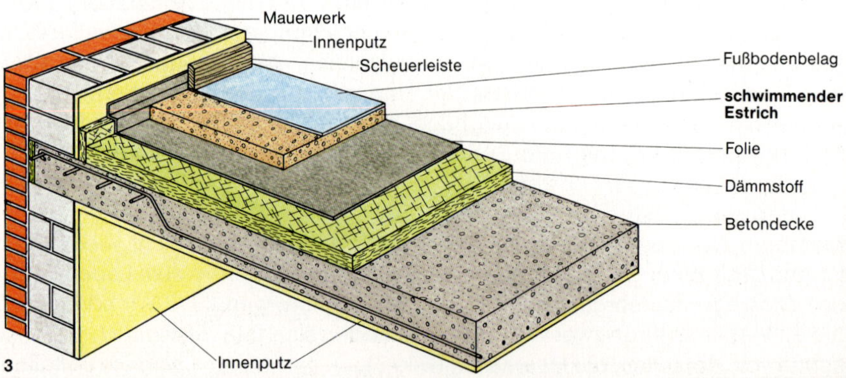

3

5708R

3 Der Schall lässt sich Zeit – das Echo

4 Wie lässt sich die Entfernung eines Gewitters ermitteln?

5 Ein einziger Trompeter – aber man hört ein ganzes „Blasorchester".

V 17 Bitte einen Freund oder eine Freundin sich in 100 m Entfernung aufzustellen. Dort soll er oder sie dann eine aufgeblasene Papiertüte zerschlagen.

Was beobachtest du?

V 18 Auf dem Sportplatz schlägt eine Schülerin oder ein Schüler *im Sekundentakt* zwei Topfdeckel (oder eine Starterklappe) über dem Kopf zusammen. Ihr entfernt euch und beobachtet genau, wann die Topfdeckel zusammenschlagen. Bei einer bestimmten Entfernung hört ihr den Ton gerade zur „Halbzeit", also wenn die Arme am weitesten auseinander sind.

Wie viele Meter legt der Schall in der halben Sekunde zurück?

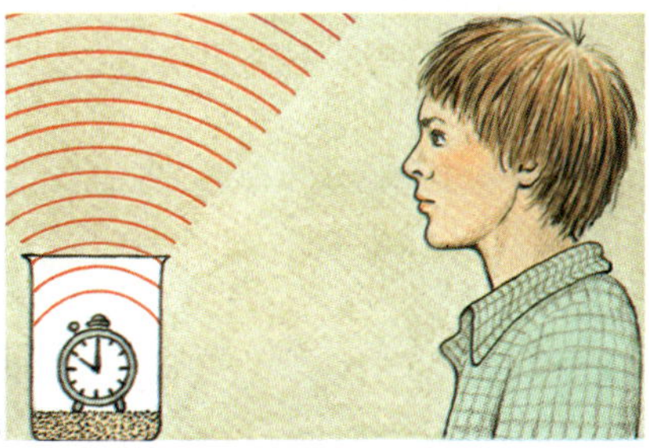

6

V 19 Kannst du mit Hilfe einer Zeitung noch in 50 cm Entfernung eine tickende Armbanduhr hören?

V 20 Lege eine laut tickende Uhr in ein hohes Glas. Unten im Glas soll eine Lage Schaumgummi liegen. In einiger Entfernung von dem Glas hörst du das Ticken der Uhr nicht mehr (Bild 6).

Wie musst du den Versuchsaufbau ergänzen, damit du die Uhr dennoch von derselben Stelle aus hörst? (Uhr und Glas sollen unverändert an ihrem Ort bleiben.)

Aufgaben

1 Nenne einige Tiere, die beim Lauschen ihre Ohrmuscheln in Richtung auf die Schallquelle stellen. Warum tun sie das?

2 Sicher hast du schon einmal ein Feuerwerk aus größerer Entfernung beobachtet: Den Funkenregen der Raketen siehst du, lange bevor du die dumpfen Explosionsgeräusche hörst. Gib dafür eine Erklärung.

3 Welchen Weg würde Schall (in Luft) in 1 min zurücklegen? Welchen Weg legt ein Auto, das mit 120 km/h fährt, in 1 min zurück? Vergleiche.

4 Beschreibe, wie du (ohne Hilfsmittel) die Entfernung eines Gewitters bestimmen kannst.

5 Wie weit ist ein Gewitter entfernt, wenn zwischen Blitz und Donner eine Zeit von 8 s vergeht?

6 Tina will wissen, wie beim Gewitter der Donner entsteht. Ihre Lehrerin erklärt ihr: „Dort, wo der Blitz entlanggeht, wird die Luft schlagartig auf etwa 10 000 °C erhitzt. Beim Erhitzen dehnt sich die Luft aus …"

Setze die Erklärung fort.

Stoff	vom Schall in 1 s zurückgelegter Weg
Luft	340 m
Wasser	1485 m
Meerwasser	1530 m
Buchenholz	3300 m
Ziegelstein	3650 m
Marmor	3800 m
Stahl	5100 m
Glas	5300 m

Aus Umwelt und Technik: **Das Echolot**

Wie du weisst, breitet sich der Schall mit einer bestimmten Geschwindigkeit (mit *Schall*geschwindigkeit) aus. Der Schall braucht also eine gewisse Zeit, bis er den Weg von der Schallquelle zu einer entfernten Wand zurückgelegt hat. Die Wand wirft die Schallwellen zurück; sie **reflektiert** den Schall. Dann benötigen die Schallwellen noch einmal dieselbe Zeitspanne, ehe sie am Ort der Schallquelle als **Echo** zu hören sind.

Das gilt auch für Töne, die so hoch sind, dass wir sie nicht mehr hören können, für **Ultraschall**.

Mit einem **Echolot** bestimmt man z. B. die Meerestiefe (Bild 1):

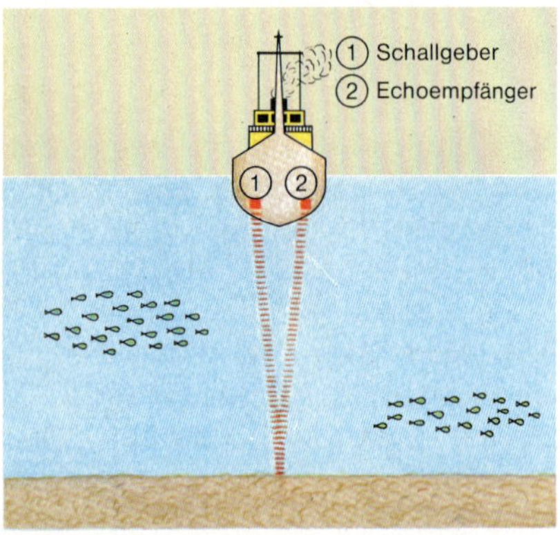

1

Ein am Schiff angebrachter *Schallgeber* gibt zunächst Schallsignale ab. Diese laufen bis zum Meeresboden und werden dort reflektiert.

Der *Echoempfänger* am Schiff meldet nach kurzer Zeit das Eintreffen der zurücklaufenden Schallwellen.

Aus der Zeit, die zwischen dem Aussenden und dem Empfangen der Schallsignale verstreicht, bestimmt ein Rechner die Meerestiefe.

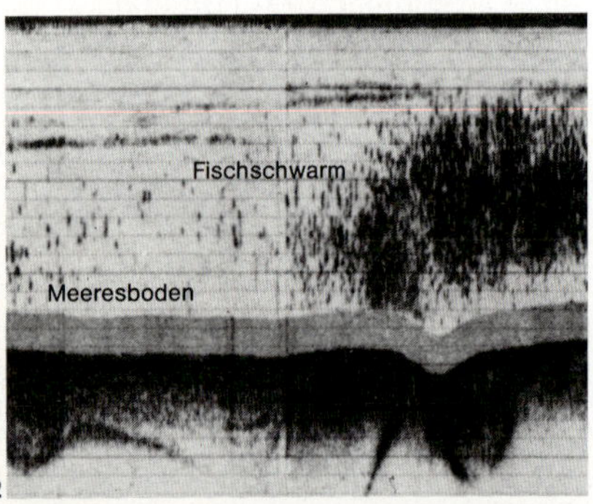

2

Für die Fischerei ist es wichtig, dass nicht nur der Meeresboden, sondern z. B. auch große Fischschwärme den Schall zurückwerfen. So zeigen moderne, an das Echolot angeschlossene Anzeigeeinrichtungen an (durch ein *Echogramm*), wo sich gerade ein Fischschwarm befindet (Bild 2). Damit wird das Meereswasser für den Fischer bis in große Tiefen hinunter „durchsichtig“ und er kann gezielt seine Netze auswerfen.

Nach einem ganz ähnlichen Verfahren werden häufig auch Materialien auf **verborgene Fehler** untersucht.

In Bild 3 z. B. sucht man Beschädigungen an einem Schiffsrumpf und in Bild 4 wird die Schweißnaht eines Stahlrohres kontrolliert. In beiden Fällen presst man den *Prüfknopf* mit einem Schallsender und mit einem Schallempfänger auf die Außenwand des Werkstücks: Die nun von dem Schallsender ausgesandten Schallwellen durchlaufen das Material und werden dann von der Innenwand reflektiert. Wenn das Material einen Fehler (z. B. einen Riss) aufweist, ist das am Echo im Schallempfänger zu erkennen; die Schallleitung ist dann nämlich deutlich gestört (Bild 5).

3

4

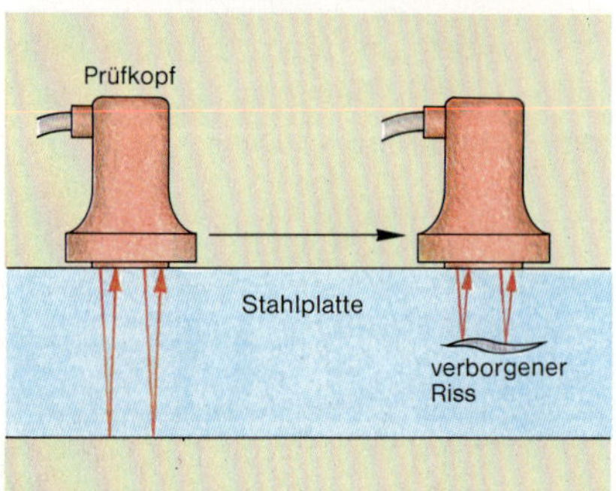

5

Seit dem Jahr 1960 ist es auch möglich, **schwangere Frauen** auf ähnliche Weise zu untersuchen (Bild 6). Man will so z. B. feststellen, ob sich das Kind im Mutterleib normal entwickelt. Weil Knochen und Muskeln Schallwellen unterschiedlich gut leiten und damit auch reflektieren, entsteht auf dem Bildschirm ein Foto von der Lage des Kindes (Bild 7).

Nach heutigen Kenntnissen sind solche Untersuchungen – im Gegensatz zu Röntgenaufnahmen – für Mutter und Kind ungefährlich.

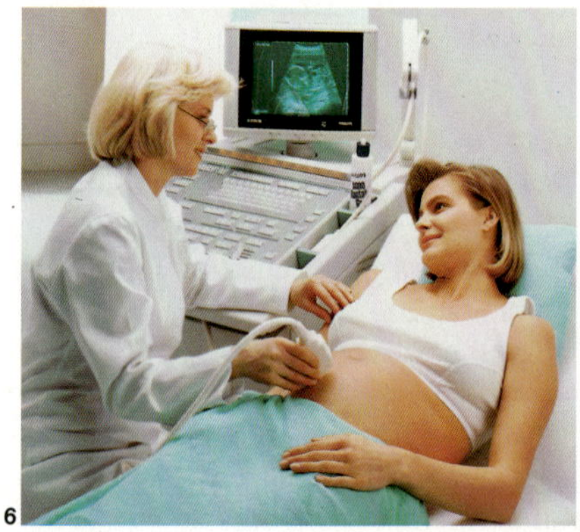
6

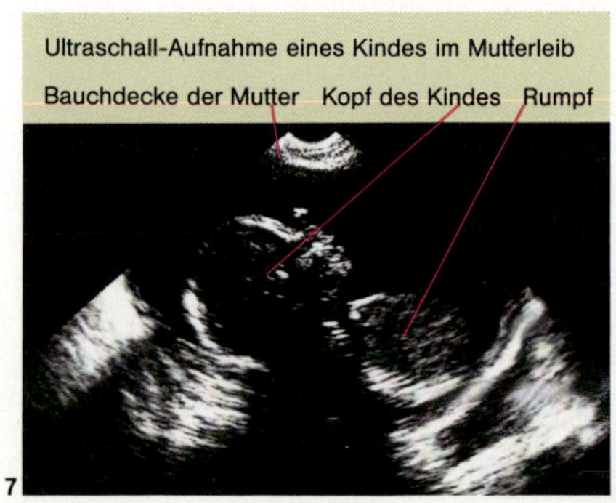

7

364R

Fragen und Aufgaben zum Text

1 Das Echolot eines Schiffes empfängt die Schallwelle eine Sekunde nach dem Aussenden. Wie tief ist an dieser Stelle das Meer?

2 Fledermäuse benutzen das „Echolot" zur Orientierung beim Fliegen und zum Fangen der Beute. Erkläre das anhand von Bild 8.

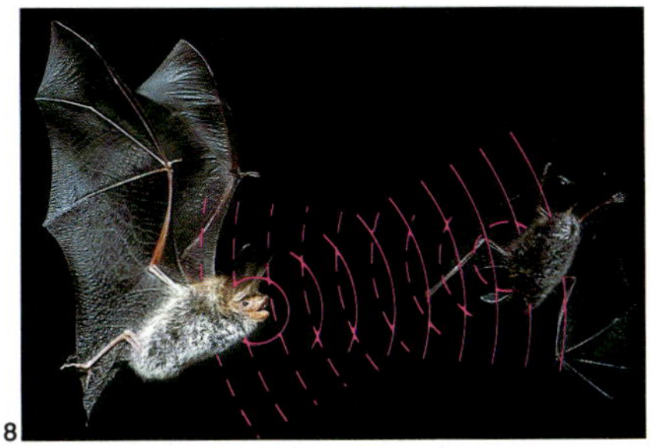
8

3 Wieso lassen sich mit dem Echo eines Schalls sogar recht genau Entfernungen bestimmen?

4 Bei einer Materialprüfung wird der Prüfknopf fest auf ein Werkstück gepresst (Bilder 3. u. 4). Auch der Arzt drückt mit dem Prüfkopf auf die Bauchdecke einer schwangeren Frau (Bild 6). Kannst du begründen, warum dieses Berühren dabei so wichtig ist?

Alles klar?

1 Beschreibe, wie eine Fahrradklingel funktioniert.

2 Frank hat mit einem Bierdeckel eine „Krachmaschine" gebaut (Bild 9). Wie funktioniert sie?

9

3 Unter welchen Bedingungen wird ein Körper zur Schallquelle?

4 Eine Kinderschaukel schwingt. Ist sie nun eine Schallquelle?

5 Wie wird die menschliche Stimme erzeugt?

6 Mit einem Waschbrett kann man auch „Musik" machen (Bild 10). Wie wird hier der Schall erzeugt?

10

7 Wie entstehen Schallwellen in Luft? Wie werden sie weitergeleitet?

8 Kannst du auf einem Grashalm blasen? Erkläre, wie dabei der Schall entsteht (Bild 11).

11

9 Warum könnte man im Weltall keinen Laut hören?

10 Bild 12 zeigt, wie die Indianer herannahende Feinde schon in großer Entfernung festgestellt haben sollen. Warum kann diese Methode funktioniert haben?

11 In einem Lexikon von 1837 steht: „Zu den merkwürdigsten Echos gehört das am Loreleyfelsen. Ein Ton wird dort 17-mal wiederholt." Wie ist das wohl möglich?

12

12 Warum ist es im Autotunnel so laut?

13 Zum Abhorchen der Herztöne und Atemgeräusche benutzen Ärzte ein Hörrohr, das *Stethoskop* (Bild 13). Versuche zu erklären, wie es funktioniert.

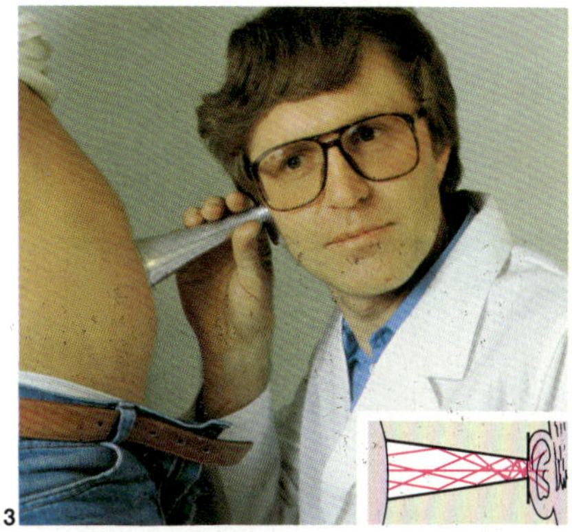
13

14 Mit kleinen Sprengladungen können Forscher starke unterirdische Schallwellen erzeugen. Der Schall läuft dabei tief in die Erde und wird von den verschiedenen Erdschichten unterschiedlich reflektiert. Besondere Mikrofone empfangen diese Echos. Welchen Sinn könnten solche Versuche haben?

15 Der Steuermann gibt seine Kommandos über ein Sprachrohr (Bild 14). Welche Aufgabe hat es?

14

4 Zusammenfassung

Schall und seine Entstehung

1

Alles, was man hören kann, wird als **Schall** bezeichnet: Töne, Klänge, Geräusche oder ein Knall.

Schall entsteht immer dann, wenn sich ein Körper schnell hin und her bewegt. Diese Bewegungen nennt man **Schwingungen**.

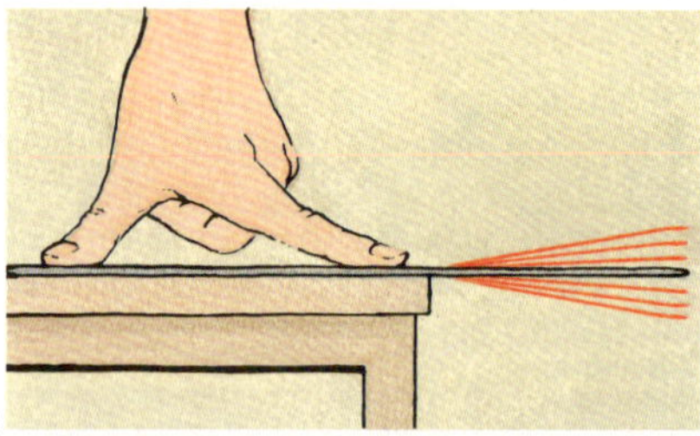
2

3

Durch schnelle Schwingungen wird ein Körper zur Schallquelle.

Die Bilder 4–6 machen bei verschiedenen Schallquellen die Schwingungen sichtbar.

4

5

6

Die Schallausbreitung

Die Schallquelle erzeugt in der Luft Verdünnungen und Verdichtungen.
Die Luftverdichtungen und -verdünnungen breiten sich nach allen Seiten aus. Man spricht von **Schallwellen**.

Schall kann sich auch in flüssigen und festen Körpern ausbreiten, nicht aber im luftleeren Raum.

7

5711R

Schallwellen übertragen Energie

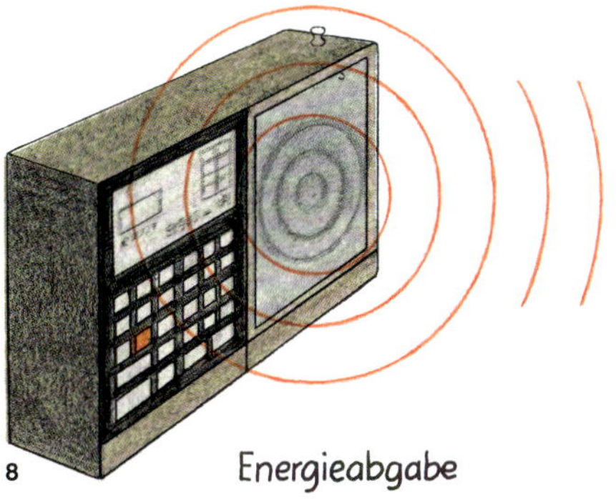

8

Um eine Schallquelle zum Schwingen zu bringen, ist **Energie** erforderlich. Die Energie steckt dann in der Schallwelle.

Unser Ohr nimmt Energie aus den Schallwellen auf. Es nimmt schon sehr geringfügige Schwingungen der Luft wahr. Daher muss nur sehr wenig Energie zum Ohr übertragen werden. Ist die Energie der Schallwellen zu groß, wird das Ohr geschädigt.

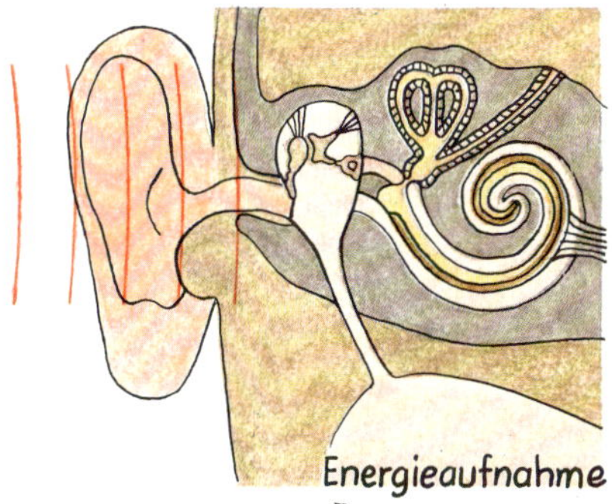

Wie schnell ist der Schall?

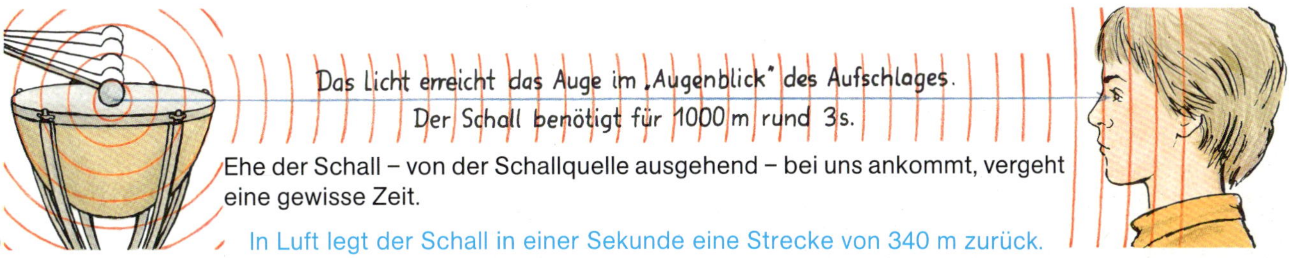

9

Ehe der Schall – von der Schallquelle ausgehend – bei uns ankommt, vergeht eine gewisse Zeit.

In Luft legt der Schall in einer Sekunde eine Strecke von 340 m zurück.

Die Schallgeschwindigkeit in Luft beträgt 340 Meter pro Sekunde (oder 1200 km/h). In Flüssigkeiten und festen Stoffen ist der Schall schneller als in Luft.

Die Schallreflexion

Wenn Schallwellen auf ebene Flächen (z. B. Wände oder Fenster) treffen, werden sie zurückgeworfen (reflektiert).

Bei der **Reflexion** ändert sich die Richtung der Schallwellen genauso wie bei Licht, das auf einen Spiegel trifft.

Wenn die Schallwellen zur Schallquelle zurückkehren, hört man sie dort als **Echo**.

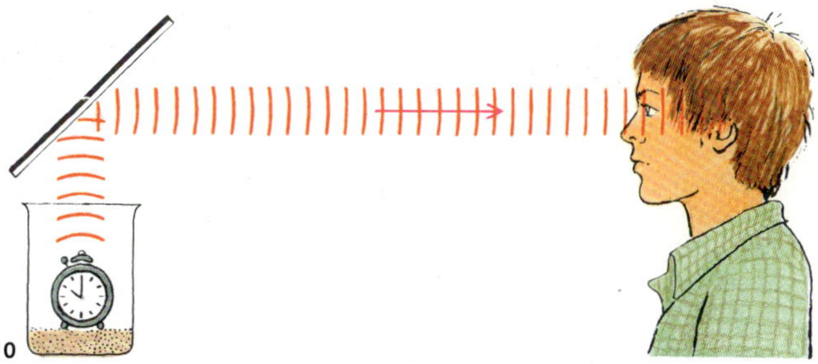

10

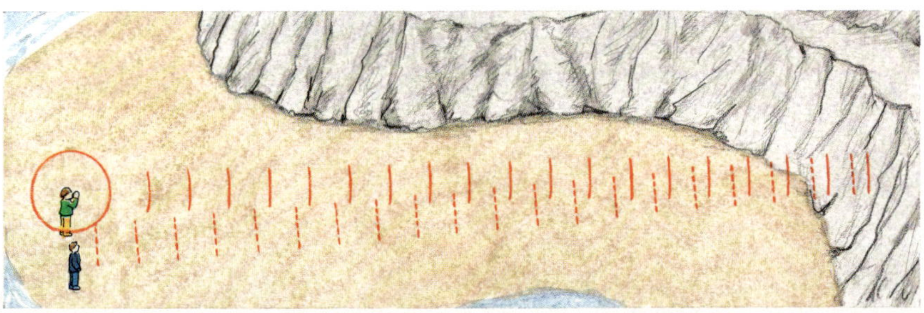

11

Töne sind verschieden

1 Laut und leise – hoch und tief

1

So wie mit dieser Gitarre kann man mit den meisten Musikinstrumenten unterschiedliche Töne erzeugen: hohe und tiefe, laute und leise.

Wie ist das möglich?

V 1 Erzeuge mit einem Gummiband unterschiedliche Töne.

V 2 Halte ein langes Lineal so am Tisch fest, dass der größte Teil frei schwingen kann (Bild 2).

Untersuche, wovon die *Lautstärke* des Tones abhängt. Versuche die *Tonhöhe* zu verändern.

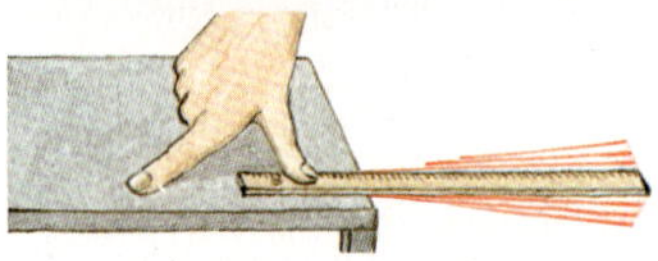
2

V 3 Lege einige Papierkügelchen in den Membrantrichter eines offenen Lautsprechers. Beobachte sie bei lauter und leiser Musik.

V 4 Fülle zunächst mehrere gleiche Flaschen unterschiedlich hoch mit Wasser.

Vergleiche die Tonhöhen, wenn du die Flaschen mit einem Stab anschlägst oder wenn du flach über die Flaschenränder bläst.

Versuche auch deine Beobachtungen zu erklären.

Schwingungen genauer betrachtet: Amplitude und Frequenz

Wie du Schall erzeugen kannst, weißt du schon: Du musst einen Körper (z. B. eine Gitarrensaite) durch Energiezufuhr zum schnellen **Schwingen** bringen.

Solche Schwingungen können wir bei einer Schaukel genauer betrachten, weil sie dort langsamer ablaufen (Bild 3): Je stärker die Schaukel (aus der *Ruhelage*) angestoßen wird, desto weiter schwingt sie (bis zum *Umkehrpunkt*) aus. Diese größte Ausschwingung (der Weg zwischen Ruhelage und Umkehrpunkt) wird **Amplitude** genannt.

Das gilt auch für Schallschwingungen (Bild 4).

Wird eine Schallquelle *stark* angestoßen (also mit viel Energie), so schwingt sie mit *großer* Amplitude. Wir hören einen lauten Ton.

Je größer die Amplitude der Schwingung ist, **desto lauter** hören wir den Schall. (Die Ton*höhe* bleibt gleich.) In lauten Tönen steckt also viel Energie.

Wenn man die Saite *verkürzt* (oder *stärker spannt*) und dann anzupft, erklingt ein **höherer Ton** als zuvor. Das Anzupfen erfordert jetzt aber mehr Energie. Die Saite schwingt schneller als vorher.

Also gilt: **Je schneller** eine Schallquelle schwingt, **desto höher** ist der Ton, den sie erzeugt.

Bei jeweils gleicher Amplitude gilt: In hohen Tönen steckt mehr Energie als in tiefen.

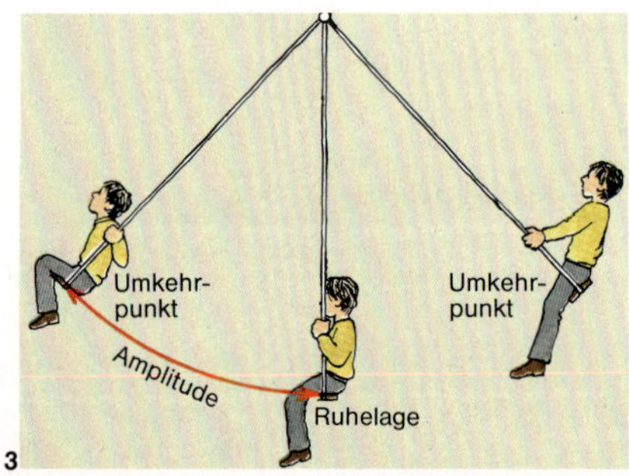

3

Die Anzahl der Schwingungen in einer Sekunde nennt man die *Schwingungszahl* oder **Frequenz** der Schallquelle.

Die Frequenz wird in der Einheit **1 Hertz (1 Hz)** gemessen – so benannt nach dem deutschen Physiker *Heinrich Hertz* (1857–1894).

Schwingt ein Körper in einer Sekunde nur einmal vor und zurück (Bild 5), so hat er die Frequenz 1 Hertz (1 Hz). (Hörbarer Schall entsteht erst bei höheren Frequenzen.)

Der Testton zum Fernsehtestbild hat genau 1000 Hz. Der Lautsprecher führt dann also in jeder Sekunde 1000 Schwingungen aus. Diese Frequenz nennt man auch 1 Kilohertz (1 kHz).

1 kHz = 1000 Hz.

Je größer Amplitude und Frequenz einer Schallquelle sind, desto mehr Energie übertragen die Schallwellen.

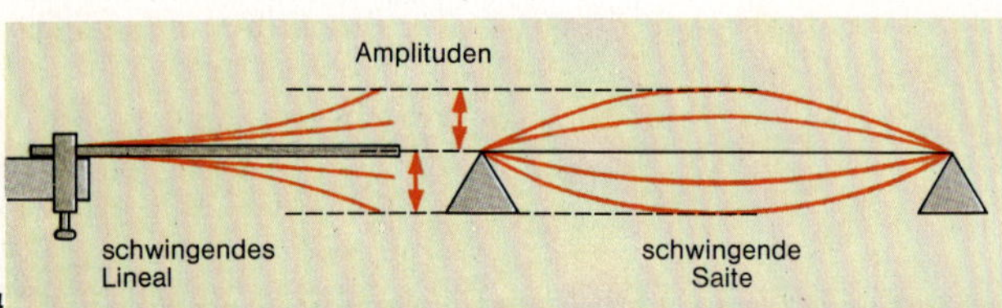

4

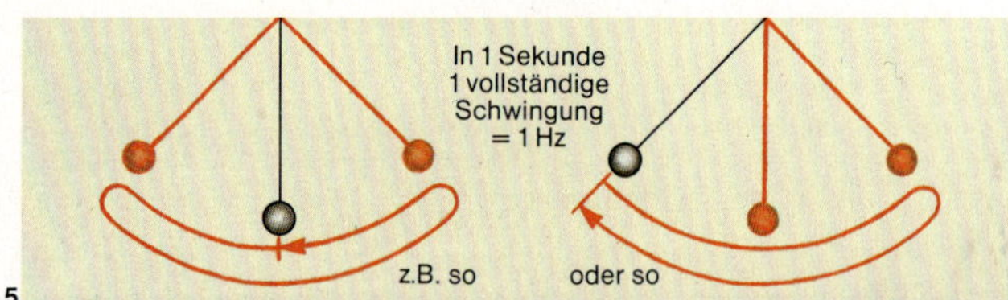

5

2499R

Aufgaben

1 An einem Faden (1 m) lässt du einen beliebigen Gegenstand pendeln.

a) Ermittle bei großer Amplitude die *Schwingungsdauer*. Das ist die Zeit für eine ganze Schwingung, also von einem Umkehrpunkt zum anderen und zurück (Bild 5).

b) Stelle dann die Schwingungsdauer bei kleiner Amplitude fest.

c) Verkürze nun dein Pendel und miss wieder die Amplitude und die Schwingungsdauer.

d) Errechne für beide Pendellängen die *Frequenz*.

2 Bild 6 zeigt die Messingzungen einer geöffneten Mundharmonika. Beim Hineinblasen werden die Zungen durch den Luftstrom zum Schwingen gebracht. Wie entstehen hier die verschiedenen Tonhöhen?

3 Die Stimmbänder in unserem Kehlkopf können durch Muskeln straffer gespannt werden.

a) Gib an, welchen Einfluss dieses Spannen auf die Frequenz der Stimmbandschwingungen hat.

b) Wodurch wird die Stimme höher oder tiefer?

4 Wodurch werden bei den sechs Saiten der Gitarre verschieden hohe Töne erzeugt?

5 Bild 7 gibt dir die Frequenzen einiger Töne an. Der hohe Ton c'' ist um eine *Oktave* (8 Töne) höher als das tiefere c'. Wie unterscheiden sich die Frequenzen der beiden Töne?

6 Was versteht man unter *Ultraschall*, was unter *Hörbereich* (→ Info unten)?

Vergleiche den Hörbereich des Menschen mit dem eines Hundes. Was stellst du fest?

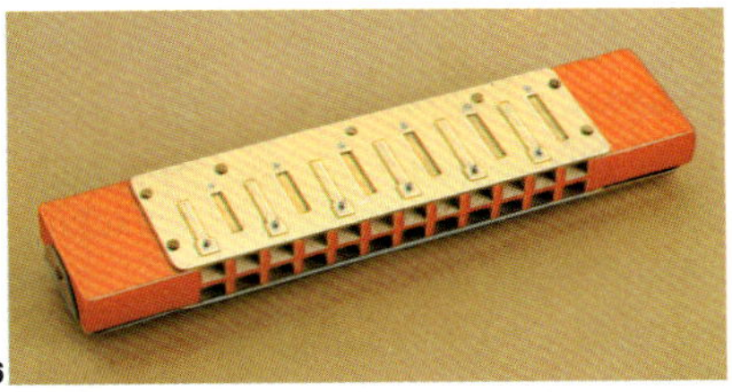

6

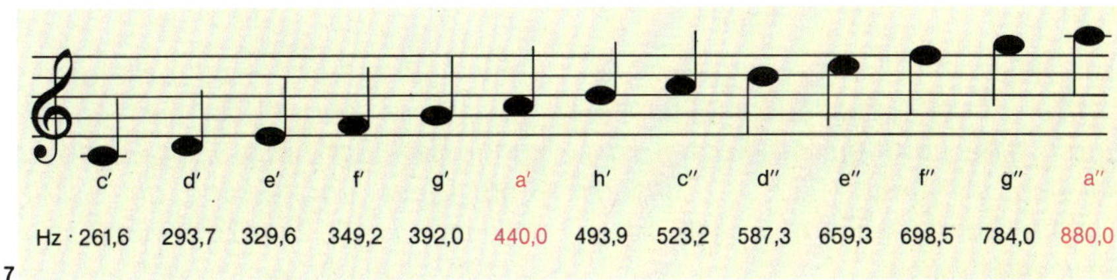

7

Hörbereich und Hörschwelle

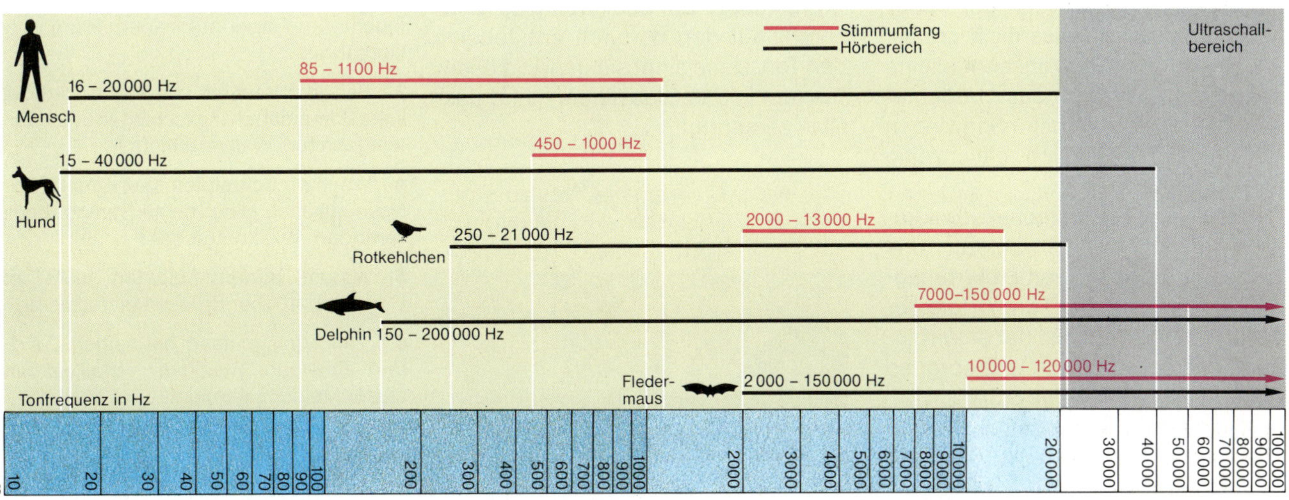

8

Ein Kind hört Schallschwingungen mit Frequenzen zwischen 16 Hz und 20 000 Hz. Dies ist der **Hörbereich** des Menschen.

Mit zunehmendem Alter nimmt die obere Hörgrenze des Menschen allmählich ab. Mit jedem Lebensjahrzehnt sinkt sie um ungefähr 2000 Hz.

Schall oberhalb von 20 000 Hz ist für uns nicht hörbar. Man bezeichnet ihn als **Ultraschall**.

Ob wir einen Ton wahrnehmen oder nicht, ist auch von der *Energie* abhängig, die pro Sekunde von der Schallquelle zum Trommelfell gelangt. Wir hören einen Ton erst, wenn ein bestimmter Mindestwert überschritten ist. Diese **Hörschwelle** liegt bei sehr hohen bzw. tiefen Tönen besonders hoch.

Damit wir einen tiefen oder hohen Ton wahrnehmen, muss also verhältnismäßig viel Energie pro Sekunde an unserem Ohr ankommen. Für mittlere Tonhöhen (3000 bis 5000 Hz) dagegen ist das Ohr recht empfindlich.

Der Frequenzbereich der menschlichen Stimme ist kleiner als der Hörbereich (Bild 8). Ein Sänger mit einer Bassstimme erzeugt 85 bis 350 Hz, eine Sopransängerin 250 bis 1100 Hz. Außer diesen reinen Tonschwingungen erzeugen wir beim Sprechen auch höhere Frequenzen, z. B. bei Zischlauten.

Aus Umwelt und Technik: **Schall kann verstärkt werden**

1

Bei vielen Musikinstrumenten wird der Ton der eigentlichen Schallquelle durch einen großen Holzkasten zusätzlich verstärkt (Bild 1). Diesen Kasten nennt man *Klangkörper* oder *Resonanzboden.*

Bei der Gitarre z. B. wird der Schall so verstärkt: Die angezupfte Saite bringt den Klangkörper aus Holz zum **Mitschwingen**. Dadurch ist natürlich die Fläche, von der jetzt der Schall ausgesandt wird, wesentlich größer, als wenn die Gitarrensaite alleine schwingen würde. Das bedeutet auch: Jetzt werden beim Schwingen viel mehr Luftteilchen gleichzeitig angestoßen.

Auch ein Lautsprecher funktioniert durch Mitschwingen: Das Schwingen des kleinen Elektromagneten wäre kaum zu hören – die gewölbte Pappe aber, mit der er Verbindung hat, schwingt mit und sorgt so für die Verstärkung des Schalls.

Wenn die Frequenz der ursprünglichen Schallquelle genau mit der Schwingungsfrequenz des Klangkörpers übereinstimmt, ist die Verstärkung der Schwingung besonders groß. Diese *Verstärkung durch Mitschwingen* (Bild 2) bezeichnet man in der Physik als **Resonanz** (lat. *resonare:* wieder ertönen).

So nutzt z. B. die Sängerin in Bild 3 die Resonanz zu einer verblüffenden Vorführung.

Sie klopft an das Weinglas und horcht auf den dadurch entstehenden Ton. Dann singt sie genau diesen Ton laut in das Glas hinein – und das Glas zerspringt.

3

Fragen und Aufgaben zum Text

1 Wieso kann ein Glas „zersungen" werden? Warum kannst *du* das wahrscheinlich nicht?

2 Erkläre die Beobachtungen, die du bei diesem **Versuch** machen kannst:
Zwei gleiche Weingläser stehen nebeneinander. Auf dem Rand des einen Glases liegt ein Holzstäbchen (z. B. ein Zahnstocher). Das zweite Glas bringst du zum Schwingen, indem du mit einem angefeuchteten Finger auf seinem Rand entlangfährst.

3 Bei dem **Versuch** von Bild 4 wird die linke Stimmgabel angeschlagen und dann festgehalten. Was geschieht?

4 Wenn du Schnupfen hast oder dir die Nase zuhältst, klingt deine Stimme ganz verändert. Wie kommt das?

5 Warum dürfen Soldaten nicht im Gleichschritt über Brücken marschieren?

6 „Der Minister fand bei seinen Zuhörern eine gute Resonanz." Was ist mit dieser Meldung gemeint?

7 Warum braucht die Elektrogitarre keinen Klangkörper?

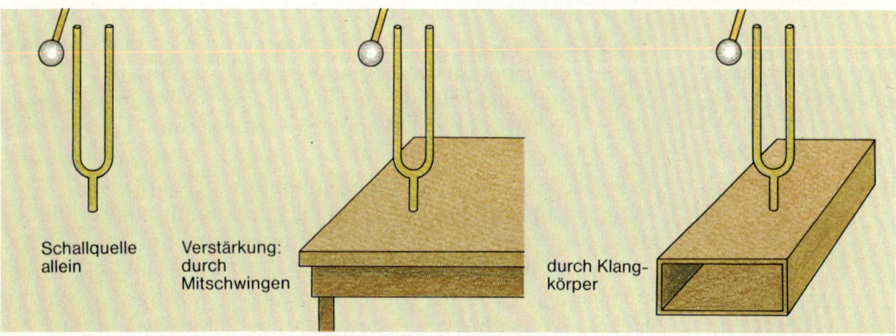

2

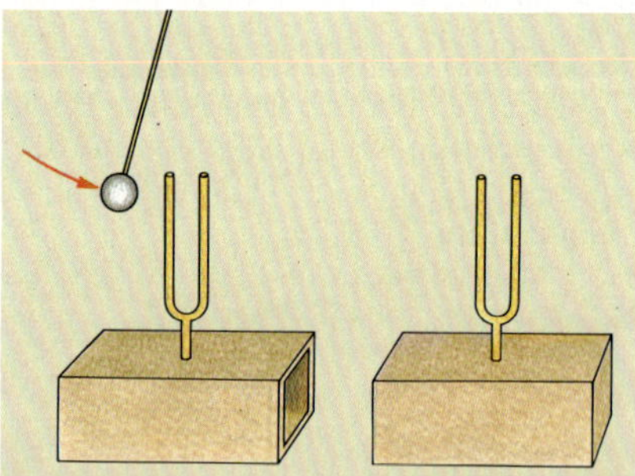
4

370R

Aus Umwelt und Technik: **Die Blockflöte**

5

Kein anderes Musikinstrument ist bei uns so stark verbreitet wie die Blockflöte in ihren verschiedenen Bauweisen (Bild 5).

Bei ihr entstehen die verschiedenen Töne dadurch, dass man die Löcher abwechselnd zuhält. Wie aber wird überhaupt in der Flöte der Schall erzeugt?

Um das zu verstehen, musst du daran denken, wie du mit einer leeren Flasche Schall erzeugen kannst: Du steckst einen angefeuchteten Finger in den Flaschenhals und verschließt so die Öffnung. Wenn du den Finger dann schnell zurückziehst, erklingt ein „Plopp". Beim Zurückziehen des Fingers entsteht nämlich in der Flasche eine Luftverdünnung. In diesen luftverdünnten Raum strömt schlagartig („plopp") die Außenluft hinein.

Beim Anblasen der Flasche (Bild 6) entsteht der gleiche Klang. Wenn du die Flasche im richtigen Winkel anbläst, reißt nämlich die Luftströmung über dem Flaschenrand Luftteilchen aus der Flasche heraus. Ein luftverdünnter Raum in der Flasche ist die Folge. Um diesen Unterdruck auszugleichen, strömt neue Luft in die Flasche hinein. Durch das weitere Blasen entsteht dort sofort wieder ein Unterdruck. So bewegt sich ständig Luft aus der Flasche heraus und wieder hinein: Die Luft in der Flasche **schwingt**.

Auf ähnliche Weise wird in der Blockflöte (Bild 7) der Schall erzeugt.

Wenn man in das Mundstück hineinbläst, strömt die Luft zunächst in einen Anblaskanal; so wird sie im richtigen Anblaswinkel gegen die scharfe Kante der „Lippe" gelenkt.

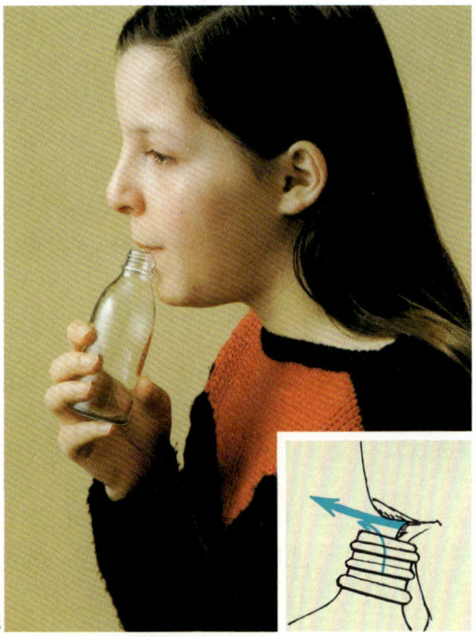

6

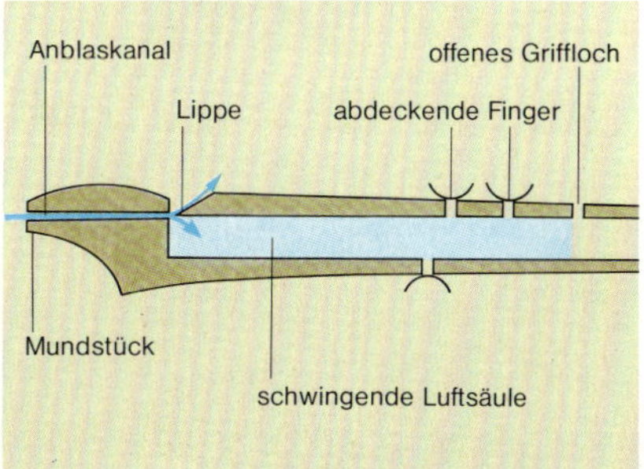

7

Diese „Lippe" wirkt nun wie der angeblasene Rand einer Flasche: An ihr entstehen Luftschwingungen, die die Luft im Rohr zum Mitschwingen bringen (Resonanz).

Die Luftsäule im Rohr schwingt aber nur bis zum ersten offenen Loch. Wenn du also alle Löcher am Rohr zuhältst, ist die schwingende Luftsäule am längsten – und deshalb auch der Ton am tiefsten.

Gibst du nur das untere Loch frei, so verkürzt du dadurch die schwingende Luftsäule – der Ton der Blockflöte wird höher. Je mehr Löcher du öffnest, desto kürzer wird die schwingende Luftsäule, und die Tonhöhe steigt weiter an (wie bei einer Gitarrensaite, die verkürzt wird).

Fragen und Aufgaben zum Text

1 Töne entstehen durch Schwingungen. Was schwingt bei einer Blockflöte?

2 Die Blockflöten in Bild 5 unterscheiden sich nicht nur im Aussehen, sondern auch im Klang. Erkläre, was beides miteinander zu tun hat.

3 Blockflöten werden innen mit besonderen Bürsten gereinigt. Warum darf man damit nicht die Öffnung über der „Lippe" säubern?

4 Das Mundstück einer Posaune oder einer Trompete besitzt gar keine „Lippe", an der Schwingungen entstehen könnten. Der Trompeter benutzt dafür seine eigenen Lippen! Wie erzeugt er so die Schwingungen?

2 Blasinstrumente – selbst gebaut

Panflöten fertigen die Indios in Südamerika aus Bambusrohr an.

1

Auch du kannst dir mit einfachen Mitteln Instrumente selbst bauen...

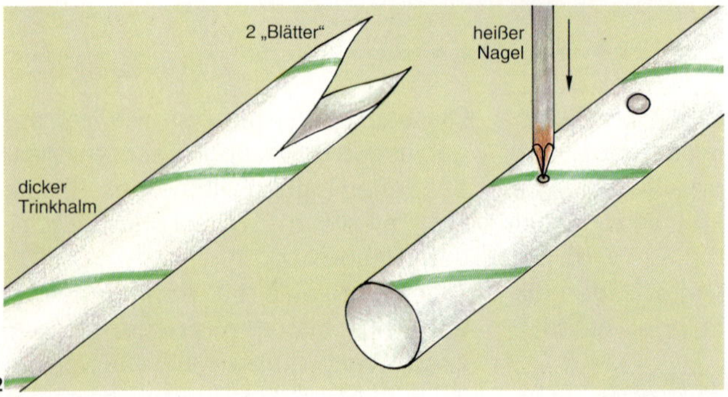

2

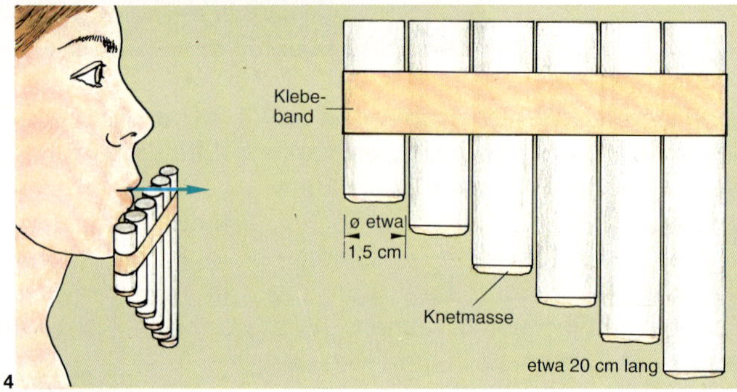

4

V 5 Wir bauen ein Instrument, das ähnlich wie eine **Oboe** funktioniert. Schneide mit der Schere einen dicken Trinkhalm aus Plastik spitz an (Bild 2). Presse die „Blätter" mit den Lippen zusammen und puste kräftig hindurch. Es soll ein schnatternder Klang entstehen.

a) Schneide während des Blasens das freie Halmende stückweise kürzer.

b) Schneide das Ende eines zweiten Halmes ebenfalls spitz an. Mit einem heißen Nagel werden dann Löcher in den Halm gebohrt.

Versuche verschieden hohe Töne zu blasen.

V 6 Fülle mehrere Flaschen unterschiedlich hoch mit Wasser. Blase flach über ihren Rand hinweg (Bild 3). Auf ähnliche Weise entsteht der Klang einer **Orgelpfeife**.

V 7 Beim Elektriker bekommst du Abfälle von stabilen Leerrohren. Säge Stücke in unterschiedlichen Längen ab. Verschließe die unteren Enden mit Knetmasse oder mit Korken.

Die oberen Enden müssen sorgfältig mit Schleifpapier geglättet werden.

Verbinde die Röhren mit Klebeband zu einer **Panflöte** (Bild 4). Sie wird seitlich angeblasen.

V 8 Du benötigst ein ungefähr 1 m langes Stück Gartenschlauch. Du kannst aber auch ein Leerrohr oder eine Gießkanne mit ihrem Auslaufrohr verwenden.

Presse die Lippen fest zusammen und blase in den Schlauch oder das Rohr hinein (Bild 5).

Schaffst du es, auf dieser **Trompete** unterschiedlich hohe Töne zu erzeugen?

3

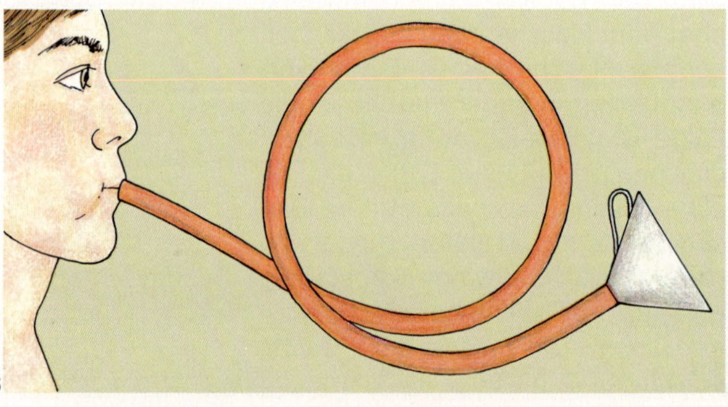
5

5714R

3 Zupfinstrumente – selbst gebaut

Früher war die Zither ein beliebtes Instrument für die Hausmusik.

6

Du kannst dir leicht einfache Zupfinstrumente basteln ...

V 9 Spanne Gummiringe mit unterschiedlicher Dicke und Länge über eine leere Eiscreme- oder Tiefkühldose (Bild 7).

Wenn du an den Gummiringen zupfst, klingt dieses Instrument ähnlich wie eine **Gitarre**.

V 10 Du brauchst lange Stecknadeln, wie sie zum Dekorieren verwendet werden. Schlage sie vorsichtig in ein Stück Holz (Bild 8).

Zupfe mit dem Daumen an ihren Enden. Wenn du diese **„Nadelzupfe"** gegen eine Tischplatte oder eine Tür drückst, wird ihr Klang viel lauter.

V 11 Aus einem Eimer und einem Besenstiel (oder einer Leiste) kannst du ganz einfach einen **Zupfbass** bauen (Bild 9).

Als Saite eignet sich ein Nylonfaden, z. B. eine Angelschnur. Durch Neigen des Holzes wird die Saite unterschiedlich straff gespannt.

Musiker zupfen nicht nur die Saiten eines Kontrabasses, sondern streichen sie mit einem *Bogen*. Leider lässt sich der Bogen nicht so leicht basteln, weil er mit Pferdehaaren bespannt werden muss.

V 12 Aus Holzleisten (Dachlatten) wird ein Rahmen zusammengenagelt. Zwischen den Rundkopfschrauben und den Ringschrauben werden Nylonfäden gespannt. Sie sind die Saiten dieser **Harfe** (Bild 10).

Damit das Holz nicht splittert, sollten die Löcher für die Schrauben vorgebohrt werden.

Mit den Ringschrauben kannst du die Spannung der Saiten verändern.

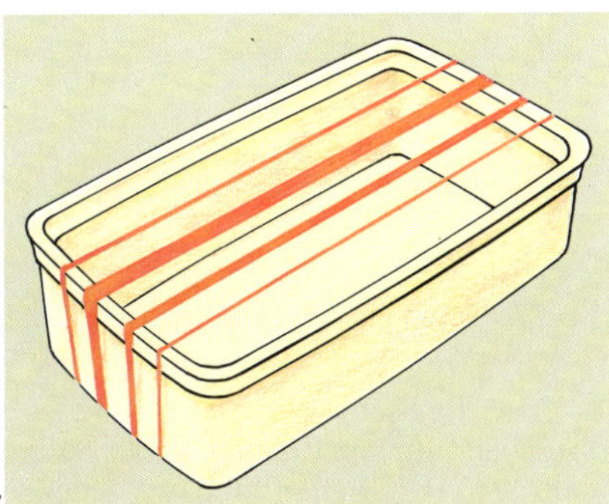
7

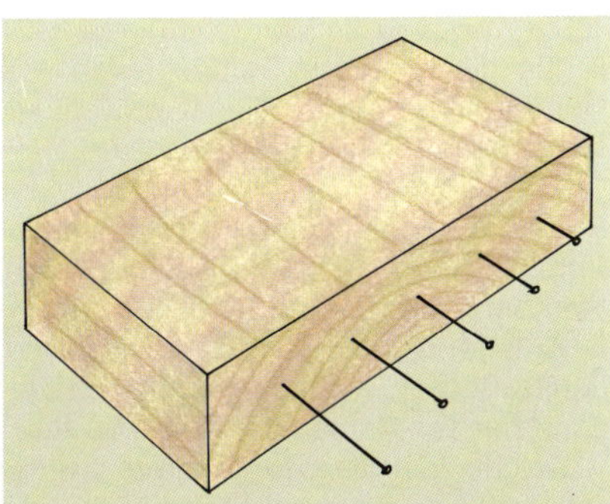
8

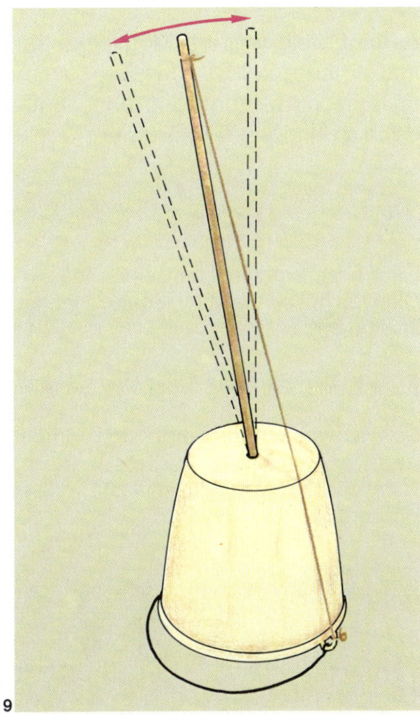
9

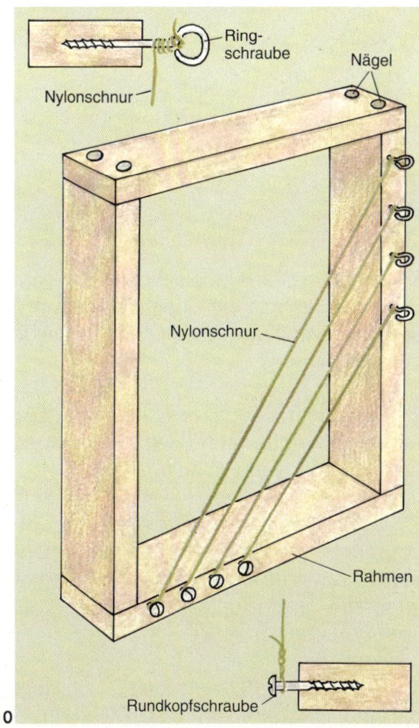

10

4 Schlaginstrumente – selbst gebaut

V 13 Du brauchst Dosen in unterschiedlichen Größen. Stich jeweils vier Löcher in den Außenmantel nahe am Boden. Hänge die Dosen und Topfdeckel an zwei dicken Bindfäden auf (Bild 1) – fertig ist das **Schlagzeug**.

Aus einem Rundholz und einer angebohrten Holzkugel oder einem Flaschenkorken kannst du dir einen **Schlegel** basteln.

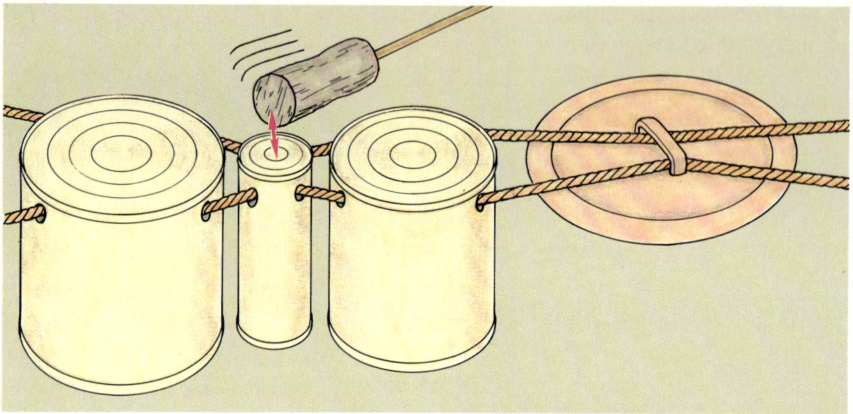

1

V 14 Besorge dir Abschnitte von unterschiedlich dicken Pappröhren (z. B. von Teppichrollen). Auch Dosen mit glattem Rand sind geeignet.

Ziehe die Folie einer Plastiktüte straff über die Öffnung. Befestige sie mit dem Gummiring von einem Einkochglas (Bild 2). Spiele die **Trommel** mit dem Schlegel oder – nur am Rand – mit den Fingerspitzen.

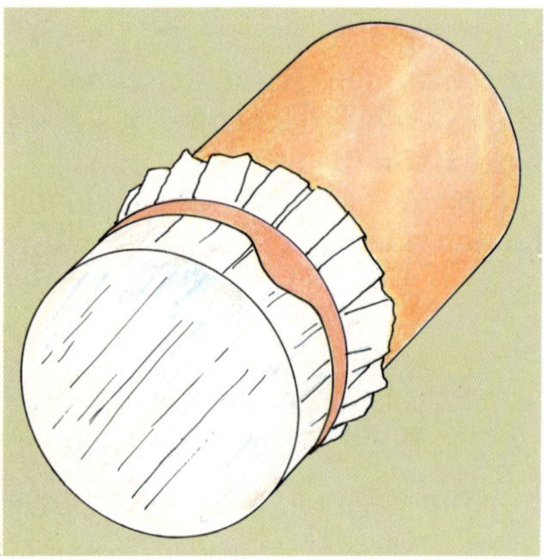

2

V 15 In Bild 3 siehst du zwei Möglichkeiten ein hängendes **Xylophon** zu bauen.

Am besten lässt du dir von einem Erwachsenen helfen die Löcher in die Holzleisten zu bohren. Von der schmalen Seite her ist das Bohren nämlich nicht so einfach.

Angeschlagen wird das Xylophon mit dem Schlegel von Bild 1.

Wie verändert sich die Tonhöhe, wenn du das Holz in der Mitte einsägst?

V 16 Du kannst auch unterschiedlich hoch gefüllte Sprudelflaschen an Fäden aufhängen und anschlagen.

Es gibt viele weitere Möglichkeiten, Instrumente selbst zu bauen. Wenn du eine gute Idee hast, dann baue doch dein eigenes Instrument …

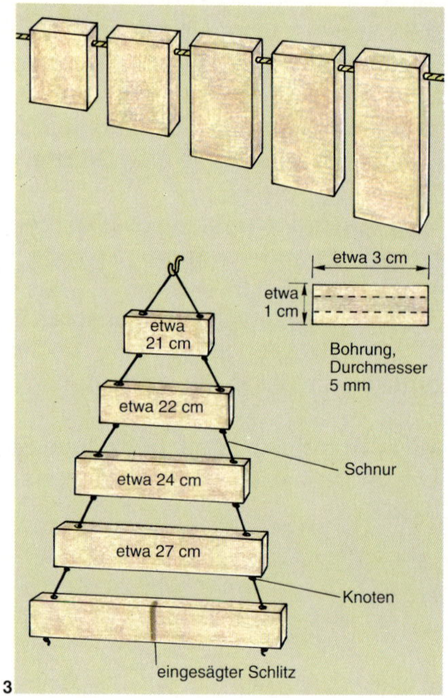

3

Alles klar?

1 „Der Orgelton klang sehr laut und sehr tief." Was kannst du über die Frequenz und die Amplitude dieser Schallschwingung aussagen?

2 Ein Gummibändchen soll einen Klang mit hoher Frequenz und kleiner Amplitude erzeugen. Was musst du tun?

3 Orchestermusiker stimmen ihre Instrumente nach dem international vereinbarten Kammerton a'. Auf einer Stimmgabel für diesen Ton steht „440 Hz". Was bedeutet das?

4 Die dickste Gitarrensaite (E) schwingt mit einer Frequenz von 82 Hz. Die dünnste Gitarrensaite erzeugt denselben Ton zwei Oktaven höher. Welche Frequenz hat dieser Ton e'?

5 Was bedeuten die Angaben in Bild 4?

6 Was versteht man unter dem Hörbereich des Menschen?

Welche Frequenzen umfasst dieser Hörbereich?

4 Frequenzgang 40 Hz - 20 000 Hz   Frequenzgang 16 Hz - 22 000 Hz

7 Das Flügelschlagen von Insekten wurde gezählt: Schmetterlinge 10 Hz, Hummeln 240 Hz, Bienen 400 Hz, Mücken über 600 Hz. Was hören wir davon?

8 Es gibt spezielle Hundepfeifen. Ein Hund reagiert auf ihr Signal, obwohl wir selbst ihren Ton nicht hören. Erkläre.

9 Bild 5 zeigt folgende Instrumente: Gitarre, Violine, Kontrabass, Banjo, Harfe, Trompete, Klarinette, Posaune, Horn, Blockflöte, Querflöte, Trommel, Triangel, Pauke, Becken, Xylophon. Schreibe zu jeder Ziffer den Namen des Instrumentes.

Welche Instrumente könntest du mit Sicherheit am Klang erkennen?

5716R

5

5 Zusammenfassung

Was versteht man unter Amplitude?

Je kräftiger eine Schallquelle angeschlagen wird, desto weiter sind ihre Schwingungen und desto lauter ist der Ton.

Den größten Ausschlag einer Schwingung bezeichnet man als *Schwingungsweite* oder **Amplitude**.

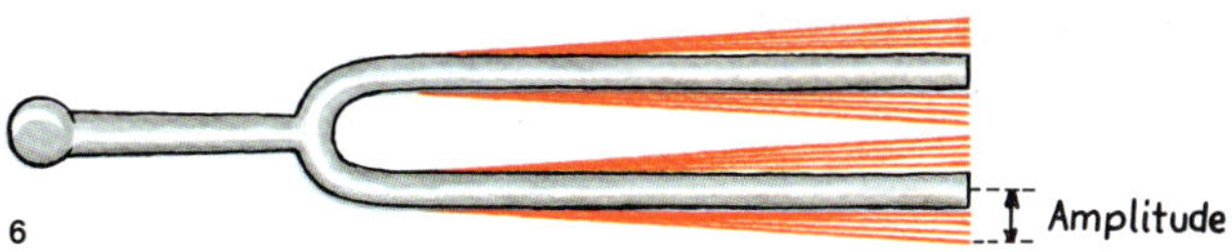

6

Schall wird für uns erst hörbar, wenn die Amplitude der Schallschwingung in unserem Ohr einen Mindestwert überschreitet. Diese Mindestlautstärke nennt man *Hörschwelle*.

Schallschwingungen mit zu großen Amplituden besitzen so viel Energie, dass wir schwerhörig werden können.

Was versteht man unter Frequenz?

Je schneller eine Schallquelle schwingt, desto höher ist der erzeugte Ton.

Die Anzahl der Schwingungen in einer Sekunde nennt man *Schwingungszahl* oder **Frequenz**.

Die Einheit der Frequenz ist 1 Hertz (1 Hz).

Beträgt die Frequenz z. B. 440 Hz, so führt die Schallquelle in einer Sekunde 440 vollständige Schwingungen aus. Sie erzeugt dabei den Ton a' (Kammerton a').

Unsere Ohren nehmen nur Schall mit Frequenzen zwischen 16 Hz und 20 000 Hz wahr (*Hörbereich* des Menschen). Tiefere oder höhere Töne können wir nicht hören.

Schall mit mehr als 20 000 Hz heißt *Ultraschall*. Ultraschall kann von manchen Tieren wahrgenommen werden und spielt in der Technik eine Rolle.

7

8

9

Die Schallaufzeichnung

1 Schall kann aufgezeichnet werden

„In einem ungewöhnlich kalten Winter war ich, Freiherr von Münchhausen, mit der Postkutsche in Russland unterwegs. Es fror Stein und Bein. Als der Postillion vor der Einfahrt in einen Weg das Horn blasen wollte, kam kein einziger Ton heraus. Vergeblich blies der Mann aus Leibeskräften seine Lieder – aber kein Ton erklang!

Spät abends aber – in der warmen Gaststube – ihr werdet's kaum glauben: Da begann auf einmal das Horn, das nun an der Wand hing, wie von selbst zu spielen!

Das wollt ihr mir nicht abnehmen? Ich habe eine einleuchtende Erklärung dafür! …"

1

V 1 Eine Schwingung aufzuzeichnen ist gar nicht so schwer. Du brauchst dazu eine mit feinem, trockenem Sand gefüllte Konservendose, die du als Pendel aufhängst. Unter das Pendel legst du einen großen Bogen Papier (eine Zeitung oder einen Tapetenrest).

Wenn du nun in den Boden der Dose ein Loch stichst, kannst du die Schwingungen des Pendels aufzeichnen (Bild 2). Welche Sandfiguren entstehen auf dem Papier,

a) wenn die Dose still hängt,

b) wenn sie wie ein Pendel schwingt,

c) wenn sie still hängt, während du das Papier unter ihr langsam wegziehst,

d) wenn sie wie ein Pendel schwingt, während du das Papier langsam wegziehst?

V 2 Schneide aus Pappe eine „Schallplatte" aus und lege sie auf einen Plattenteller. Stelle den Plattenspieler an, und zwar auf 33⅓ U/min. (Sorge dafür, dass der Tonabnehmer deine „Schallplatte" nicht berührt!) An einer beliebigen Stelle setzt du jetzt einen Filzstift auf die laufende Papp-Schallplatte.

a) Halte den Filzstift ruhig.

b) Bewege den Stift möglichst schnell immer wieder in Richtung Mittelpunkt und zurück (Bild 3).

V 3 Besorge dir eine *alte* Schallplatte. (Nach diesem Versuch darf sie nicht mehr abgespielt werden, denn sie würden den Tonabnehmer beschädigen.)

a) Betrachte ihre Rillen mit einer starken Lupe.

b) Durch den Rand einer Postkarte stichst du nun eine Stecknadel. Berühre mit dieser Nadel die Rillen der Schallplatte, während sie sich auf dem Teller eines Plattenspielers dreht (Bild 4).

c) Rolle zunächst einen Bogen Schreibpapier zu einem Trichter zusammen. Biege dann das spitze Ende um und stecke eine Nadel hindurch. Wieder setzt du die Nadel auf die sich drehende Schallplatte (Bild 5).

V 4 Bild 6 zeigt eine große Stimmgabel, an der eine „Schreibzinke" befestigt ist. Wie ist wohl die Spur auf der mit Ruß geschwärzten Glasplatte entstanden? Probiere es selber aus.

2

3

4

5

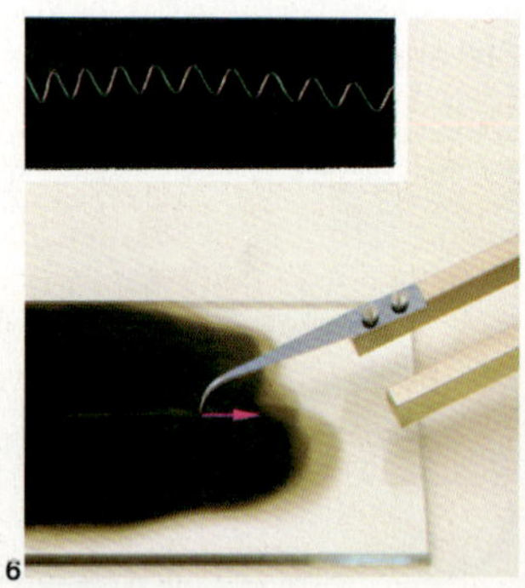

6

374R

Schwingungsbilder

Schallschwingungen kann man mit einem Mikrofon aufnehmen und dann mit einem **Oszilloskop** („Schwingungsbetrachter", Bild 7) sichtbar machen.

Auf dem Bildschirm des Gerätes kann ein Leuchtpunkt eine Spur zeichnen – ähnlich wie die Schreibzinke einer Stimmgabel. Genau wie die Zinke muss auch der Leuchtpunkt von links nach rechts bewegt werden um ein Schwingungsbild zu erhalten (Bilder 8 u. 9).

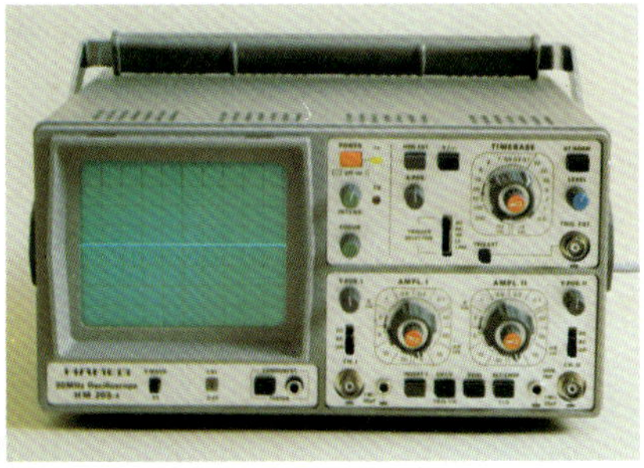
7

Je lauter der Ton ist (je größer also die Amplitude der Schallschwingung ist), desto weiter bewegt sich der Leuchtpunkt nach oben und unten.

Die **Frequenz** lässt sich mit dem Oszilloskop ermitteln. Dazu muss man wissen, in welcher Zeit der Leuchtpunkt einmal über den Bildschirm läuft. Diese Laufzeit lässt sich am Gerät einstellen. Bei Bild 10 betrug die Laufzeit $\frac{1}{10}$ s.

Man muss nur abzählen, wie viele Schwingungen in dieser Zeit aufgezeichnet werden. Eine Schwingung besteht immer aus einem „Berg" und einem „Tal". In Bild 10 sind 6 vollständige Schwingungen zu sehen. 6 Schwingungen in $\frac{1}{10}$ s entsprechen 60 Schwingungen in 1 s. Die Frequenz beträgt also 60 Hz.

Stimmgabeln erzeugen so gleichmäßige Schwingungsbilder wie in Bild 10. Bei Musikinstrumenten sehen sie komplizierter aus. Die Schwingungsbilder einer Flöte und einer Geige unterscheiden sich, auch wenn der gleiche Ton gespielt wird (Bilder 11 u. 12). Deshalb klingen die beiden Instrumente auch unterschiedlich.

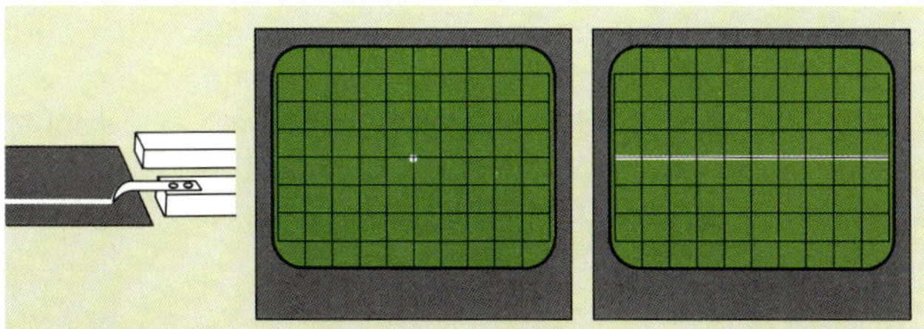
8 Kein Ton: Der Leuchtpunkt wird *nicht* nach oben oder unten abgelenkt. Er steht still oder läuft von links nach rechts.

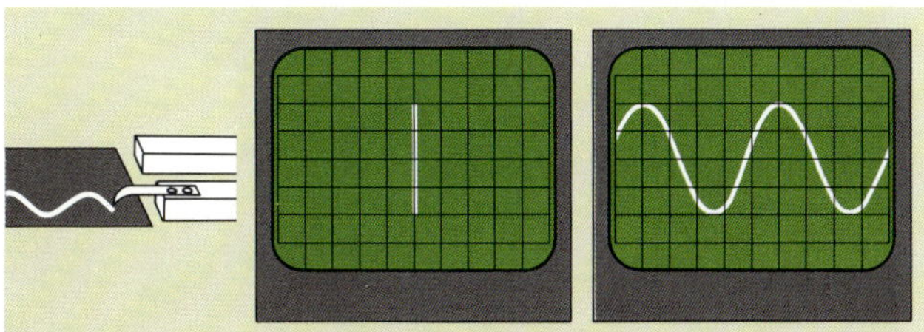
9 Ton einer Stimmgabel: Der Leuchtpunkt wird nach oben und unten abgelenkt. Wenn man ihn zusätzlich nach rechts laufen lässt, entsteht ein Schwingungsbild.

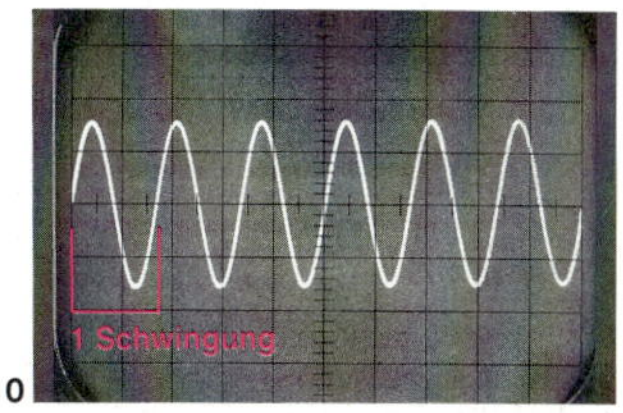

10

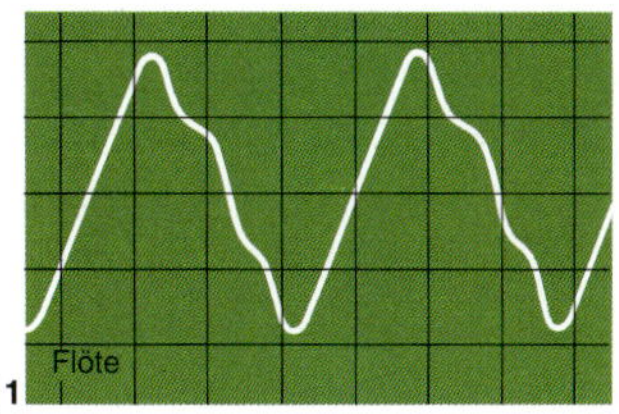

11

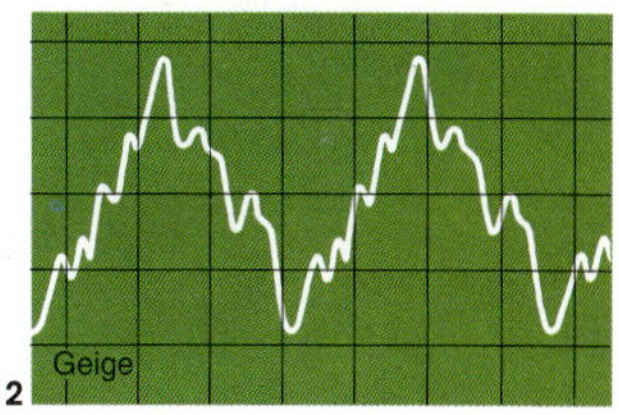

12

Aufgaben

1 Erkläre das Schwingungsbild von Bild 13.

2 Die Bilder 14–17 wurden bei gleicher Laufzeit des Leuchtpunktes aufgenommen. Welches gehört zu einem hohen (tiefen, lauten, leisen) Ton?

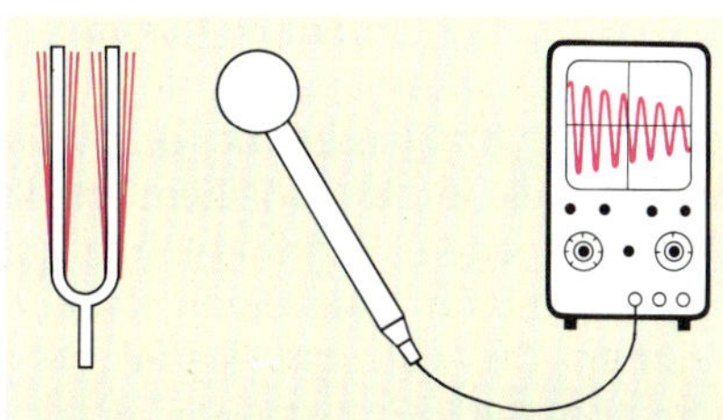
13

3 Sieh dir die „Schallplatte" von Bild 18 an.

Ähnlich wie in Versuch 2 wurde die sich drehende Papierscheibe mit einem Filzstift beschriftet.

Was kannst du über die Frequenz und die Amplitude der Schwingungen 1 bis 7 sagen?

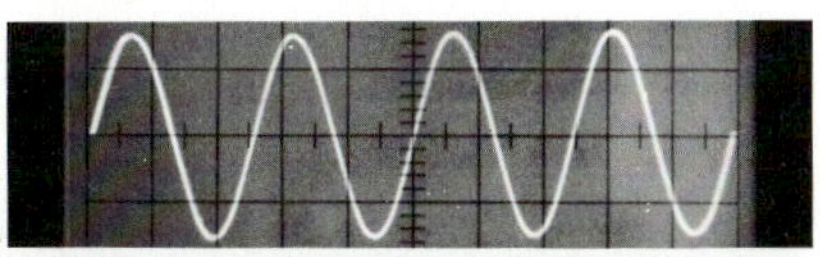
14

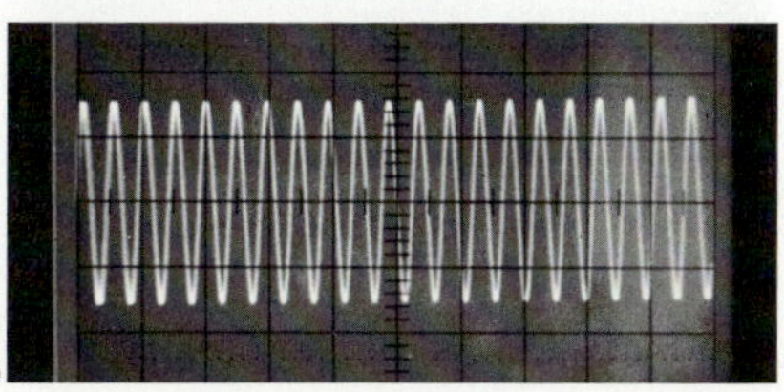
15

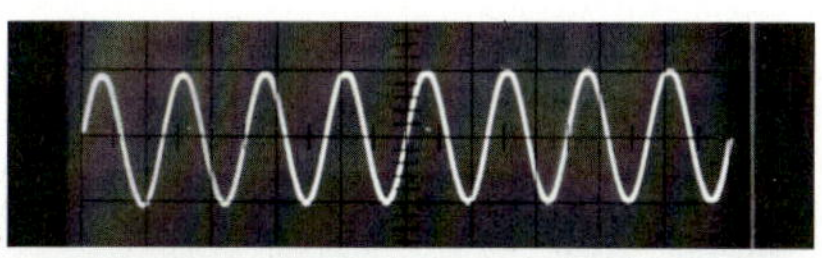
16

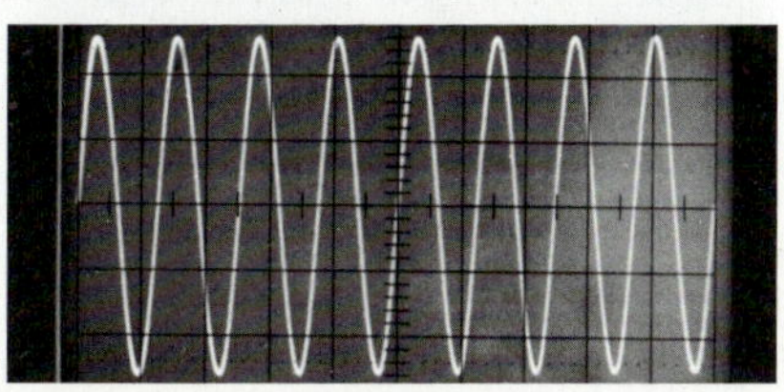
17

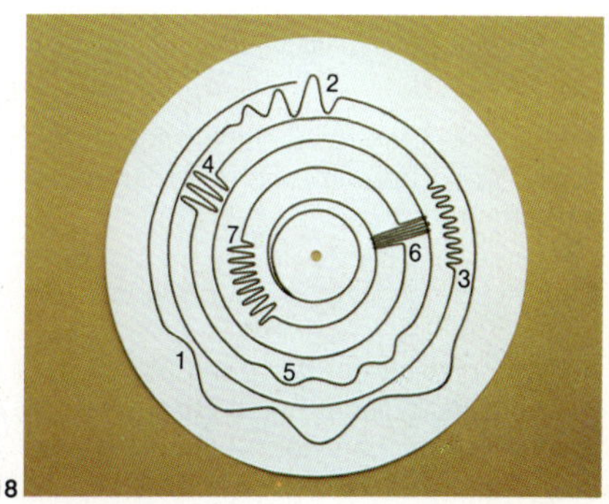

18

2 Schallaufzeichnung in der Technik

Aus der Geschichte: **Vom Phonographen zum Plattenspieler**

Vom Jahr 1878 an baute der Amerikaner *Thomas Alva Edison* „Tonschreiber“, die Schall aufzeichnen und wiedergeben konnten (Bild 1).

Wie Edisons **Phonograph** funktionierte, zeigt Bild 2:

Eine Walze war mit einer dünnen Zinnfolie belegt. Eine Nadel berührte diese Folie. Die Nadel war an einer Membran am Ende eines Schalltrichters befestigt.

Wenn jemand in den Schalltrichter hineinsprach, geriet die Membran zusammen mit der Nadel ins Schwingen. Die Schallschwingungen wurden in Auf- und Abbewegungen der Nadel umgesetzt.

Wenn nun die Walze mit einer Kurbel gleichmäßig gedreht wurde, schnitt die Nadel eine Rille in die Zinnfolie ein. Die Tiefe der Rille änderte sich genau im Rhythmus der Schallschwingungen.

Edisons Phonograph war zunächst nur als Diktiergerät für Büros gedacht. Schon bald wurden die Zinnwalzen durch Walzen ersetzt, die mit Wachs beschichtet waren. Die Tiefe ihrer Spurrillen betrug nur 0,03 mm. Solche Walzen hatten eine Spieldauer von zwei Minuten.

Im Jahr 1887 meldete dann der aus Hannover stammende *Emil Berliner* in Washington (USA) sein **Grammophon** und seine **Schallplatte** zum Patent an (Bild 3).

Auch bei der Grammophonplatte wurde die Tonrille von einer Nadel geschnitten. Die Nadel wurde von einer Membran im Rhythmus der Schallschwingungen bewegt (Bild 4).

Berliners Schallplatten aus Schelllack hatten einen Durchmesser von 17 cm. Sie wurden zuerst nur einseitig bespielt. Ab 1911 gab es 30-cm-Platten, die 4½ Minuten lang liefen (mit 78 Umdrehungen pro Minute).

Zur Tonwiedergabe wurde ebenfalls eine Stahlnadel benutzt. Sie übertrug die in der Schallplattenrille „eingefangenen“ Schwingungen auf eine Membran und einen großen Trichter. Da sich die Nadel sehr schnell abnutzte, musste sie nach jedem Abspielen gegen eine neue ausgewechselt werden.

Später ersetzte man die Stahlnadeln durch Diamanten, die viele hundert Stunden Spieldauer überlebten. Hinzu kamen elektronische Verstärker für nahezu beliebige Lautstärken. Schließlich hat sich die Stereo-Wiedergabe durchgesetzt. Seitdem kann man sogar hören, ob der Sänger auf der rechten oder linken Seite der Bühne gestanden hat. Die rechte Wand der Schallplattenrille hat andere Töne gespeichert als die linke.

1

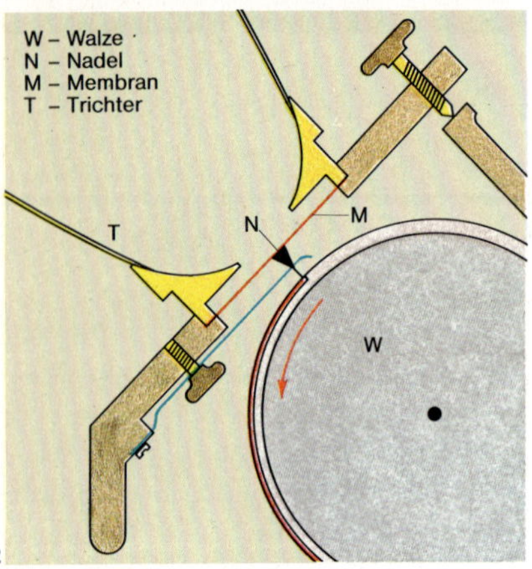

2

3

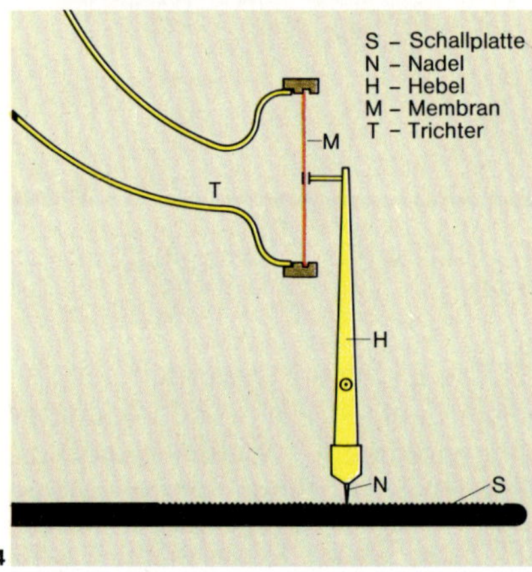

4

Fragen und Aufgaben zum Text

1 Beschreibe, wie die Schallwiedergabe beim Phonographen und beim Grammophon funktionierte.

2 Erkläre den Begriff *Tonabnehmer.*

3 Wie erreichte man beim Phonographen (Bild 2) und beim Grammophon (Bild 4), dass man den Schall in ausreichender Lautstärke hören konnte?

5 Rille einer neuen Schallplatte

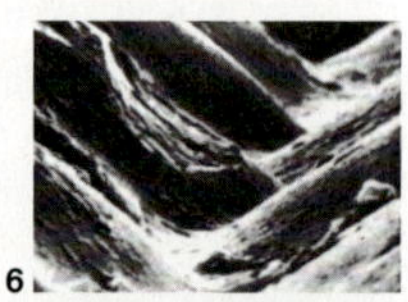
6 Schallplattenrille nach häufigem Abspielen

4 Bild 5 zeigt die Rille einer neuen Schallplatte. In Bild 6 siehst du die Rille einer häufig abgespielten Schallplatte. Wie kommt es zu den Unterschieden? Wie wirken sie sich aus?

5 Die Membranen sind beim Phonographen und beim Grammophon unterschiedlich angeordnet. Daher unterscheiden sich auch die entstehenden Rillen. Welches Gerät zeichnet den Schall in *Tiefenschrift* auf, welches in *Seitenschrift*?

5719R

Aus Umwelt und Technik: **Die CD – Musik aus Nullen und Einsen**

7

Wie die Musik in der Schallplattenrille gespeichert ist, kann man unter dem Mikroskop erkennen: In der rechten und linken Wand der Rille sieht man Spuren, die den Tonschwingungen entsprechen.

Bild 7 zeigt – stark vergrößert – einen Ausschnitt aus einer Kompaktschallplatte (CD, engl. *compact disc*). Du erkennst unterschiedlich geformte Löcher. Die Löcher haben alle die gleiche Tiefe von nur 0,0001 mm. Wie ist in diesem Lochmuster die Musik gespeichert?

Für die Speicherung benutzen die Techniker einen erstaunlichen Trick: Die Schallschwingungen werden in Zahlen umgewandelt, die nur aus Nullen und Einsen bestehen. Du kannst dir diesen Vorgang vereinfacht so vorstellen:

Angenommen Bild 8 zeigt einen Ausschnitt aus dem Schwingungsbild einer Blockflöte. Der Fachmann spricht bei einer solchen Kurve von einem *analogen Signal*.

Die Höhe der Kurve wird nun in gleichen Zeitabständen elektronisch gemessen. Die Messung erfolgt in ganzen Millimetern, Zwischenwerte sind nicht zugelassen. Zum Zeitpunkt A beträgt die Höhe 31 mm, bei B sind es 22 mm …

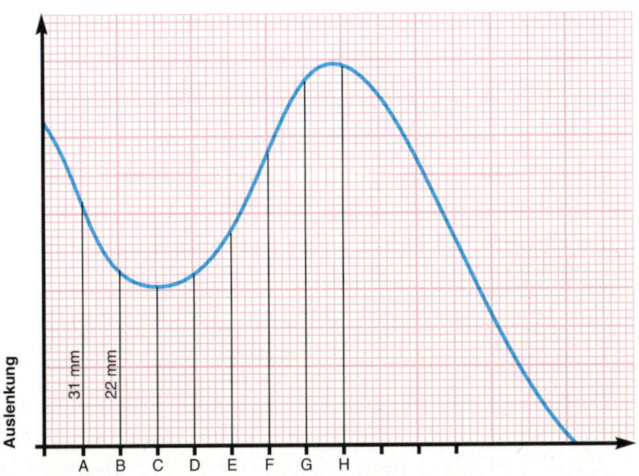

8

Diese (Dezimal-)Zahlen werden in *Dualzahlen* umgewandelt (→ Tabelle): Aus 31 wird die Dualzahl 011111, aus 22 die Dualzahl 010110.

Die Schallschwingung, die mit der Flöte erzeugt wurde, wird so in eine Folge von Nullen und Einsen verwandelt. Die Nullen und Einsen speichert man alle hintereinander auf einer Kunststoffscheibe. Für jede Eins könnte man z. B. ein Loch hineinschneiden, für jede Null kein Loch.

Die Speicherung der Musik auf einer CD ist allerdings komplizierter:

- Die Amplitude der Schallschwingung wird in jeder Sekunde über 44 000-mal gemessen.
- Die Messwerte sind 16-stellige Dualzahlen.
- Diese Messwerte werden – zusammen mit weiteren Informationen – noch weiter verschlüsselt.

Dadurch gibt es beim Abspielen der CD Möglichkeiten zur Fehlerkorrektur. Wenn an leicht verkratzten Stellen Dualzahlen unlesbar sind, berechnet das Abspielgerät die fehlenden Zahlen.

Kompaktschallplatten enthalten auch eine Art Inhaltsverzeichnis mit den Abspielzeiten.

Beim Abspielen tastet ein Laserstrahl von unten die verspiegelte CD ab. Das Gerät „merkt", ob der Strahl ein Loch trifft oder nicht. Aus den Nullen und Einsen dieses *digitalen Signals* wird nun wieder rückwärts die ursprüngliche Schwingungskurve berechnet. Eine entsprechende Schwingung wird erzeugt – und aus dem Lautsprecher erklingt der Flötenton.

Fragen und Aufgaben zum Text

1 Miss die Höhe der Kurve in Bild 8 zu den Zeitpunkten C, D, … H (in Millimeter). Wandle die Zahlen in Dualzahlen um.

2 Wandle die Zahlen 51 und 52 in Dualzahlen um.

3 Nenne die Vorteile von Kompaktschallplatten gegenüber herkömmlichen Schallplatten.

Dezimalzahl	Dualzahl
0	000000
1	000001
2	000010
3	000011
4	000100
5	000101
6	000110
7	000111
8	001000
9	001001
10	001010
11	001011
12	001100
13	001101
14	001110
15	001111
16	010000
17	010001
18	010010
19	010011
20	010100
21	010101
22	010110
23	010111
24	011000
25	011001
26	011010
27	011011
28	011100
29	011101
30	011110
31	011111
32	100000
33	100001
34	100010
35	100011
36	100100
37	100101
38	100110
39	100111
40	101000
41	101001
42	101010
43	101011
44	101100
45	101101
46	101110
47	101111
48	110000
49	110001
50	110010

1 „Power" für die Ohren?

1

Lärmschutz jetzt auch in der Diskothek

9000 Diskotheken haben Sorgen: Das Ende eines „irren Sounds"?

Laute Musik ist eine feine Sache – aber nicht für jeden und vor allem nicht immerzu. Sie kann auch als unangenehm und belästigend empfunden werden, ebenso wie mancher andere Schall in unserer Umgebung. Störenden Schall nennt man *Lärm* – und dauernder Lärm macht krank: Die Adern verengen sich, der Blutdruck steigt, man wird nervös und schläft schlecht.

Wie kann man Lärm bekämpfen? Wie kann man Lärm messen?

V 1 Lege einen läutenden Wecker oder einen eingeschalteten Küchenhandmixer (ohne Knethaken) auf den Tisch. Wie kannst du den Lärm verringern? Welche Hilfsmittel benötigst du für deinen „Lärmschutz"?

V 2 Verschließe den Abfluss eines Waschbeckens. Drehe nun den Wasserhahn so weit auf, dass ein schwacher Strahl ins Becken fließt. Du hörst dann, wie er auf die Wasseroberfläche auftrifft. Halte an die Auftreffstelle einen Schwamm. Was stellst du fest?

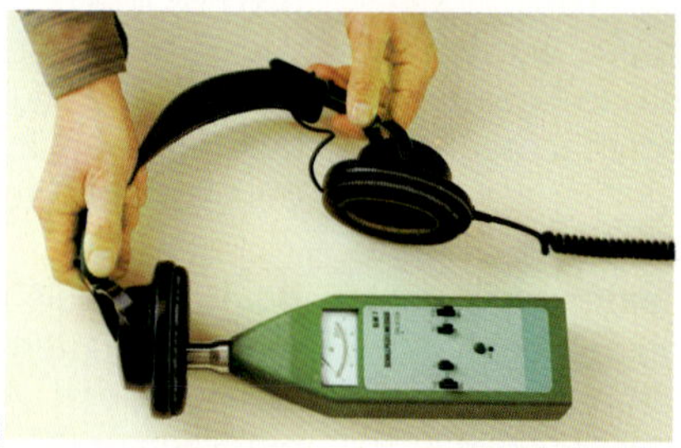

2

V 3 In das Waschbecken füllst du 10 cm hoch Wasser. Gib etwas Geschirrspülmittel hinzu und wirble das Wasser auf, sodass eine Schaumschicht entsteht.

Jetzt schiebst du den Schaumteppich beiseite und lässt auf die freie Wasseroberfläche einen Wasserstrahl plätschern. Schiebe dann den Schaumteppich unter den Wasserstrahl.

Was hörst du jeweils? Erkläre den Unterschied.

V 4 Wir bestimmen mit dem *Schallpegelmesser* die Lautstärke im Klassenraum (im Treppenhaus nach dem Läuten zur Pause, auf dem Schulhof, auf der Straße ...).

V 5 Zwei Mofas oder Mopeds stehen nebeneinander. Beide Motoren laufen im Stand. Welchen Wert zeigt der Schallpegelmesser? Vergleiche ihn mit dem Wert, den er bei einem der Fahrzeuge anzeigt.

V 6 Wie laut hört man die Musik in einem Kopfhörer (Bild 2)? Wir spielen dieselbe Musik über Lautsprecher und messen in 3 m Abstand wieder den Schall.

V 7 In einer offenen Styroporschachtel wird mit einem elektrischen Summer Schall erzeugt (Bild 3). Der Schall wird in unterschiedlichen Abständen gemessen (Tabelle).

Wie laut ist der Summer, wenn die Schachtel mit einem Deckel (aus Pappe, Styropor, Glas) verschlossen wird?

Prüfe nach, ob es *innen* mit Deckel lauter ist.

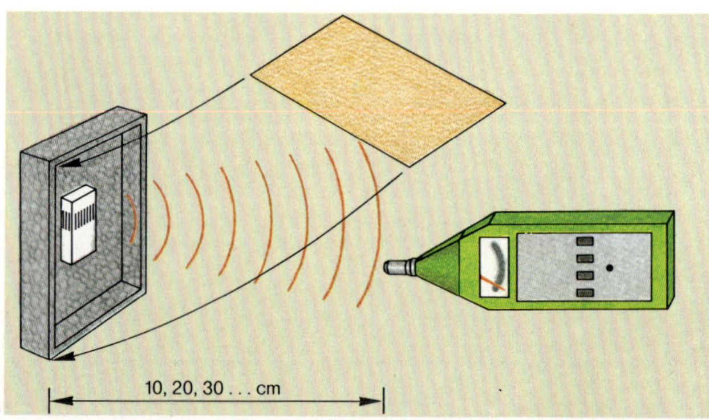

3

5721R

Lärm kann man messen: der Schallpegel

Wie laut ist der Lärm, den die Anwohner in der Nähe einer Autobahn ertragen müssen? Wie viel Lärm macht ein Motorrad? Wie laut ist ein Presslufthammer in 20 m Entfernung zu hören?

Um solche Fragen beantworten zu können, muss man den Schall messen. Dazu benutzt man **Schallpegelmesser**. Solche Geräte verwendet z. B. die Polizei um Lärmsünder zu ermitteln (Bilder 4 u. 5).

Man gibt den Schallpegel in **Dezibel A (dBA)** an. Bei 0 dBA hören wir nichts.

4

Geräusche bis 30 dBA empfinden wir als ruhig. Dauernder Lärm über 85 dBA macht schwerhörig. Die Tabelle unten gibt einen Überblick über Schallpegel.

Bei der Beurteilung von Schallpegelwerten sind zwei Punkte zu beachten:

○ Der Schallpegelmesser zeigt bei einem Rasenmäher z. B. 65 dBA an. Bei zwei Rasenmähern beträgt der Schallpegel aber nicht 130 dBA, sondern nur 68 dBA. *Durch eine zusätzliche gleich laute Schallquelle steigt der Schallpegel immer um 3 dBA an.*

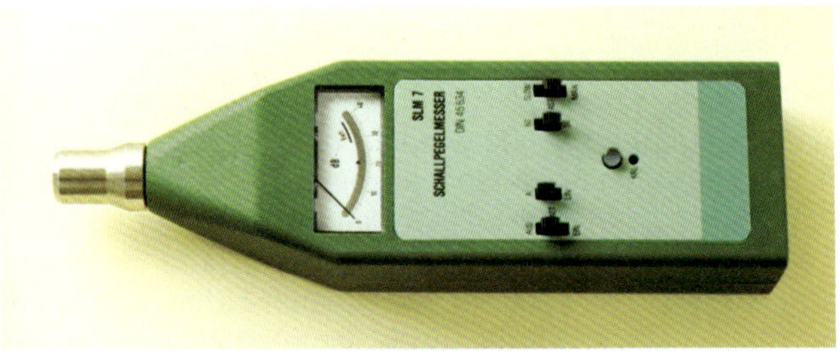

5

○ Von zwei Mopeds geht doppelt so viel Schallenergie aus wie von einem Moped. Trotzdem empfindet unser Ohr die zwei Mopeds nicht als doppelt so laut. Erst bei zehn gleich lauten Fahrzeugen haben wir den Eindruck doppelter Lautstärke (Bild 10).

Doppelte Lautstärke bedeutet, dass der Schallpegel um 10 dBA ansteigt.

Nach unserer Tabelle ist ein Motorrad doppelt so laut wie ein Mofa – es macht also genauso viel Krach wie zehn Mofas zusammen.

Beispiel	dBA	Hörempfindung	
Schmerzgrenze Düsentriebwerk, Rockkonzert Hubschrauber Diskothek, Kompressor	130 120 110 100	„unerträglich“	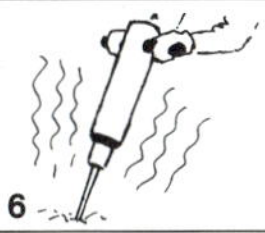 6
laute Fabrikhalle Motorrad, Straßenverkehr lautes Rufen, Mofa	90 80 70	„laut“	 7
Büro Unterhaltung Flüstern	60 50 40	„leise“	 8
Blättergeräusch Taschenuhr Atmen Hörschwelle	30 20 10 0	„ruhig“	 9

10

Aufgaben

1 Wenn dich grelles Licht blendet, kannst du dreierlei dagegen tun:
○ auf die Lichtquelle einwirken (z. B. mit einem Dimmer);
○ auf die Lichtübertragung einwirken (Vorhang vorziehen);
○ auf den Lichtempfänger einwirken (Augen schließen).
Gibt es auch einen vergleichbaren Schutz vor Lärm?

2 „Ein Kompressor (100 dBA) ist so laut wie 1000 Mofas.“ Begründe diese Aussage.

3 Ein bestimmtes Kraftfahrzeug erzeugt beim Fahren einen Schallpegel von 77 dBA. Wie laut sind zwei dieser Fahrzeuge?

4 Zehn Blechpressen bewirken in einer Fabrik einen Schallpegel von 95 dBA. Wie laut ist es, wenn die Hälfte der Maschinen läuft?

5 In Diskotheken sollte – wie in Fabriken – der Schallpegel 85 dBA nicht überschreiten. Wem soll diese Einschränkung nutzen?

6 Welche Vorteile und welche Nachteile hat es, wenn du Musik über einen Kopfhörer statt über Lautsprecherboxen hörst?

7 In Versuch 7 gab der Summer in der geschlossenen Styroporschachtel genauso viel Schallenergie wie in der offenen ab. Mit Deckel war es außen deutlich leiser als ohne.

a) Wo ist der Schall geblieben?

b) Wie lässt sich deine Vermutung nachweisen?

2 Lärmschutz

Aus Umwelt und Technik: **Schall dämmen – Schall dämpfen**

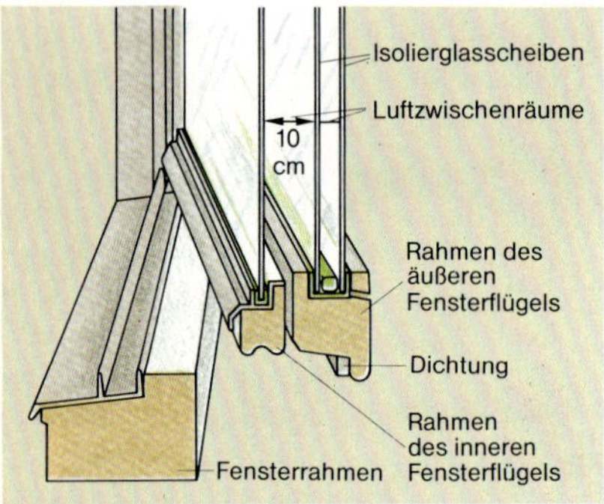

1

2

Stell dir vor, du sitzt im Wohnzimmer und hast eine besonders schwierige Hausaufgabe zu lösen. Das Fenster ist geöffnet und tosender Straßenlärm dringt herein.

Um dich konzentrieren zu können, wirst du in dieser Situation wahrscheinlich das Fenster schließen. Die Fensterscheiben werfen dann (ebenso wie die Mauern des Hauses) einen Teil der auftreffenden Schallwellen zur Straße zurück; so wird der Schall an der Ausbreitung gehindert. Man nennt diese Art von Schallschutz **Schalldämmung**.

Eine Glasscheibe dämmt den Schall schon recht gut. Doch dreimal besser dämmt ihn ein Schallschutzfenster (Bild 1). Ein solches Fenster schützt genauso gut vor Lärm wie 27 cm starkes Mauerwerk!

Harte, schwere und glatte Materialien eignen sich besonders gut zur Schalldämmung. Bild 2 zeigt eine Schallschutzwand aus Betonplatten. Auch Wände aus Stein, Holz oder Glas dämmen den Schall gut.

Eine andere Art des Schallschutzes ist die **Schalldämpfung**.

Bei der Schalldämpfung werden Schallwellen nicht zurückgeworfen, sondern von geeigneten Materialien „verschluckt". Schalldämpfende Materialien müssen eine lockere Oberfläche oder Poren besitzen.

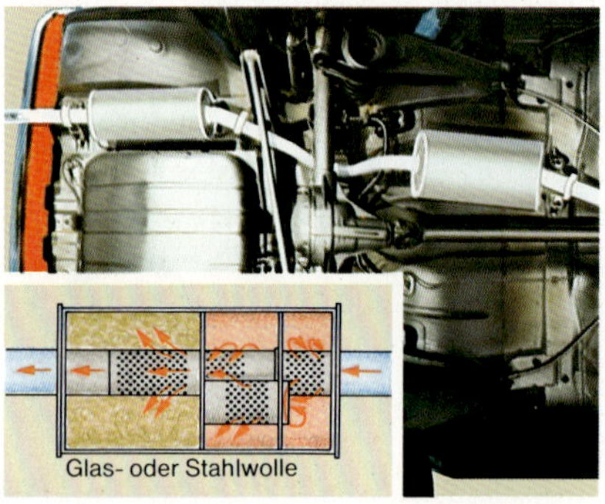

3

Ein Beispiel für dieses Schallschutz-Verfahren ist der Schalldämpfer von einem Auto. Zwischen Motor und Auspuff befinden sich ein oder zwei „Töpfe" (Bild 3) – so bezeichnet der Mechaniker die Schalldämpfer.

Sie bestehen innen aus mehreren Kammern, die mit Glas- oder Stahlwolle gefüllt sind. Die Schallwellen des Motors dringen in alle Ecken dieser Kammern. Sie werden häufig reflektiert und „verlaufen" sich so schließlich in den Poren der Füllung. Die Energie der Schallwellen wird dabei in Wärme umgewandelt und die Lautstärke nimmt deutlich ab.

Bei der Schalldämpfung wird der Schall also nicht nur an der Ausbreitung gehindert, sondern teilweise sogar „vernichtet".

Fragen und Aufgaben zum Text

1 Erkläre den Unterschied zwischen Schalldämmung und Schalldämpfung. Die Bilder 4 u. 5 helfen dir dabei.

2 Mit welchen Materialien kann man den auftreffenden Schall besonders gut dämmen?

Welche Materialien eignen sich zur Schalldämpfung?

3 Der Schalldämpfer eines Autos kann im Laufe der Zeit durchrosten und Löcher bekommen.

Wie wirken sich die Löcher aus?

4 Auspuffrohre und Schalldämpfer sind nicht an der Autokarosserie festgeschraubt, sondern hängen dort an dicken Gummiringen. Welchen Sinn hat diese Art der Befestigung?

4

5

5 Wenn die Motorhaube eines Autos geöffnet ist, hört man das Geräusch des laufenden Motors recht laut.

Bei geschlossener Motorhaube ist das Motorgeräusch erheblich leiser.

Bewirkt die Motorhaube eine Lärmdämmung oder eine Lärmdämpfung? Begründe deine Antwort.

6 In welchen Gegenden sollten unbedingt Schallschutzfenster in die Wohnungen und Häuser eingebaut werden?

7 Sicherlich kennst du auch Lärmschutzwände, die anders als auf Bild 2 aussehen.

Beschreibe diese Wände.

5723R

Aus Umwelt und Technik: **Lärm macht krank**

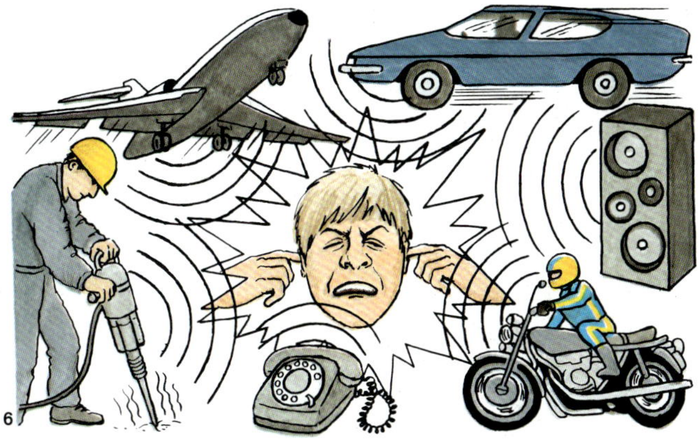

6

Dauernder Lärm macht schwerhörig. Doch dem ganzen Körper drohen durch den Lärm Gefahren! Lärm geht unter die Haut: Die Adern verengen sich, der Blutdruck steigt, man atmet schneller, die Konzentration lässt nach, der Magen schmerzt, man wird nervös und schläft schlecht!

Nur einer von zehn Bundesbürgern wohnt wirklich ruhig. Mehr als die Hälfte fühlt sich durch Lärm (vor allem Verkehrslärm) belästigt. Deshalb gibt es gesetzliche Bestimmungen, die Höchstwerte für den Schallpegel von Fahrzeugen vorschreiben:

Fahrzeug	zulässiger Schallpegel (in Klammern: ab 1996)
Mofa	70 dBA
Moped	72 dBA
Motorrad	84 dBA
Pkw	77 dBA (74 dBA)
Lkw	84 dBA (80 dBA)

Der Schallpegel wird gemessen, während das Fahrzeug in 7,5 m Entfernung vorbeifährt. Die Polizei misst auch den Lärm im Nahbereich von Krafträdern. Die erlaubten Höchstwerte stehen mit dem Zusatz N (Nahmessung) in den Fahrzeugpapieren.

Auch der Autofahrer kann zur Minderung des Verkehrslärms beitragen. Er kann darauf achten, dass die Drehzahl des Motors möglichst niedrig ist. Ein einziger Benzinmotor ist bei 4000 Umdrehungen pro Minute genauso laut wie 32 Motoren, die mit 2000 Umdrehungen pro Minute laufen!

Auch die Geschwindigkeit hat etwas mit Lärm zu tun. Ein Fahrzeug, das mit 140 km/h fährt, ist genauso laut wie vier Fahrzeuge mit 100 km/h.

Manche jugendliche Fahrer glauben, zu leistungsstarken Motoren gehöre dröhnender Lärm. Sie basteln am Auspuff herum, „frisieren" den Motor – und das Ergebnis klingt wie Musik in ihren Ohren. Sie schaden jedoch sich und anderen. Außerdem erlischt durch solche Eingriffe die Betriebserlaubnis für das Fahrzeug. Die Versicherung muss dann bei einem Schaden nicht zahlen.

Höchstwerte für den Schallpegel am Arbeitsplatz sind in der *Unfallverhütungsvorschrift Lärm* festgelegt:

Im Büro eines Kaufhauses darf der Lärm dem eines Mofas entsprechen (70 dBA). In Fabriken darf es so laut sein wie 30 Mofas (85 dBA). Wer 45 Minuten lang Lärm von 90 dBA ertragen muss, dessen Ohren brauchen 48 Stunden um sich zu erholen. Bekommen sie diese „Ruhepause" nicht, entwickelt sich im Laufe der Zeit eine Schwerhörigkeit. Das gilt auch für alle, die den Lärm über Kopfhörer nur für sich selbst machen.

Alles klar?

1 Welche Schallpegelwerte empfinden wir in der Regel als laut, belästigend, schmerzhaft?

2 Wenn es dir zu laut ist, kannst du Watte in die Ohren stecken.

Worauf beruht die Wirkung dieses „Lärmschutzes"?

3 Schaum im Waschbecken dämpft das Geräusch des Wasserstrahls. Bild 7 zeigt den Weg der Schallwellen durch die Schaumbläschen.

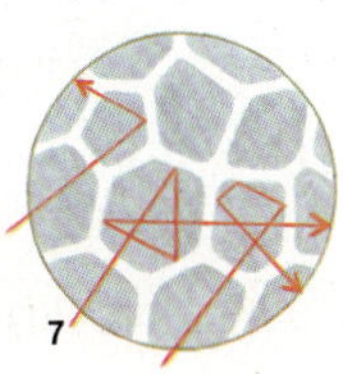

7

Erkläre die Lärmminderung anhand des Bildes.

4 „Ich brauche morgens nicht einmal die Augen aufzuschlagen und weiß doch schon, ob über Nacht Schnee gefallen oder Nebel aufgezogen ist. Das höre ich nämlich."

Erläutere, was gemeint ist.

5 Woran liegt es, dass drei Autos nicht dreimal so laut sind wie ein Auto?

6 Michael wird von seinen Eltern gebeten sein Radio leiser zu stellen. „Das stört euch doch nur, weil ihr noch nicht daran gewöhnt seid", meint er. Wie denkst du darüber?

7 Zähle auf, zu welchen gesundheitlichen Schäden andauernder Lärm oder zu laute Musik führen kann.

8 In Bild 8 siehst du ein Schild. Was sagt es aus?

Wo gibt es solche Schilder?

Welche Vorteile und welche Nachteile hat es, wenn man einen Gehörschützer aufsetzt?

8

Wärmequellen

Wo kommt hier die Wärme her?

1

2

3

4

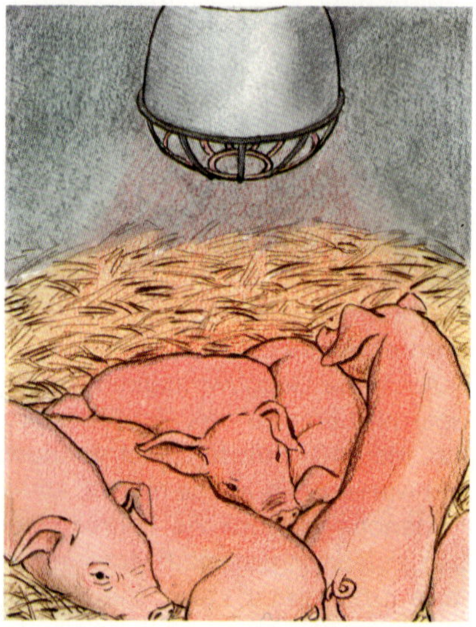
5

6

7

8

9

Aufgaben

1 Versuche zu erklären, was das Wort *Wärmequelle* bedeutet.

2 Welche Wärmequelle spielt in den Bildern 1–9 jeweils eine Rolle?

In den Heizkörper (Bild 3) wird die Wärme *transportiert*. Erläutere.

3 Die Wärmequellen lassen sich in zwei Gruppen einteilen: in Wärmequellen, die *mit* bzw. *ohne* Dazutun des Menschen funktionieren.

Ordne die dargestellten Wärmequellen diesen Gruppen zu.

4 Welche Wärmequellen findest du in eurer Wohnung?

5 Der Sonnenherd von Bild 1 wird bei uns nicht eingesetzt. Warum?

6 Die Eskimos im hohen Norden bauen Schneehäuser *(Iglus)*. Dazu schichten sie Quader aus Schnee aufeinander (Bild 10).

Wenn man sich in einem Iglu aufhält, merkt man, dass es im Innern wärmer ist als draußen – und das ohne Ofen oder Feuer.

Welche Wärmequelle wird im Iglu genutzt?

10

7 Nenne Beispiele, bei denen die Sonne als Wärmequelle dient.

8 Wenn man ganz langsam in den Schacht eines Bergwerks hinabsteigt und dabei ein Thermometer mitnimmt, kann man folgende Beobachtung machen: Nach jeweils ungefähr 30 m zeigt das Thermometer „1 Grad" mehr an.

Woran kann es liegen, dass das Thermometer in tiefen Schächten eine viel höhere Temperatur als an der Erdoberfläche anzeigt?

9 Sieh dir eine nicht zu hell leuchtende Glühlampe an, wenn sie eingeschaltet wird.

Versuche zu erklären, weshalb sie leuchtet.

Woher die Wärme kommt

Zum Heizen brauchen wir **Wärmequellen**: Öfen, Heizkessel oder Gasheizungen. Um Wärme zu erhalten, benötigen wir außerdem *Brennstoffe*: Kohle, Heizöl oder Erdgas.

Erstaunlich ist, dass die frei werdende Wärme ihren Ursprung in der **Sonne** hat:

Braunkohle und Steinkohle bildeten sich aus riesigen Wäldern, die vor langer Zeit in Sümpfen versanken und heute von mächtigen Gesteinsmassen bedeckt sind.

Erdöl und Erdgas sind aus Pflanzen und kleinen Tieren entstanden, die im Meer lebten. Nach dem Absterben sanken diese Lebewesen auf den Meeresboden ab. Dort bildeten sie allmählich eine dicke Schicht aus schwarzem, fauligem Schlamm. Daraus wurden im Laufe der Zeit Erdöl und Erdgas.

Pflanzen und Tiere konnten jedoch nur leben, weil ihnen die Sonne Licht und Wärme spendete. Beim Verbrennen von Kohle, Heizöl oder Erdgas wird diese Wärme wieder frei. Letzten Endes gewinnen wir also heute die Sonnenwärme, die damals aufgenommen wurde, aus den Brennstoffen zurück.

Die in den Bildern 11–13 gezeichneten Wärmequellen müssen an das elektrische Stromnetz angeschlossen werden. Sie sind dann mit einem Elektrizitätswerk verbunden.

In vielen Elektrizitätswerken wird Kohle verbrannt um die riesigen Generatoren (Dynamomaschinen) anzutreiben. Häufig kommt also sogar die Wärme, die uns Elektrogeräte liefern, letztlich von der Sonne.

Der Heizkörper erwärmt die Luft, die Wände und die Gegenstände im Zimmer. Die glühenden Drähte im Haartrockner erwärmen die kalte Luft, die an ihnen vorbeiströmt. Das Wasser im Kessel wird erhitzt, weil die elektrische Heizplatte Wärme abgibt.

Wenn die Luft im Zimmer warm wird, sagt man: Die **Temperatur** der Luft steigt an. Ebenso steigt die Temperatur des Wassers, das im Kessel erhitzt wird.

Allgemein gilt: **Wärmequellen geben Wärme an die Umgebung ab. Dadurch steigt die Temperatur der Umgebung an.**

Fragen und Aufgaben zum Text

1 Welchen Einfluss haben die Wärmequellen auf ihre Umgebung?

2 Wie kann eine kalte Wachskerze zu einer Wärmequelle werden?

3 Drücke folgende Sätze mit Hilfe des Begriffes *Temperatur* aus: „Wenn die Sonne scheint, wird es warm." – „Nach einiger Zeit ist die Suppe kalt." – „Wenn die Heizung ausfällt, wird es kühl."

4 Wärmequellen müssen nicht immer in unserer Nähe sein um uns zu erwärmen. Nenne Beispiele.

11

12

13

Temperaturen und Thermometer

1 Warm oder kalt?

1

Andreas hat vorher heiß geduscht, Bert erst heiß und dann kalt.
Ob das der Grund dafür ist, dass sie so unterschiedlicher Meinung über die Wassertemperatur sind?

Aufgaben

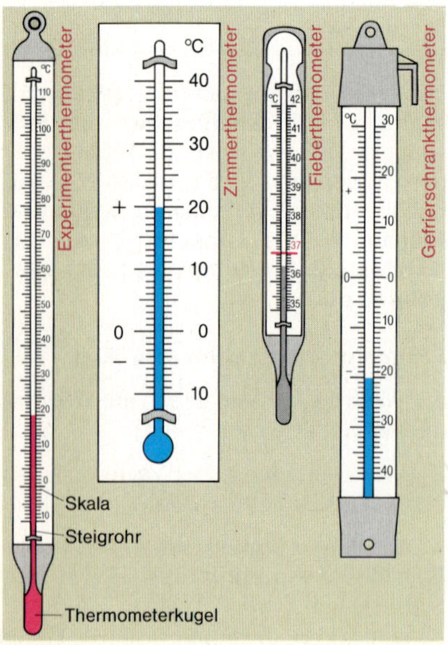

2

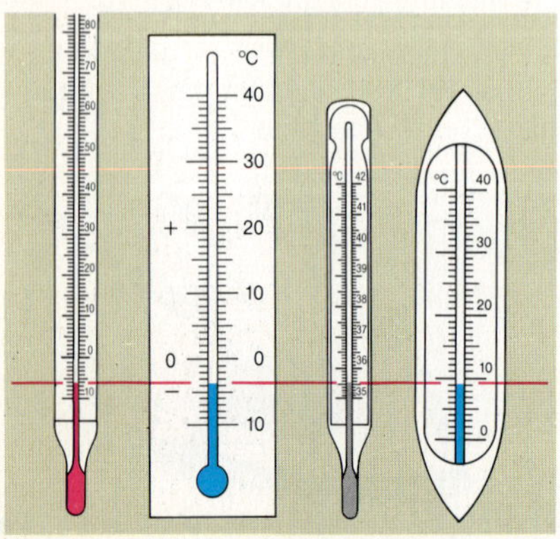
3

1 Welcher der beiden Jungen in Bild 1 ist Bert? Begründe deine Antwort. Plane dazu einen **Versuch**.

2 Es gibt unterschiedliche *Thermometer*, mit denen man *Temperaturen* misst. In Bild 2 siehst du vier *Flüssigkeitsthermometer*.

a) Was ist an den Thermometern gleich, was ist unterschiedlich?

b) Warum reichen drei Skalen bis unterhalb des Nullpunkts?

3 Bei den Thermometern von Bild 3 steht die Thermometerflüssigkeit gleich hoch. Bedeutet das, dass sie die gleiche Temperatur anzeigen?

4 Petra und Frank messen die Temperatur des Erdbodens (Bilder 4 u. 5). Wer von beiden macht es falsch?

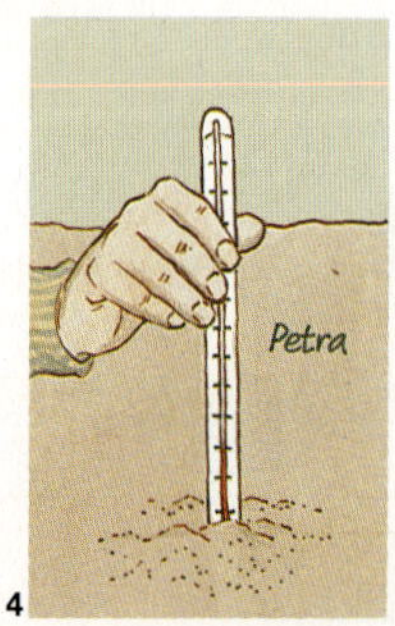

4

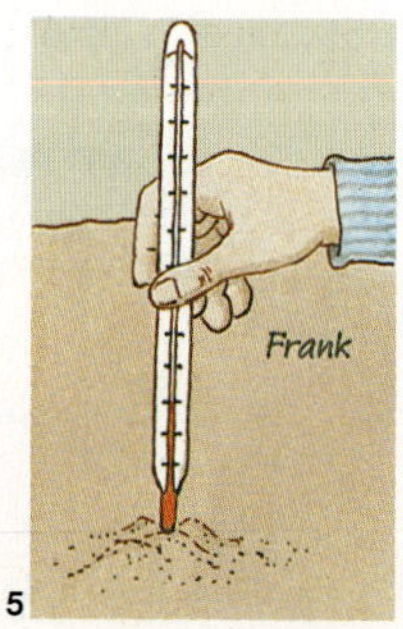

5

5 Weißt du, was das Zeichen „C" bedeutet, das auf unseren Thermometern an der Skala steht?

6 Bei welcher Temperatur wird Wasser zu Eis? Wie heiß ist kochendes (siedendes) Wasser?

7 Beim Messen von Temperaturen sind mehrere Fehler möglich.

So ergeht es Marion, die die Temperatur des Badewassers misst: Sie steckt das Thermometer ganz kurz ins Wasser und liest dann die Temperatur ab (Bild 6).

Was hat sie falsch gemacht?

In Bild 6 erkennst du einen weiteren Fehler, den sie macht.

6

105R

2 Wir messen Temperaturen

V 1 Du kannst beobachten, was im Thermometer geschieht, wenn die Temperatur steigt oder sinkt:

Nimm ein Zimmerthermometer (ohne Quecksilberfüllung!) und lies die Temperatur ab. Berühre dabei aber nicht die Thermometerkugel!

Umschließe dann die Thermometerkugel mit der Hand und beobachte die Flüssigkeit im Steigrohr. Lies die Temperatur erst ab, wenn die Flüssigkeit zur Ruhe gekommen ist.

V 2 Jetzt wird das Thermometer mit einem Haartrockner aus mindestens 50 cm Entfernung angeblasen (Bild 7). Welche Temperatur misst du?

V 3 Bereite Wasser mit einer Temperatur von genau 37 °C (Bild 8).

a) Miss zuerst die Temperatur des heißen, dann die des kalten Wassers.

b) Wie geht es nun weiter? (Mit deinem Wasser musst du auskommen!)

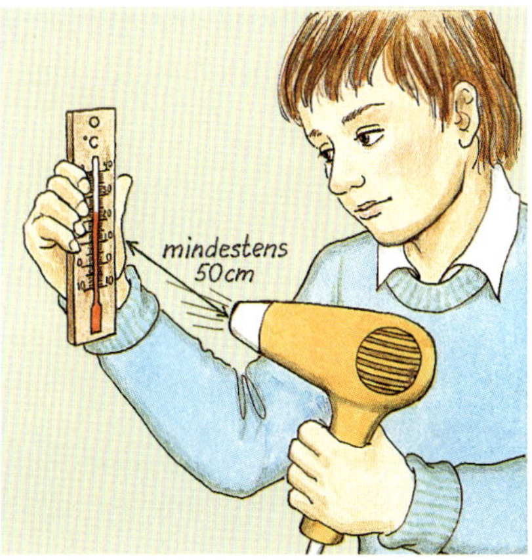

7

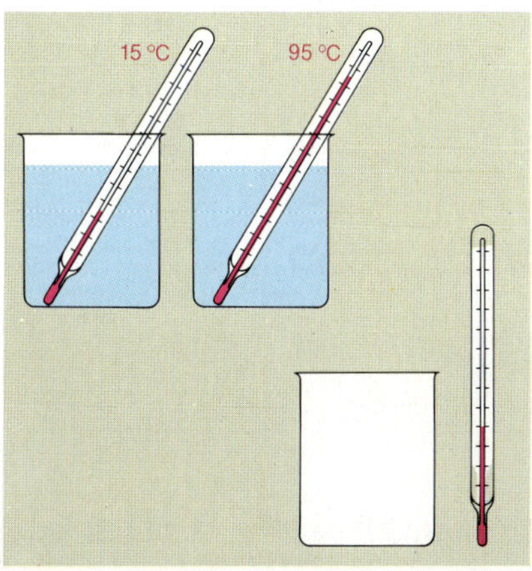

8

V 4 Wenn du eine *Kältemischung* herstellst, kannst du auch niedrigere Temperaturen messen als bisher.

a) Eine Kältemischung besteht aus Eis und Kochsalz. Du erhältst sie, indem du zerstampftes Eis mit Kochsalz vermischst (Bild 9).

Was zeigt das Thermometer an, wenn du es in die Kältemischung steckst?

b) Mit der Kältemischung erreichst du tatsächlich eine Temperatur, wie sie draußen nur im allertiefsten Winter vorkommt.

Tropfe ein wenig Wasser auf den Boden eines umgestülpten Becherglases oder auf eine Glasscheibe. Darauf stellst du für 1 bis 2 Minuten deine Kältemischung (Bild 10).

Was geschieht, wenn du danach das Glas mit der Kältemischung vorsichtig abhebst?

V 5 In diesem Versuch können wir genau verfolgen, wie schnell die Wassertemperatur beim Erwärmen ansteigt. Wir brauchen dafür die in Bild 11 gezeichneten Geräte. (Anstelle des Tauchsieders kann auch ein Gasbrenner eingesetzt werden.)

a) Miss erst einmal nach, welche Temperatur das Wasser hat, wenn der Tauchsieder (Gasbrenner) noch gar nicht eingeschaltet ist.

b) Schalte den Tauchsieder (Gasbrenner) ein. Rühre das Wasser im Becherglas mit einem Glasstab um, damit es sich gleichmäßig erwärmt. Erhitze das Wasser so lange, bis es siedet.

Lies alle 30 Sekunden die Temperatur ab. Trage die Messwerte in eine Tabelle nach folgendem Muster in dein Heft ein:

Messung Nr.	Zeit nach dem Einschalten in s	Wassertemperatur in °C
1	0	?
2	30	?
3	60	?
4	90	?
5	120	?
...	...	...

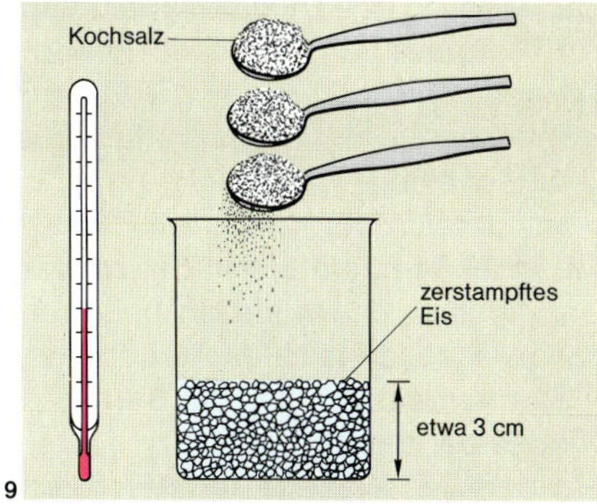

9

10

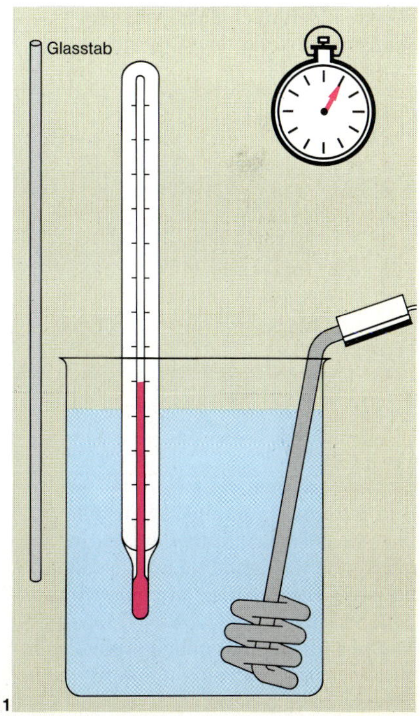

11

Aus Umwelt und Technik: **Vom Temperaturempfinden zum Thermometer**

Der Mensch besitzt ein Sinnesorgan für Temperaturen: die Haut. Temperaturen zwischen etwa 15 °C und 45 °C können wir einigermaßen gut unterscheiden.

Im Bereich der Körpertemperatur ist unser Temperatursinn besonders empfindlich. Eltern stellen bei ihren Kindern sogar leichtes Fieber fest, indem sie einfach nur die Stirn des Kindes berühren.

Hohe und niedrige Temperaturen dagegen nehmen wir nur als warm oder kalt wahr, eventuell fühlen wir zusätzlich einen Schmerz.

Wenn wir einen Gegenstand berühren, vergleichen wir seine Temperatur mit der Temperatur, die wir zuvor wahrgenommen haben.

Dadurch können wir uns leicht täuschen: Ein Gegenstand erscheint uns wärmer, wenn wir vorher einen kalten Gegenstand angefasst haben.

Beim Baden empfinden wir das Wasser eines Sees anfangs oft als kalt, weil wir aus der warmen Luft kommen. Nach einer Weile scheint das Wasser wärmer zu sein.

Um Temperaturen zuverlässig und genau zu bestimmen, verwendet man Thermometer.

An vielen Stellen im Haushalt finden wir *Flüssigkeitsthermometer*, z. B. im Kühlschrank (Bild 1). Als Thermometerflüssigkeit wird Quecksilber oder Alkohol verwendet.

Ein Quecksilberthermometer muss besonders vorsichtig behandelt werden. Wenn es zerbricht, wird nämlich Quecksilber frei, dessen Dampf sehr giftig ist.

Weit verbreitet sind auch *elektronische Thermometer.* Du kennst sicherlich elektronische Fieberthermometer (Bild 2).

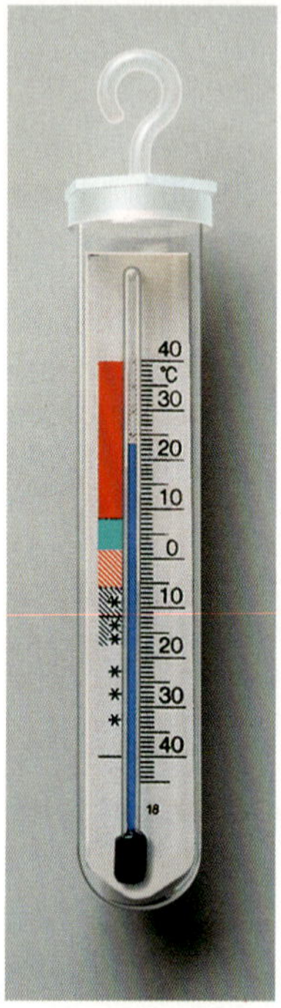

1

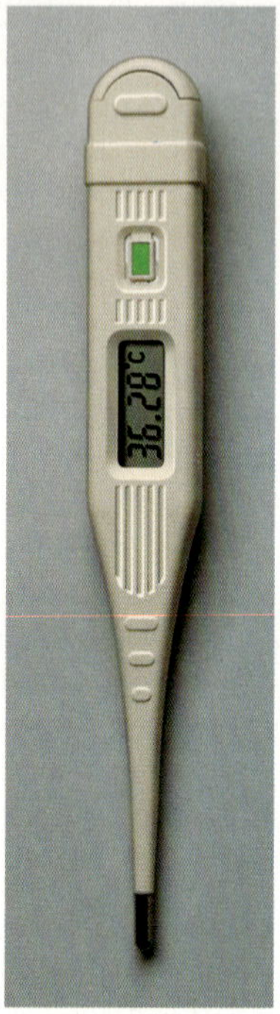

2

Wie man ein Diagramm anfertigt

In einem Versuch wurde Wasser mit einem Tauchsieder erhitzt. Alle 30 s wurde die Temperatur abgelesen. Dabei ergaben sich die folgenden Messwerte:

Messung Nr.	Zeit nach dem Einschalten in s	Wassertemperatur in °C
1	0	16
2	30	24
3	60	37
4	90	49
5	120	58
6	159	68
7	180	77
8	210	86
9	240	94
10	270	97
11	300	98
12	330	98
13	360	97
14	390	98

Bild 3 zeigt eine Möglichkeit, wie man die Messwerte darstellen kann. Die nach oben zeigende Linie bezeichnet man als *Achse.* Sie ist mit einer Temperaturskala versehen. Die gemessenen Temperaturen sind nebeneinander eingetragen, und zwar als „Säulen" wie bei einem Thermometer.

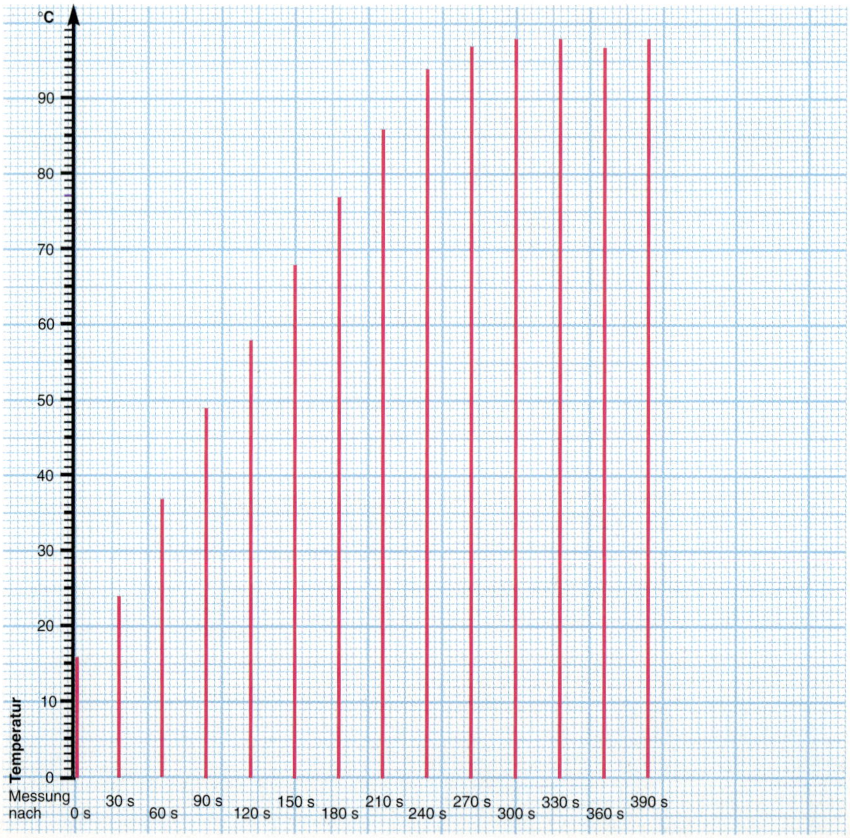

3

5583R

Für die Zeit wird eine nach rechts zeigende Achse gezeichnet (Bild 4).

Eigentlich interessiert nur, wie hoch die Temperatur nach 30 s, 60 s, 90 s, ... war. Es reicht also aus, jeweils die Höhe der Thermometersäule einzuzeichnen.

Zum Beispiel wird senkrecht über der Markierung „90 s" ein Kreuz bei „49 °C" gezeichnet.

In Bild 5 kann man am besten sehen, wie sich die Temperatur im Laufe des Versuchs geändert hat.

Wenn man die einzelnen Punkte verbindet, erhält man eine Zickzackkurve. Für die kleinen „Zacken" sind verschiedene Erklärungen denkbar:

- Das Thermometer hat die Temperatur nicht genau genug angezeigt.
- Es wurde ungenau oder nicht zum richtigen Zeitpunkt abgelesen.
- Vielleicht wurde auch nicht ausreichend umgerührt.

Die Temperaturänderung war sicherlich gleichmäßiger, als es die Zickzackkurve erscheinen lässt.

Berücksichtigt man die Ungenauigkeiten der Messwerte, liegt eine Vermutung über den Temperaturverlauf nahe (rote Kurve):

Im Bereich der ersten sechs oder sieben Messwerte kann man den Temperaturanstieg durch eine gerade Linie darstellen. Ebenso lässt sich bei den letzten vier Messwerten eine gerade Linie zeichnen. Die beiden Linien verbindet man durch eine möglichst „glatte" Kurve – ohne Ecken und Knicke.

Fragen und Aufgaben zum Text

1 Stelle die Messwerte, die du in Versuch 5 erhalten hast, in einem Diagramm dar. Richte dich nach den Bildern 4 u. 5. Zeichne *keine* Zickzackkurve.

2 Im Diagramm kannst du auch Zwischenwerte ablesen, die im Versuch gar nicht gemessen wurden.
a) Lies in Bild 4 ab, wie hoch die Temperatur nach 105 s war.
b) Bestimme aus deinem eigenen Diagramm die Temperatur nach 105 s.

3 Verwende die Tabelle auf der linken Seite. Vergleiche, um wie viel °C die Wassertemperatur innerhalb von jeweils 30 s gestiegen ist. Was fällt dir auf?

4 Auch wenn der Tauchsieder immer weiter heizt, steigt die Wassertemperatur nicht über 98 °C bis 100 °C. Was geschieht bei dieser Temperatur?

5 Welche Vorteile hat deiner Meinung nach ein Diagramm gegenüber einer Tabelle mit Messwerten?

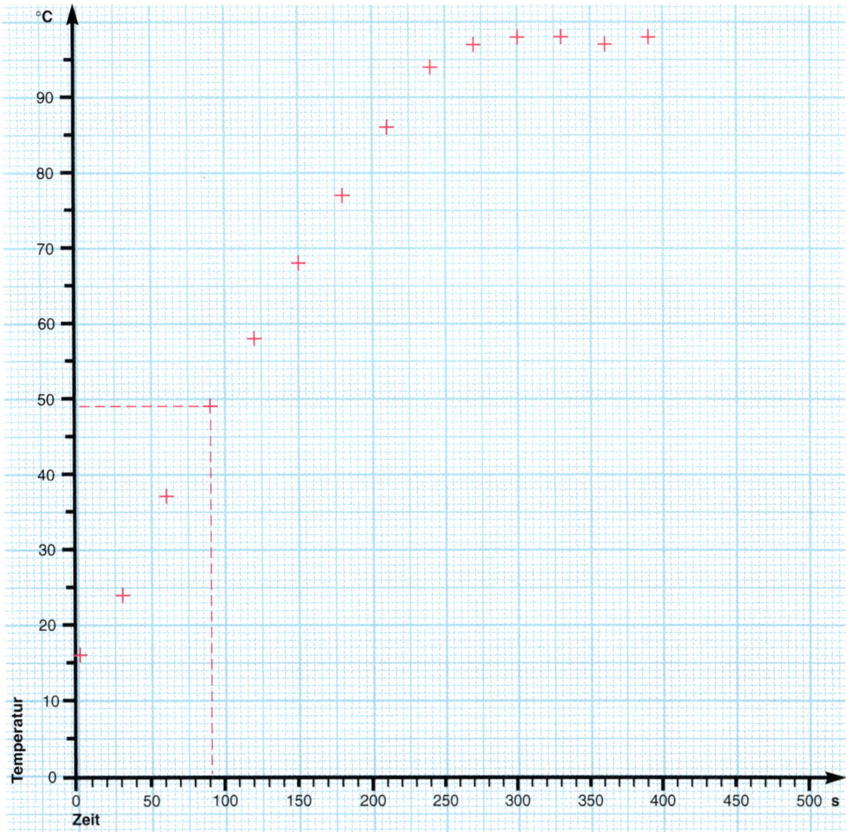

4

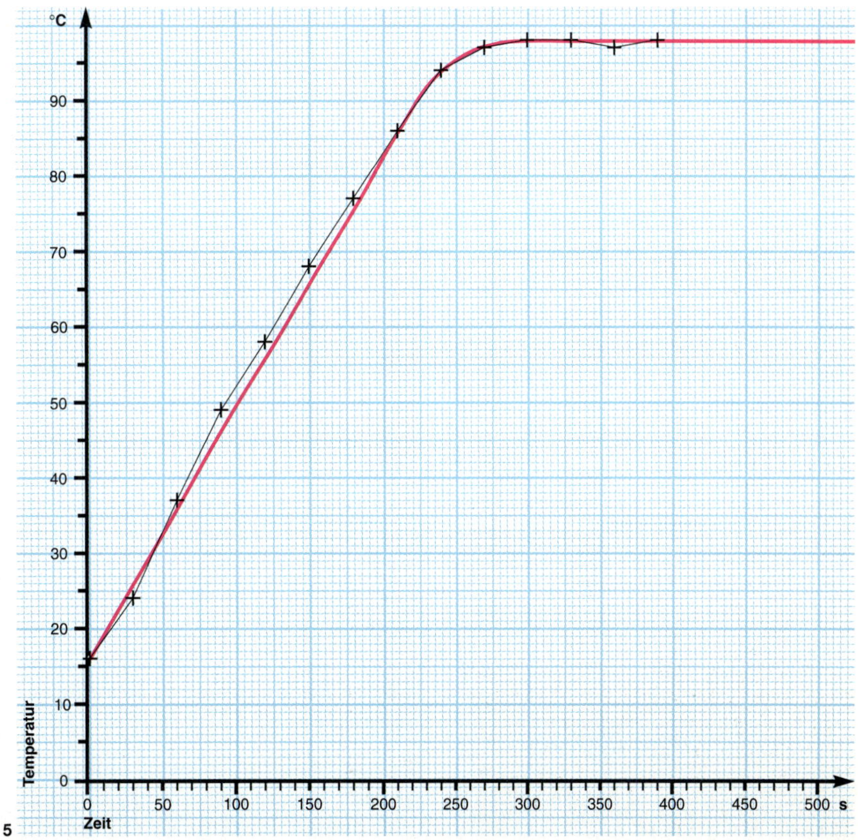

5

3 Farben als Temperaturanzeiger

1

2

3

Dieses Spielzeugauto bringt ein besonderes Kunststück fertig: Es kann seine Farbe wechseln!

Wenn man es zwischen Eiswürfel legt oder in den Kühlschrank stellt, sieht seine Karosserie braun aus.

Die braune Färbung verschwindet, wenn man es einige Zeit in der Hand hält. Das Auto verfärbt sich orangerot.

Wenn das Auto in heißes Wasser getaucht wird, schlägt der Farbton in ein gelbliches Orange um.

Wieder im Kühlschrank, verschwindet die Farbenpracht – das ursprüngliche Dunkelbraun stellt sich ein.

- ○ Wodurch wird der Farbwechsel verursacht?
- ○ Wie kannst du feststellen, ob das Wasser eine Rolle bei der Farbänderung spielt?
- ○ In der Gebrauchsanleitung steht: „Das Auto soll nicht längere Zeit der Sonnenstrahlung ausgesetzt werden." Was kannst du daraus schließen?

V 6 Auch in der Natur gibt es Stoffe, deren Farbe sich beim Erwärmen verändert.

a) Halte ein Stück Schreibpapier über eine Kerzenflamme (Bild 4). Das Papier darf auf keinen Fall verschwelen oder zu brennen beginnen. Es soll sich nur erwärmen.

b) Schneide nun eine Zwiebel durch. Warte, bis das Papier abgekühlt ist, und drücke die Schnittfläche der Zwiebel gegen das Papier (Bild 5). Dabei dringt Zwiebelsaft in das Papier ein.

Was beobachtest du, wenn du das Papier noch einmal über der Kerzenflamme erwärmst?

4

5

V 7 Wir verwenden jetzt einen Thermo-Messstreifen (Bild 6).

Klebe den Messstreifen auf ein Trinkglas. Achte auf den Messstreifen, während warmes Wasser eingefüllt wird.

Du kannst stattdessen auch die Temperatur eines Heizkörpers bestimmen.

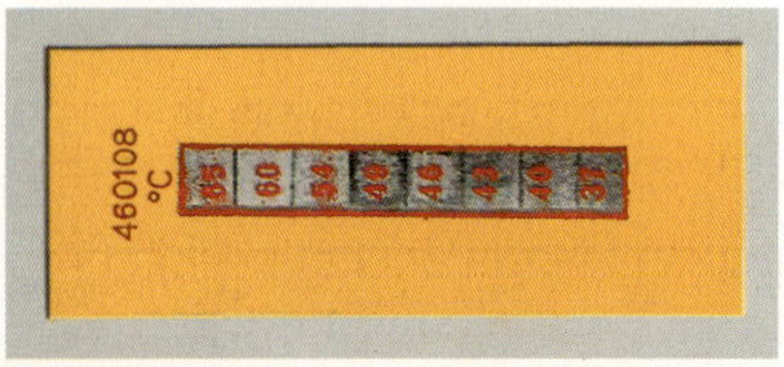

6

V 8 Hohe Temperaturen können wir schätzen.

a) Halte eine Nähnadel mit einer Zange fest. Bringe das andere Ende in den blauen Bereich einer Kerzenflamme. Die Teile der Nadel, die stark erhitzt werden, verfärben sich. Welche Farben beobachtest du? Ordne die Farben nach steigenden Temperaturen.

b) In der Kerzenflamme beginnt die Nadel zu glühen. Welche Farbe nimmt die Nadel an? Mit Hilfe der Tabelle auf der rechten Seite kannst du die Temperatur der Kerzenflamme schätzen.

5585R

Aus Umwelt und Technik: **Glühend heiß**

Welche Temperatur hat glühendes Eisen, das geschmiedet werden soll (Bild 7)? Wie heiß ist die Glasschmelze, die der Glasbläser verarbeitet (Bild 8)? Natürlich lassen sich in diesen Fällen die Temperaturen nicht mit einem Flüssigkeitsthermometer messen. Es geht viel einfacher: Die Farbe eines glühenden Gegenstands hängt von seiner Temperatur ab. Mit der folgenden Tabelle kannst du Temperaturen schätzen:

Farbe	Temperatur
dunkelrot	700 °C
kirschrot	850 °C
hellrot	1000 °C
gelb	1100 °C
weiß	1500 °C

Die Bilder 9 u. 10 zeigen zwei Beispiele, bei denen du Temperaturen auf diese Weise bestimmen kannst:

In einem Walzwerk kühlt glühender Stahl langsam ab (Bild 9).

In Bild 10 siehst du, wie Glasscheiben hergestellt werden. Die Glasschmelze fließt über eine Bank aus feuerfestem Stein und kühlt dabei ebenfalls ab.

7

8

9

10

Aus Umwelt und Technik: **Thermo-Messstreifen im Einsatz**

Start beim Autorennen – lange hat Bernd diesem Augenblick entgegengefiebert. Die Sekunden vor dem Start sind die schlimmsten. Wird alles gut gehen? Vor allem der Motor – wird er den hohen Belastungen standhalten und nicht etwa ausfallen, weil er zu heiß wird?

Ob die Bremsen sicher funktionieren werden? Oder sind sie schon nach wenigen Kurven so heiß, dass sie schließlich versagen?

Haben die Mechaniker das richtige Öl gewählt? Das Getriebe mit seinen schnell laufenden Zahnrädern muss bis zuletzt gut geschmiert bleiben!

Diese Fragen gehen Bernd durch den Kopf, der dieses Rennen durchstehen will. Ähnliche Fragen spielen auch bei der Entwicklung und Erprobung „normaler“ Fahrzeuge eine Rolle. Oft werden daher bei Trainingsrunden und Probeläufen Temperaturen überprüft.

Mit einem Flüssigkeitsthermometer kann man natürlich nicht die Temperatur der Bremsen während der Fahrt messen. Man setzt dazu **Thermo-Messstreifen** ein. Sie enthalten in den einzelnen Abschnitten Stoffe, deren Farbe sich bei einer bestimmten Temperatur ändert. Diese Veränderung bleibt erhalten, auch wenn die Temperatur wieder zurückgeht.

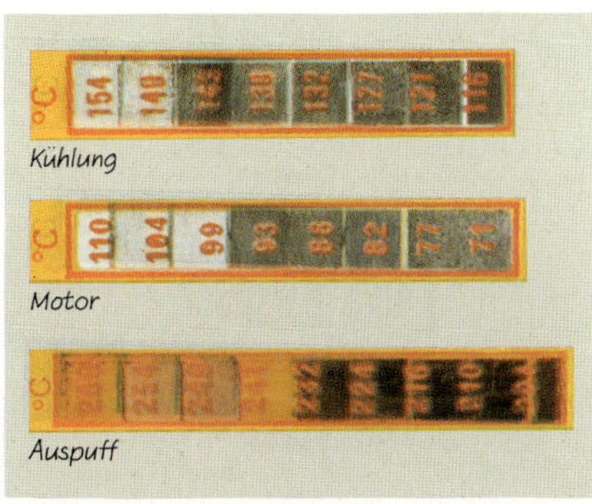

11

Die Thermo-Messstreifen werden vor einem Probelauf z. B. auf bestimmte Stellen des Motors geklebt. Nach dem Probelauf wird an den Thermo-Messstreifen die erreichte Höchsttemperatur abgelesen.

Fragen und Aufgaben zum Text

1 In Bild 11 sind drei Thermo-Messstreifen abgebildet. Welche Temperaturen wurden jeweils erreicht?

2 Nenne Vor- und Nachteile der Temperaturmessung mit Thermo-Messstreifen.

3 Wie genau zeigen die Messstreifen von Bild 11 die Temperatur an? (*Tipp:* Sieh dir die Angaben in den Kästchen an.)

Aus Umwelt und Technik: **Anlassfarben**

Motorräder werden oft auf Hochglanz poliert. Sie sollen wie neu aussehen. Am Auspuff bleibt aber meist eine Verfärbung zurück, die sich auch mit eifrigem Putzen nicht entfernen lässt (Bild 1). Wie kommt es zu dieser Verfärbung?

Wenn der Motor läuft, wird der Auspuff sehr heiß. Bei hohen Temperaturen bildet sich ein hauchdünner Belag, der zu der Verfärbung führt. Welche Farbe zu sehen ist, hängt von der erreichten Temperatur ab. Beim Abkühlen verändert sich der Belag nicht mehr. Die Farben nennt man **Anlassfarben**.

Das *Anlassen* ist ein Vorgang bei der Herstellung von Meißeln, Sägeblättern, Uhrfedern und anderen Stahlerzeugnissen: Der Stahl wird auf eine bestimmte Temperatur erhitzt und dann mit kaltem Wasser abgeschreckt. Dadurch werden die Eigenschaften des Stahls verbessert.

Beim Anlassen verfärbt sich der Stahl. Anhand der Farbe lässt sich sogar beurteilen, ob der Stahl die richtige Temperatur erreicht hat. Bild 2 zeigt angelassene Gegenstände.

Anlassfarbe	Temperatur
weißgelb	200 °C
braunrot	250 °C
blau	300 °C
blaugrau	340 °C
grau	360 °C

1

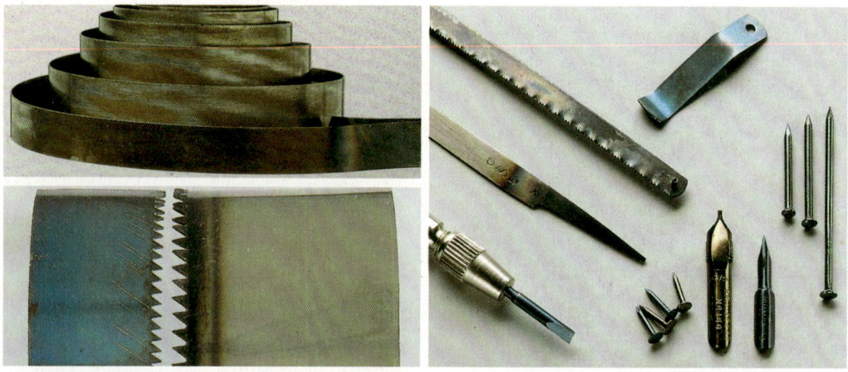
2

Alles klar?

1 Wir sind mit einem Temperatursinn ausgestattet. Warum ist es trotzdem gut, dass wir Thermometer haben?

2 Welche Temperatur ist auf der Skala des Fieberthermometers rot eingetragen? Warum wurde sie gekennzeichnet?

3 Jochen hat Fieber; seine Körpertemperatur beträgt 38,7 °C. Wie hoch liegt sie über der Normaltemperatur?

4 „Heute Nacht hatten wir eine Temperatur von −12 °C", sagt Dirk. „Das ist falsch", behauptet Karin, „wir hatten 12 Grad unter null!" Wer hat Recht?

5 Die Lufttemperatur sinkt von 8,5 °C auf −9,6 °C. Wie groß ist der „Temperatursturz"?

6 In Bild 3 siehst du ein „Farbthermometer". Beschreibe, wie es Temperaturen anzeigt.

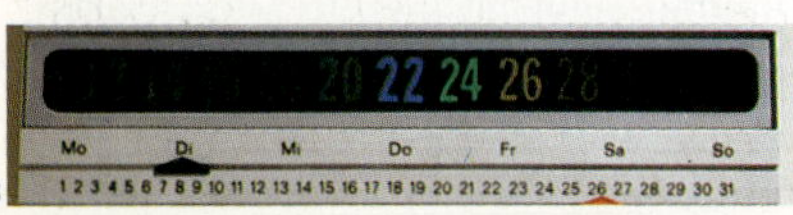

3

4

7 In Bild 4 ist das „Farbthermometer" auf einen Stahlstreifen geklebt.

Welche Vorteile hat es gegenüber einem Flüssigkeitsthermometer?

8 Porzellan wird bei ungefähr 1400 °C gebrannt. Die Temperatur im Brennofen überwacht man mit *Seger-Kegeln* aus Ton (Bild 5). Von ihrer Zusammensetzung hängt es ab, bei welcher Temperatur sie umsinken. Für den Bereich von 600 °C bis 2000 °C gibt es 64 verschiedene Kegel.

Welche Eigenschaft der Seger-Kegel wird zur Temperaturanzeige genutzt?

Welche Vor- und Nachteile haben die Seger-Kegel gegenüber Thermometern?

5

5587R

4 Zusammenfassung

Temperaturen

Die Temperatur gibt an, wie warm oder kalt ein Gegenstand (Körper) ist.

Wie das Meter die Einheit der Länge ist, so ist das **Grad Celsius (°C)** die Einheit der Temperatur.

Beispiele für Temperaturen:

Körpertemperatur eines gesunden Menschen	ca. 37 °C
Temperatur, die ohne Schmerz gerade noch ertragen werden kann	45 °C
Temperatur, bei der Wasser siedet (in Meereshöhe)	100 °C
höchste auf der Erde gemessene Lufttemperatur	59 °C
tiefste auf der Erde gemessene Lufttemperatur	−88 °C
Temperatur der Mondoberfläche bei Tag	150 °C
Temperatur der Mondoberfläche bei Nacht	−150 °C

Unser Temperatursinn

6

Wir können Temperaturen zwischen 15 °C und 45 °C recht gut unterscheiden.

Unser Temperatursinn kann aber auch trügen:

Lauwarmes Wasser empfindet man als kalt, wenn die Hand vorher in warmes Wasser gehalten wurde. Dasselbe Wasser empfindet man als warm, wenn die Hand aus dem kalten Wasser kommt.

7

Thermometer

Um Temperaturen zuverlässig und genau zu messen, verwendet man Thermometer.

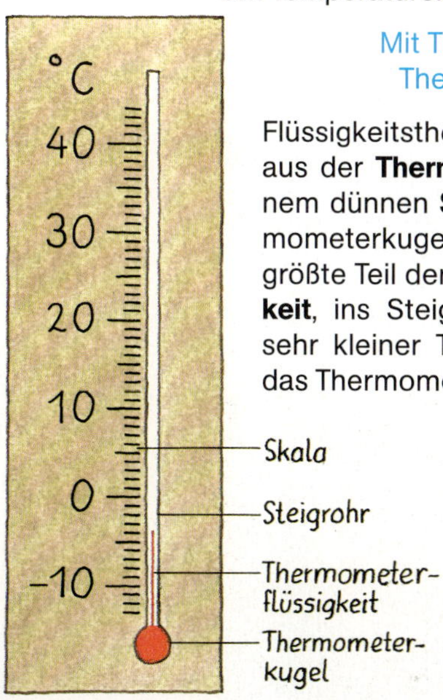

8

Mit Thermometern misst man die Temperatur von Körpern.
Thermometer geben die Temperatur in Grad Celsius an.

Flüssigkeitsthermometer bestehen aus der **Thermometerkugel** und einem dünnen **Steigrohr**. In der Thermometerkugel befindet sich der größte Teil der **Thermometerflüssigkeit**, ins Steigrohr gelangt nur ein sehr kleiner Teil. Außerdem besitzt das Thermometer eine **Skala**.

Wenn du z. B. die Temperatur in einem Glas Wasser misst, muss die ganze Thermometerkugel Kontakt mit dem Wasser haben. Die Temperatur wird erst abgelesen, wenn sich die Thermometerflüssigkeit im Steigrohr nicht mehr bewegt. Am genauesten liest du in Augenhöhe ab.

9

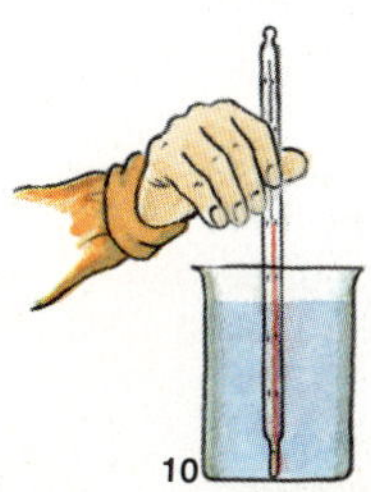
10

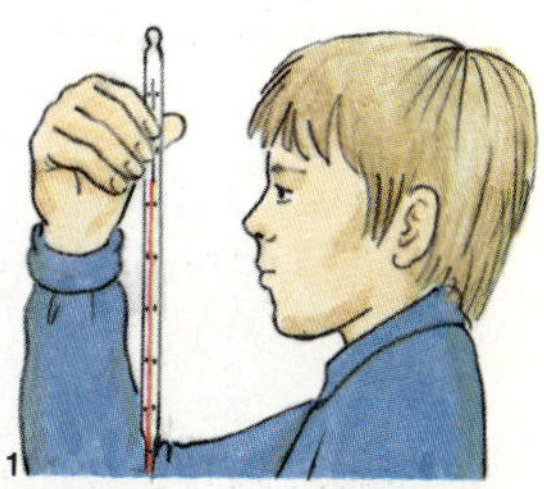
11

1 Ein Großbrand wurde verhindert

Brand im Möbellager

In der Nacht von Montag zum Dienstag brach gegen 3 Uhr morgens bei Möbel-Hartmann ein Schwelbrand aus. Trotz starker Rauchentwicklung wurde er erst spät bemerkt.

Als schließlich die automatische Berieselungsanlage (Sprinkleranlage) einsetzte, wurde auch der Nachtwächter des Gebäudes aufmerksam. Er alarmierte sofort die Feuerwehr.

Die Feuerwehrleute brauchten jedoch nur noch mit dem Handlöscher einzugreifen. Der Brandherd war bereits durch die Berieselungsanlage gelöscht worden.

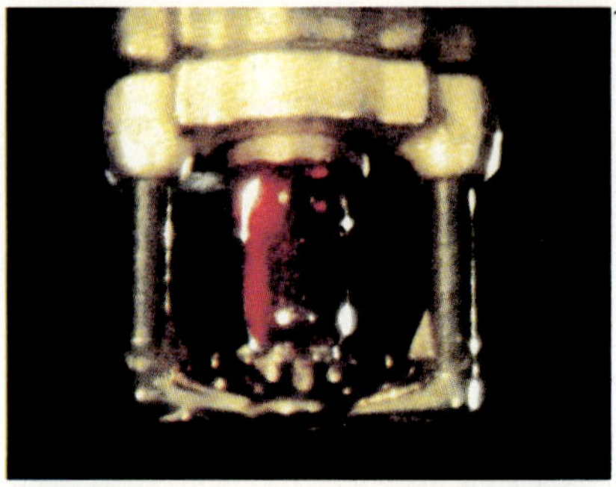
1

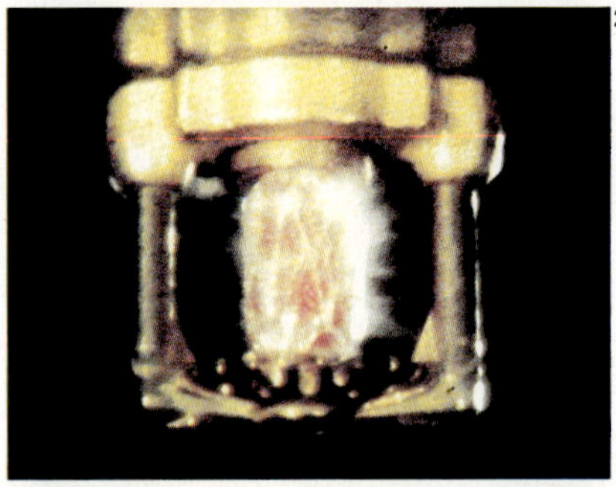
2

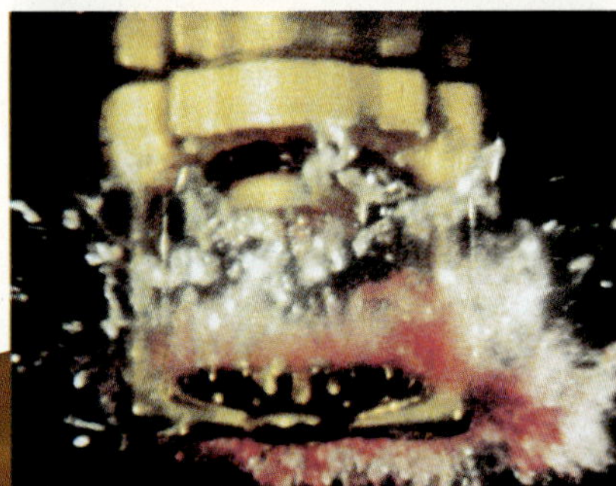
3

4

Wie ist es möglich, dass die Berieselungsanlage in Tätigkeit tritt, ohne von jemandem eingeschaltet zu werden? (Das Wort „Sprengflüssigkeit“ in Bild 5 gibt darauf einen Hinweis.)

5

113R

V 1 Fülle eine Getränkedose mit Wasser. Das Wasser soll gerade bis zum Trinkloch reichen. Trockne den Deckel der Dose mit einem Tuch ab.

Stelle dann die Dose in einen Topf mit heißem Wasser. Was beobachtest du, wenn sich das Wasser in der Dose erwärmt?

V 2 Wir untersuchen, wie sich Wasser beim Erwärmen verhält. Die Bilder 6–8 zeigen den Versuchsablauf.

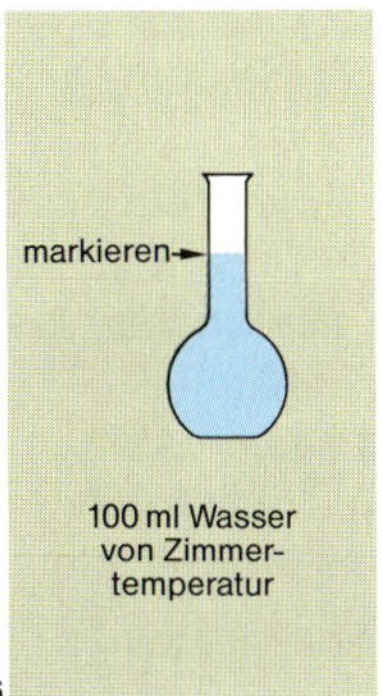

6

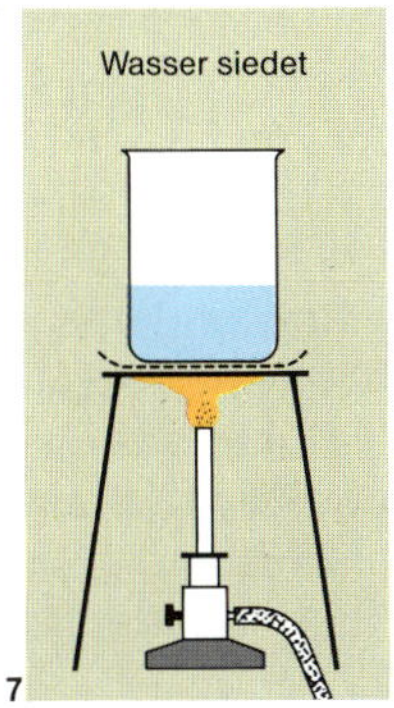

7

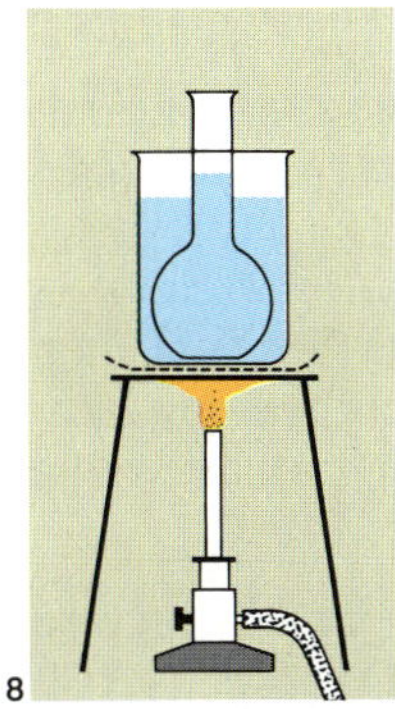

8

a) Beschreibe, wie der Versuch ablaufen soll, und führe ihn durch. Was beobachtest du?

b) Man kann den Versuchsaufbau verbessern, damit man ein deutlicheres Ergebnis erhält. Wie könnte der Aufbau aussehen?

Tipp: Denke an die Form des Thermometers.

V 3 Den Aufbau für diesen Versuch siehst du in Bild 9.

a) Was soll mit diesem Aufbau untersucht werden?

b) Beschreibe die Versuchsdurchführung.

Begründe auch, warum die drei Flüssigkeiten nicht einzeln, sondern gemeinsam in einem Wasserbad erhitzt werden.

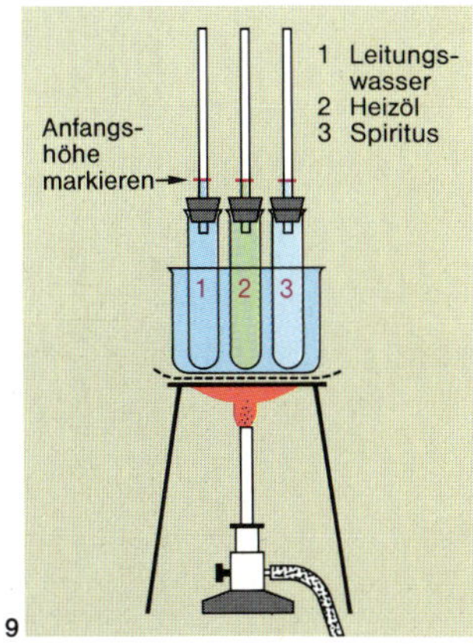

9

Aufgaben

1 Wie verhält sich eine Flüssigkeit beim Erwärmen und beim Abkühlen?

2 Was lässt sich aus der Tabelle unten ablesen?

Die Werte aus der Tabelle sind in Bild 10 zeichnerisch dargestellt. Vergleiche die Ausdehnung der Flüssigkeiten.

3 Wenn der Kolben von Bild 6 erwärmt wird, ist das Ansteigen des Wassers kaum zu bemerken.

Dagegen steigt die Flüssigkeit beim Erwärmen deutlich an, wenn man den Kolben mit einem Stopfen und einem Steigrohr versieht.

Wie erklärst du den stärkeren Anstieg?

Ausdehnung bei Erwärmung um 1 °C

Flüssigkeit	Ausdehnung der Flüssigkeit um
1 Liter Wasser	0,2 ml (ca. 4 Tropfen)
1 Liter Quecksilber	0,2 ml (ca. 4 Tropfen)
1 Liter Glycerin	0,5 ml (ca. 10 Tropfen)
1 Liter Heizöl	0,9 ml (ca. 18 Tropfen)
1 Liter Alkohol	1,1 ml (ca. 22 Tropfen)
1 Liter Benzin	1,1 ml (ca. 22 Tropfen)

1 Liter = 1000 Milliliter (ml) ≈ 20 000 Tropfen
1 Milliliter (ml) ≈ 20 Tropfen

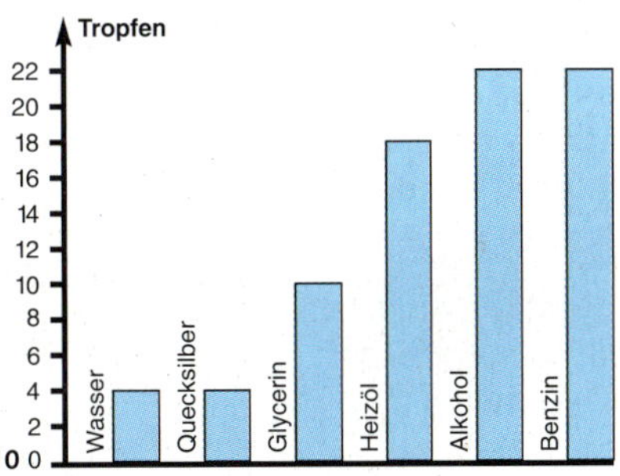

10

Aus Umwelt und Technik: **Wie eine Sprinkleranlage funktioniert**

Viele Lagerräume, Theatersäle und Kaufhäuser sind mit automatischen Löschanlagen ausgerüstet.

An der Decke sind Löschwasserleitungen angebracht. Die Leitungen gehen von einem hochgelegenen Löschwassertank aus und sind mit Wasser gefüllt. Sie enden in Sprüheinrichtungen, den *Sprinklern* (Bild 5).

Die Wasserrohre sind im Sprinkler durch bauchige Glasröhrchen verschlossen. In diesen Röhrchen befindet sich die Sprengflüssigkeit.

Im Falle eines Brandes steigt die Lufttemperatur an – vor allem unter der Decke über dem Brandherd. Auch die Sprengflüssigkeit in den Röhrchen erwärmt sich und dehnt sich aus. Die Flüssigkeit sprengt dann das Glasgefäß und gibt so den Weg für das Löschwasser frei.

Ein dicker Wasserstrahl trifft nun auf die sternförmige Metallplatte des Sprinklers. Er verwandelt sich dadurch in sprühenden Regen, der das Feuer eindämmt oder sogar löscht.

2 Thermometerskala und Fixpunkte

Die wichtigsten Teile eines Thermometers sind in Bild 1 benannt.

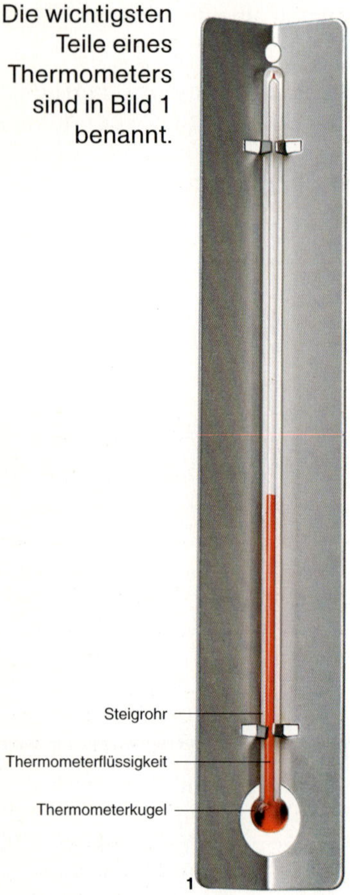

1

Die Funktionsweise des Thermometers können wir schon erklären:

- Warum steigt die Thermometerflüssigkeit, wenn die Temperatur zunimmt?
- Weshalb sinkt sie bei abnehmender Temperatur?

Das Thermometer von Bild 1 soll mit einer Skala versehen werden. Wie würdest du vorgehen?

V 4 Die Skala eines Thermometers kann man nicht einfach in Millimeter unterteilen:

Miss bei einem Zimmer- und einem Fieberthermometer, wie groß der Abstand zwischen den Markierungen für 35 °C und 36 °C ist.

Überprüfe auch, ob die Abstände von Grad zu Grad auf den einzelnen Skalen gleich groß sind.

V 5 Um die Thermometerskala festzulegen, benötigt man kein anderes Thermometer.

Vielmehr macht man sich zunutze, dass ganz bestimmte Temperaturen immer wieder erreicht werden können. Eine dieser Temperaturen ist die *Siedetemperatur von Wasser.*

a) Ein Thermometer ohne Skala wird in ein Becherglas mit Wasser gestellt (Bild 2). Erhitze dann das Wasser und lass es eine Weile sieden. Beobachte die Thermometerflüssigkeit.

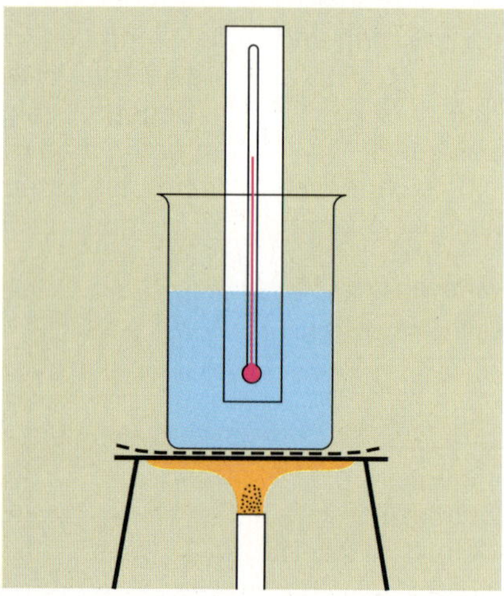
2

b) Markiere, wo die Thermometerflüssigkeit steht, wenn das Wasser siedet.

c) Ob sich die Temperatur des siedenden Wassers nicht noch steigern lässt? Versuche es mit einem zusätzlichen Brenner.

V 6 Für die Festlegung der Thermometerskala verwendet man als zweite Temperatur die *Schmelztemperatur von Eis.*

Fülle zerkleinerte Eiswürfel in ein Becherglas. Stelle das Thermometer hinein und erwärme das Becherglas mit nicht allzu großer Flamme.

Rühre das Eis und das entstehende Schmelzwasser mit einem Glasstab ständig um. (Nicht mit dem Thermometer rühren!)

a) Achte darauf, ob die Eistemperatur ansteigt, sobald das Becherglas erwärmt wird.

b) Markiere den Stand der Thermometerflüssigkeit, während das Eis schmilzt.

c) Wann steigt die Temperatur im Becherglas an?

V 7 Die Schmelztemperatur von Eis wird mit 0 °C bezeichnet, die Siedetemperatur von Wasser mit 100 °C.

a) Überlege, wie du die Skala weiter unterteilen kannst.

b) Überprüfe, ob deine Thermometerskala stimmt. Vergleiche dazu die Anzeige mit der eines anderen Thermometers.

Aufgaben

1 Beschreibe, wie man ein Thermometer mit einer Celsiusskala versehen kann.

2 Erläutere, was man unter *Fixpunkten* versteht.

Warum hat man gerade die Schmelztemperatur von Eis und die Siedetemperatur von Wasser als Fixpunkte gewählt?

3 In Nordamerika wird bis heute noch die Fahrenheitskala benutzt. Allmählich geht man aber auch dort zur Celsiusskala über. Man spricht jedoch nicht von Grad Celsius, sondern von *centigrad.* Erläutere diese Bezeichnung.

4 Die Tabelle der Schmelz- und Siedetemperaturen (→ Anhang) sagt aus, dass Spiritus bei 78 °C siedet. Plane einen **Versuch**, mit dem man diese Angabe überprüfen könnte. (*Achtung*, Spiritus ist feuergefährlich. Keine offene Flamme benutzen!)

5 Warum sind Hautverbrennungen durch siedendes Fett viel schlimmer, als wenn man sich mit siedendem Wasser verbrüht?

5590R

Aus der Geschichte: **Fahrenheit und Celsius**

3

Bild 3 zeigt ein Thermometer, das vor 300 Jahren in der norditalienischen Stadt Florenz hergestellt wurde. Die kunstvolle Glaskrone entspricht der Thermometerkugel. Sie ist mit Alkohol gefüllt. Das schlanke Steigrohr hat eine Länge von fast einem Meter und stellt – mit seinen aufgeschmolzenen 420 Perlen – die Skala dar. Natürlich war ein solches Thermometer sehr unhandlich und zerbrechlich. Man kam deshalb auf den Gedanken, das dünne Röhrchen zu einer Wendel aufzuwickeln (Bild 4).

All diese Thermometer hatten aber einen entscheidenden Nachteil: Die Steigrohre waren unterschiedlich dick und die Skalen verschieden geteilt. Bei gleicher Temperatur zeigten sie daher unterschiedliche Werte an!

Ein Messwert hätte nicht ausgereicht um z. B. von einer Reise die Lufttemperatur mitzuteilen. Man hätte auch das Thermometer mitschicken müssen!

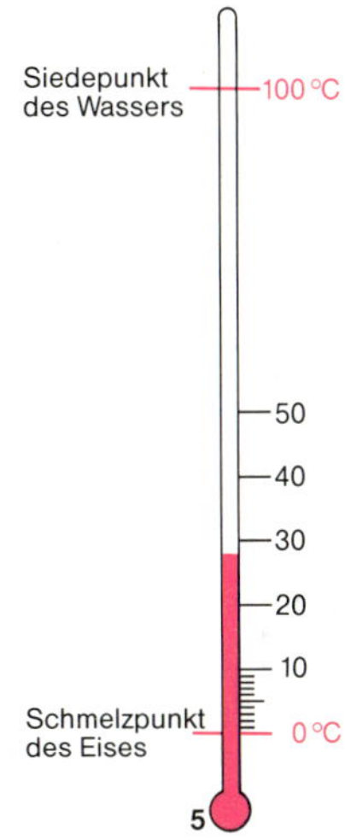

5

Der deutsche Glasbläser *Daniel Fahrenheit* (1686–1736) aus Danzig war für seine Thermometer berühmt. Sie arbeiteten sehr genau und zeigten bei gleicher Temperatur auch den gleichen Wert an. Für die damalige Zeit waren diese Thermometer eine Sensation.

4

Wie kam Fahrenheit zu seiner Thermometerskala? Er selbst berichtet im Jahr 1724 darüber: *Die Thermometer, die zur Wetterbeobachtung verwendet werden, haben eine Skala, die bei 0 Grad anfängt und bei 96 Grad aufhört. Der Punkt Null wird so gefunden, dass das Thermometer in eine Mischung von Eis, Wasser und Seesalz eingesetzt wird. Das Quecksilber sinkt dabei ab und bleibt schließlich stehen; das ist der Nullpunkt. Den anderen Punkt findet man so, dass die Thermometerkugel im Munde oder in der Achselhöhle eines gesunden Menschen steckt. Dieser Punkt beendet die Skala und erhält die Bezeichnung 96 Grad.*

Fahrenheits Nullpunkt ist recht ungenau: Die Temperatur, die sich beim Mischen aus Eis, Wasser und Salz einstellt, hängt von der Zusammensetzung der Mischung ab. Und die Körpertemperatur des Menschen schwankt auch.

Besser geeignet sind die Schmelztemperatur von Eis und die Siedetemperatur von Wasser. Denn sie sind (unter bestimmten Voraussetzungen) fest und unveränderlich. Deshalb nennt man sie auch **Fixpunkte** (lat. *fixus:* fest).

Der Schwede *Anders Celsius* (1701–1744) verwendete diese Fixpunkte. Er schlug vor, den Abstand der Fixpunkte auf der Skala in 100 gleiche Teile zu teilen (Bild 5). Die Skala kann mit der gleichen Schrittweite nach oben und nach unten fortgesetzt werden.

Die Celsiusskala wird heute in allen europäischen Staaten verwendet. Temperaturen werden in °C (sprich: Grad Celsius) angegeben.

Die Fixpunkte der Celsiusskala sind die Schmelztemperatur von Eis (0 °C) und die Siedetemperatur von Wasser (100 °C). Der Abstand zwischen den Fixpunkten auf der Skala wird in 100 gleiche Teile geteilt.

---

6 Am Südpol der Erde treten Temperaturen auf, die bei ungefähr −60 °C liegen.

Aus welchem Grund können solch tiefe Temperaturen nicht mit einem Quecksilberthermometer gemessen werden?

7 Martina und Andreas kochen Kartoffeln. Das Wasser siedet bereits, die Kartoffeln sind aber noch lange nicht gar.

„Du musst die Kochplatte auf die höchste Stufe schalten", meint Andreas. „Dann wird nämlich das kochende Wasser noch heißer und wir haben das Essen schneller auf dem Tisch."

Was meinst du zu Andreas' Vorschlag?

8 In einem Weinkühler bleibt eine Flasche Wein oder Limonade auch an heißen Sommertagen kühl (Bild 6).

Gib dafür eine Erklärung.

6

Aus der Geschichte: **Eine neue Thermometerskala**

Im 19. Jahrhundert stellte man fest, dass kein Körper kälter als -273 °C werden kann.

Der britische Physiker *Lord Kelvin* schlug 1848 vor diese tiefe Temperatur als den *Nullpunkt* einer neuen Thermometerskala zu verwenden.

Sein Vorschlag wurde schließlich auch angenommen.

Bei dieser Skala entspricht 0 K (sprich: null Kelvin) der Temperatur −273 °C auf der Celsiusskala. Die Temperatur −27**2** °C wird dann als 1 K bezeichnet, −27**1** °C folglich als 2 K, −27**0** °C als 3 K usw.

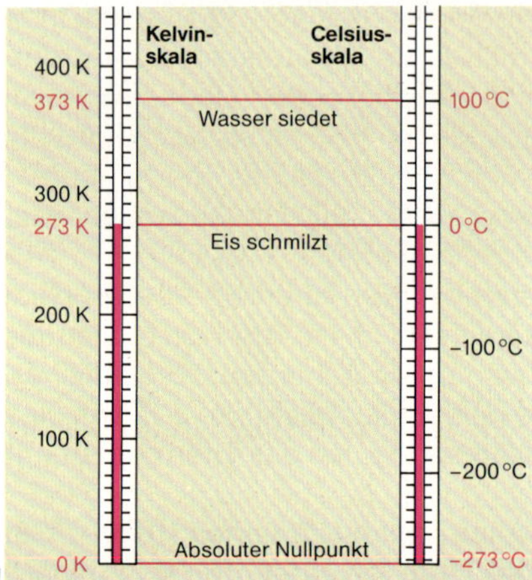

1

Wie du siehst, hat die neue Skala die gleiche Schrittweite wie die Celsiusskala (Bild 1). Daher liegt z. B. der Schmelzpunkt des Eises (0 °C) bei 273 K. Der Siedepunkt von Wasser (100 °C) befindet sich 100 Einzelschritte höher, nämlich bei 373 K.

Man bezeichnet diese neue Skala als **absolute Temperaturskala**; man nennt sie auch **Kelvinskala.** Heute wird sie weltweit in der Wissenschaft verwendet.

Im täglichen Leben werden bei uns aber nach wie vor Thermometer mit der Celsiusskala benutzt.

Fragen und Aufgaben zum Text

1 An welcher Stelle der Celsiusskala liegt 0 K?

2 Gib die Schmelztemperatur von Eis und die Siedetemperatur von Wasser in °C und in K an.

3 Rechne die Siedetemperatur von Alkohol (78 °C) in K um.

4 Tina Pfiffig meint: „Zwischen dem Schmelzpunkt von Eis und dem Siedepunkt von Wasser liegen bei einer Celsiusskala immer 100 mm." Was meinst du dazu?

5 Die höchste Temperatur auf der Erde wurde mit 59,4 °C in der Wüste Sahara gemessen. Die tiefste Temperatur stellte man am Südpol mit −88,3 °C fest. Rechne diese Temperaturen in K um.

6 Ein Thermometer zeigt im Physikraum 300 K an. Ob das wohl „hitzefrei" gibt? Begründe deine Antwort.

7 Welche 100-°C-Marke gehört wohl zu welchem Thermometer (Bild 2)? Begründe deine Meinung.

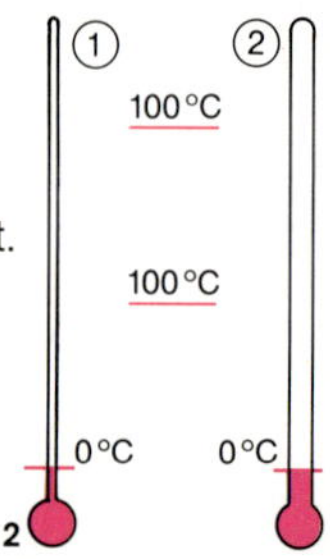

2

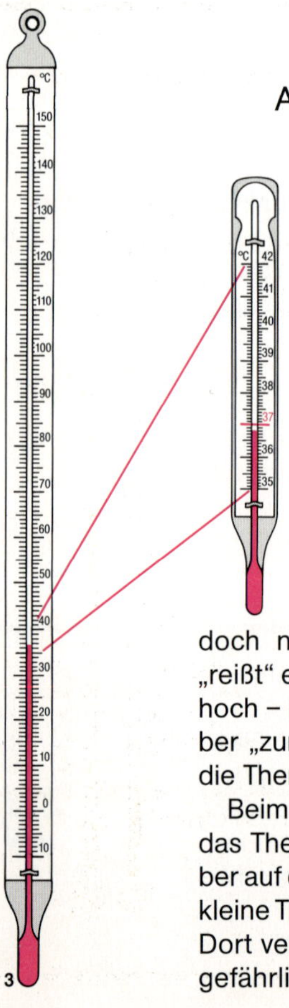
3

Aus Umwelt und Technik: **Das Fieberthermometer**

Einen wichtigen Unterschied zwischen einem **Fieberthermometer** und einem Experimentierthermometer siehst du in Bild 3.

Noch etwas anderes unterscheidet das Fieberthermometer von den üblichen anderen Thermometern: Du kannst das Messergebnis noch lange *nach* der Messung ablesen. Die Quecksilbersäule geht nämlich nach dem Fiebermessen nicht von selbst zurück.

Das bewirkt eine **Verengung**, die man unten im Steigrohr des Fieberthermometers eingebaut hat (Bild 4).

Während der Fiebermessung erwärmt sich das Quecksilber. Es dehnt sich dabei aus, sodass ein Teil durch die Verengung in das Steigrohr gepresst wird.

Wenn die Messung beendet ist und das Thermometer sich wieder abkühlt, zieht sich das Quecksilber zusammen. Es kann jedoch nicht durch die Engstelle zurückfließen; folglich „reißt" es an dieser Stelle ab und bleibt – fast unverändert hoch – im Steigrohr stehen. Erst wenn man das Quecksilber „zurückschleudert", fließt es durch die Verengung in die Thermometerkugel zurück.

Beim Zurückschleudern muss man aufpassen, dass man das Thermometer nicht zerschlägt, sodass das Quecksilber auf den Fußboden ausläuft! Quecksilber bildet nämlich kleine Tröpfchen, die in Spalten und Ritzen verschwinden. Dort verdunstet das Quecksilber allmählich. Das ist sehr gefährlich, denn Quecksilberdämpfe sind giftig!

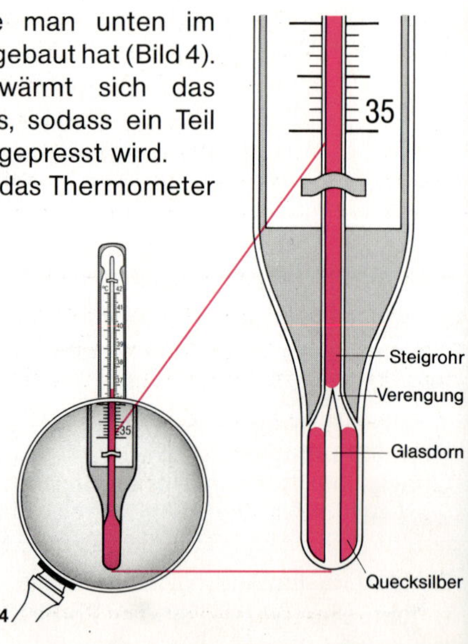

4

R470

Alles klar?

1 Warum ist es wichtig, dass das Quecksilber im Steigrohr stehen bleibt, wenn das Fiebermessen beendet ist?

2 Den Auftrag, ein Thermometer ohne Skala zu eichen, erledigt Harry Schlaumeier so: Er nimmt irgendein Thermometer mit Skala und überträgt die Skalenstriche und -ziffern einfach auf sein Thermometer (Bild 5). Hältst du das für eine Möglichkeit? Begründe deine Antwort.

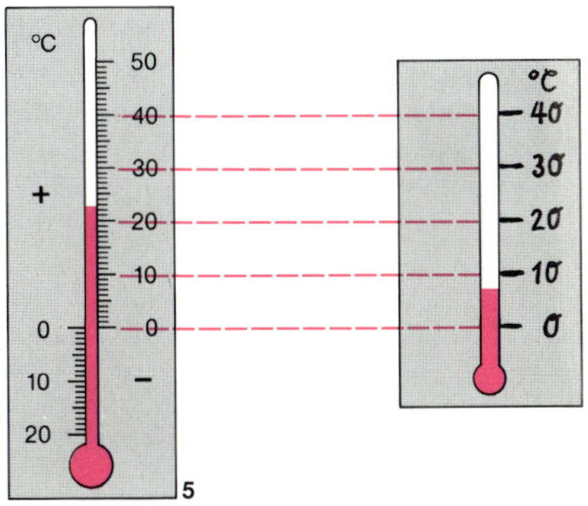

5

3 Die Skala eines Fieberthermometers geht von 35 °C bis 42 °C. (Man nennt das auch seinen *Messbereich*.)

a) Warum ist dieser Messbereich nicht so groß wie bei einem Zimmerthermometer?

b) Weshalb muss der Messbereich eines Experimentierthermometers viel größer sein als der eines Zimmerthermometers?

4 Gib an, warum eine Fiebermessung falsch sein kann, wenn das Quecksilber vorher nicht zurückgeschleudert wurde.

5 Steigrohre von Thermometern haben innen einen sehr kleinen Durchmesser. Solche engen Röhren nennt man *Kapillaren* („Haarröhrchen"). Warum verwendet man beim Thermometer diese Kapillaren und keine dickeren Röhren?

6 Die Skala eines Thermometers ist abgeblättert. Nur die Marken 10 °C und 40 °C sind noch zu erkennen. Wie könntest du diese Skala reparieren?

7 Warum haben Saftflaschen nach dem Einkochen oben oft einen freien Raum, obwohl sie randvoll gefüllt wurden?

8 Weshalb werden wohl in der Schule Alkoholthermometer und keine Quecksilberthermometer verwendet?

9 Warum kann man einen Benzintank randvoll füllen, wenn man unmittelbar danach eine längere Autofahrt unternimmt?

10 Das in Bild 6 gezeigte Thermometer hat eine Skala von 0 °C bis 100 °C.

a) Kann man damit auch Temperaturen messen, die *unter* 0 °C und *über* 100 °C liegen?

b) Auf welche Weise könnte man z. B. die Skalenstriche für −10 °C (−15 °C, −20 °C, +110 °C) erhalten?

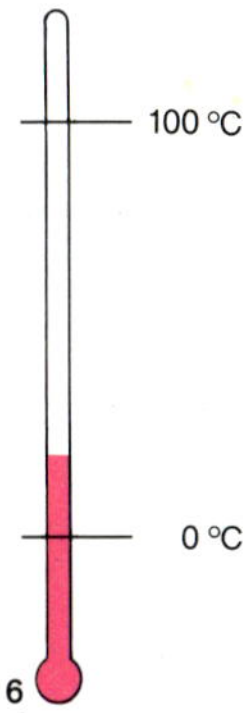

6

3 Zusammenfassung

Flüssigkeiten werden erwärmt und abgekühlt

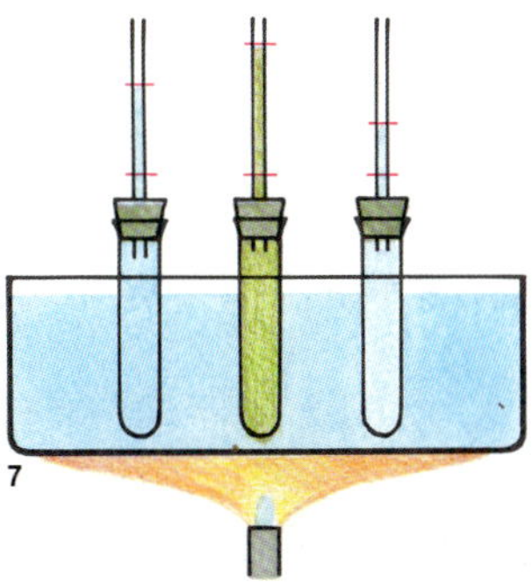
7

Wenn die Temperatur einer Flüssigkeit (z. B. Wasser, Öl oder Alkohol) steigt, **dehnt sich die Flüssigkeit aus**. Ihr Volumen wächst; d. h., sie nimmt nun einen größeren Raum ein.

Schwerer wird die Flüssigkeit dabei nicht.

Die verschiedenen Flüssigkeiten dehnen sich unterschiedlich stark aus.

Wenn sich eine Flüssigkeit in ihrem Behälter ausdehnt und für die Ausdehnung kein weiterer Raum zur Verfügung steht, kann der Behälter „gesprengt" werden. Es können dabei also **große Kräfte** wirken.

Sinkt die Temperatur einer Flüssigkeit, so **zieht sich die Flüssigkeit zusammen.** Sie benötigt dann einen geringeren Raum als vor dem Abkühlen.

Je größer die Temperaturänderung, desto größer die Volumenänderung.

Je größer die Menge der Flüssigkeit, desto größer die Volumenänderung.

Wie funktioniert ein Flüssigkeitsthermometer?

Die Thermometerflüssigkeit (Quecksilber, Alkohol) dehnt sich beim Erwärmen aus.
→ Die Flüssigkeitssäule wird länger.

Die Thermometerflüssigkeit zieht sich beim Abkühlen zusammen.
→ Die Flüssigkeitssäule wird kürzer.

Thermometer mit einer **Celsiusskala** werden am häufigsten verwendet.

Der Abstand zwischen den **Fixpunkten** (Schmelzpunkt von Eis: 0 °C; Siedepunkt von Wasser: 100 °C) ist in **100 gleiche Teile** eingeteilt. Jedes dieser Teile entspricht einem Grad Celsius (1 °C).

In der Wissenschaft verwendet man die **Kelvinskala**. Ihr Nullpunkt liegt bei -273 °C. Das ist die tiefste Temperatur, die überhaupt möglich ist.

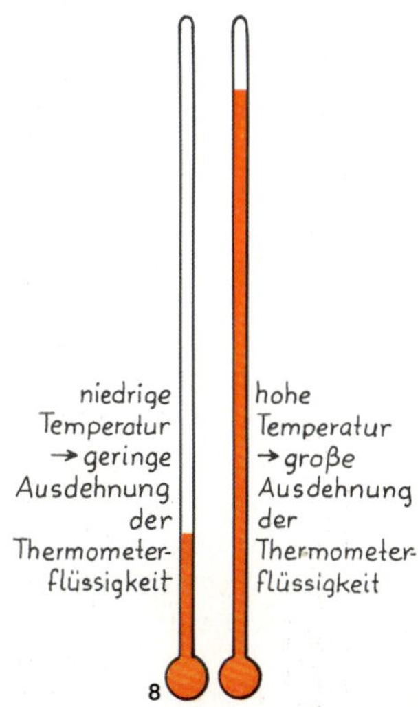

8

Die Anomalie des Wassers

1 Wasser macht eine Ausnahme, wenn es gefriert

1

Das kann passieren, wenn überraschend der Winter hereinbricht ...

V 1 Für die beiden ersten Versuche brauchst du zwei kleine Aluminiumbecher (z. B. von Teelichtern).

a) Fülle einen der beiden Becher randvoll mit Wasser und stelle ihn vorsichtig auf einem Untersetzer ins Gefrierfach eures Kühlschranks. Für die Dauer des Versuchs sollte der Kühlschrank auf stärkste Leistung eingestellt werden.

b) Nach einigen Stunden kannst du den Becher herausnehmen. Was fällt dir auf?

V 2 Jetzt brauchst du den zweiten Aluminiumbecher.

a) Stelle ihn auf eine warme Kochstelle (schwächste Einstellung!) und schmelze darin so viel Kerzenwachs (Stearin), dass er schließlich bis zum Rand mit flüssigem Wachs gefüllt ist. Lass dann das Wachs in dem Becher wieder abkühlen.

b) Was fällt dir auf, wenn du deine Beobachtung mit der von Versuch 1 vergleichst?

V 3 Fülle ein leeres Tablettenröhrchen randvoll mit kaltem Wasser. (Damit beim Verschließen keine Luft eindringen kann, setzt du den Stöpsel unter Wasser auf.) Dann steckst du das verschlossene Röhrchen in eine Plastiktüte und legst es in das Gefrierfach eures Kühlschranks.

Nach wenigen Stunden ist das Wasser im Röhrchen gefroren – doch was stellst du außerdem fest?

V 4 Hier soll herausgefunden werden, wie stark sich das Volumen einer bestimmten Wassermenge ändert, wenn das Wasser gefriert.

Mach dir an Bild 2 klar, wie der Versuch ablaufen soll.

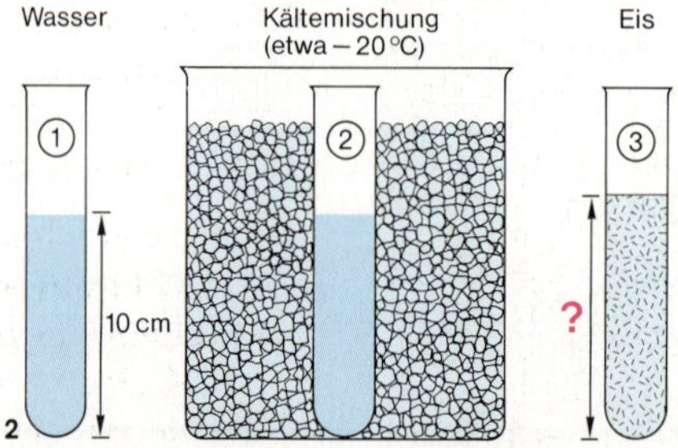

2

V 5 Wer ist stärker: die hohle Eisenkugel aus der Lehrmittelsammlung (Bild 3) oder das Wasser, das in ihr „eingesperrt" ist? (Das Wasser wird bei diesem Lehrerversuch unter 0 °C abgekühlt, sodass es gefriert.)

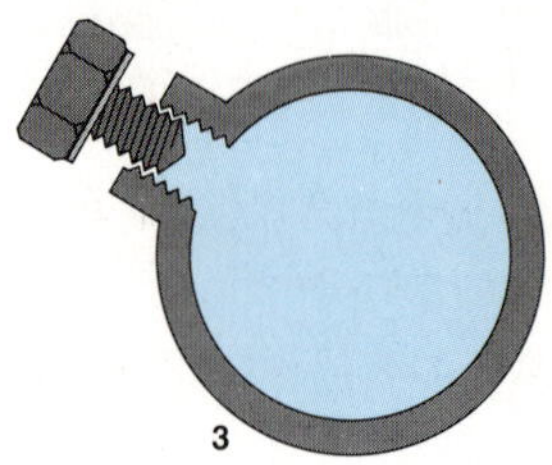

3

Eiserne Hohlkugel, die bis zum Rand mit Wasser gefüllt und dann zugeschraubt wird.

Aufgaben

1 In den Versuchen 1 und 2 wurden Flüssigkeiten abgekühlt. Nenne die unterschiedlichen Ergebnisse.

2 Wie hat sich das *Volumen* (der *Rauminhalt*) der Flüssigkeiten beim Erstarren verändert?

3 Ob sich das *Gewicht* der beiden Flüssigkeiten verändert hat? Überlege dir dazu einen **Versuch**.

165R

Aus Umwelt und Technik: **Schäden durch gefrierendes Wasser**

4

5

Dass **Wasserrohre** fast einen Meter tief in den Erdboden verlegt werden, hat seinen guten Grund: So tief gefriert bei uns selbst im kältesten Winter der Boden nicht. Und damit gefriert natürlich auch nicht das Wasser, das in den Rohren fließen soll.

Wenn aber Wasserrohre aus dem Boden herausragen – z. B. bei einem Wasserhahn im Garten –, muss noch vor dem ersten Frost das Wasser abgestellt werden. Es genügt aber nicht, dass man einfach den Absperrhahn an der Zuleitung schließt. Man muss auch noch das Wasser aus den Rohren abfließen lassen. Dazu wird außer dem Hahn im Garten meistens noch ein kleiner Hahn geöffnet, der neben dem großen Absperrhahn sitzt (Bild 4).

Wird das alles versäumt, können die Rohre durch gefrierendes Wasser auseinander gesprengt werden (Bild 5).

Manche Asphaltstraßen weisen im Frühjahr tiefe Schlaglöcher auf. Man spricht von **Frostaufbrüchen**.

Die Frostaufbrüche treten in der Regel erst im Frühjahr auf, wenn Eis und Schnee längst abgetaut sind.

Die Bilder 6–8 zeigen, wie Frostaufbrüche entstehen.

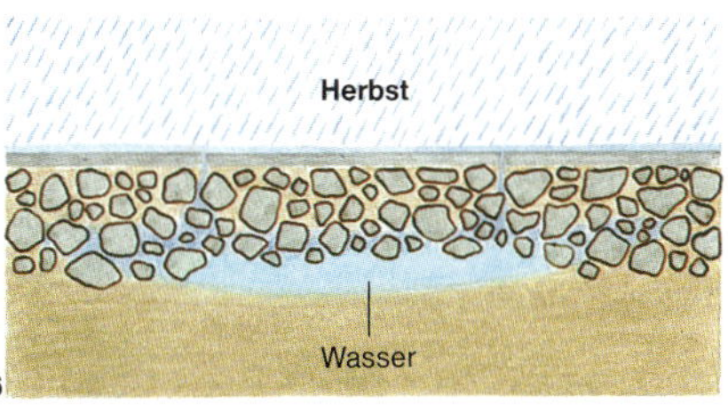

6

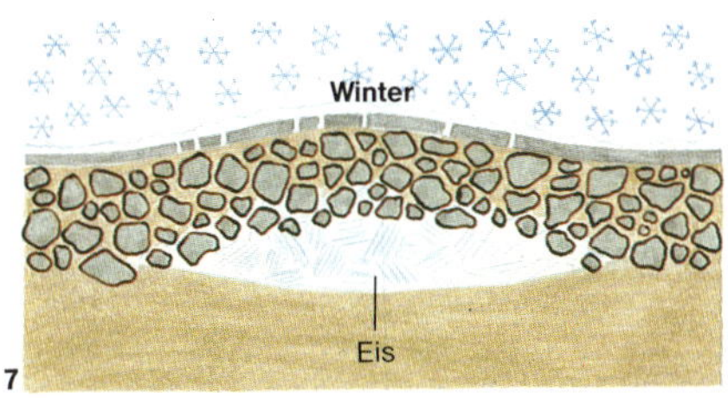

7

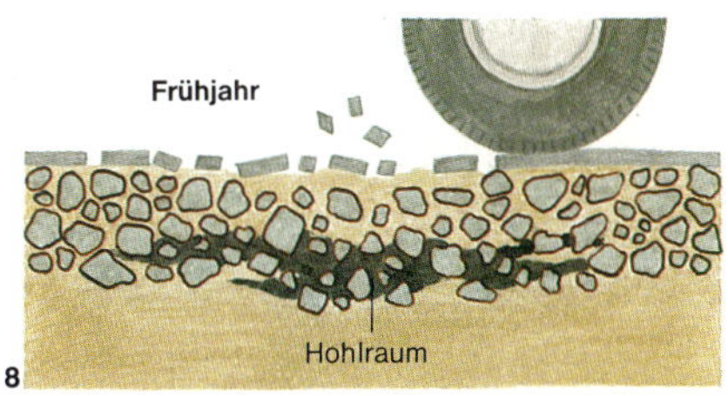

8

2 Die Temperaturverteilung eines Sees im Winter

Angeln im Winter (Bild 9)! Der See kann also nicht bis zum Grund zugefroren sein …

Welche Temperaturen hat wohl das Wasser unter der Eisdecke?

9

V 6 Im Versuch wird der See durch einen Standzylinder mit Wasser ersetzt (Bild 10). Damit die Tischplatte das Wasser nicht erwärmt, stellen wir den Zylinder auf Zeitungspapier. Oben wird das Wasser mit Eis gekühlt. Wir messen, welche Temperatur das Wasser in verschiedenen Tiefen hat.

Beantworte die folgenden Fragen, bevor gemessen wird.

a) Wo wird deiner Meinung nach die tiefste Wassertemperatur zu messen sein? Wo ist das Wasser in dem Gefäß wohl am wärmsten?

b) Was wird geschehen, wenn zusätzliche Eisstücke in den Standzylinder geworfen werden – wenn sich die Dicke der Eisschicht zum Beispiel verdoppelt?

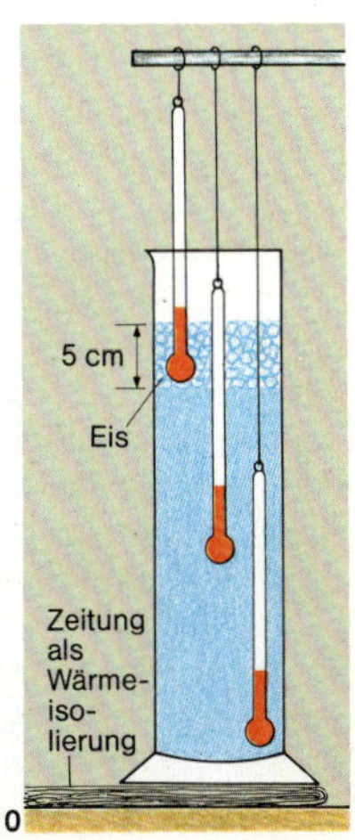

10

Eine weitere Besonderheit des Wassers

Wenn sich eine Flüssigkeit abkühlt, zieht sie sich in der Regel zusammen. Ihr Volumen wird kleiner.

In weiten Temperaturbereichen hat auch Wasser diese Eigenschaft. So benötigt eine bestimmte Menge Wasser bei 20 °C mehr Platz als bei 10 °C. Und wenn dieselbe Wassermenge auf 5 °C abgekühlt wird, nimmt sie noch weniger Raum ein.

Doch gibt es eine Besonderheit **(Anomalie)**, durch die sich Wasser von anderen Flüssigkeiten unterscheidet:

Nur beim Abkühlen bis 4 °C beobachtet man eine Abnahme des Volumens. **Bei 4 °C hat eine bestimmte Menge Wasser ihr geringstes Volumen.**

Wenn man dieselbe Wassermenge noch weiter abkühlt, dehnt sie sich wieder aus; sie benötigt dann also wieder mehr Raum als vorher.

In einem Gefäß nimmt Wasser von 4 °C demnach weniger Raum ein als Wasser von 6 °C oder 2 °C (Bild 1). Es passt also mehr Wasser von 4 °C in das Gefäß hinein.

Natürlich bedeutet das auch, dass z. B. 1 Liter Wasser von 4 °C schwerer ist als 1 Liter Wasser von jeder anderen Temperatur. Wasser, das wärmer oder kälter ist, „schwimmt" somit immer auf dem Wasser von 4 °C.

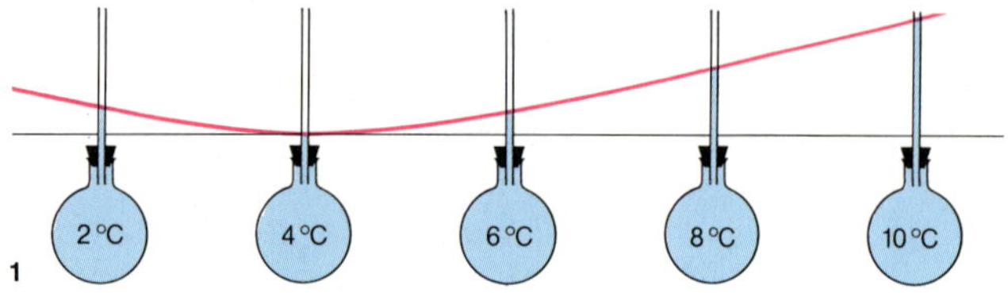

1

Aus Umwelt und Technik: **Oben Eis und unten Wasser**

Meist frieren Seen im Winter nicht bis auf den Boden zu. Das ist für Fische und Wasserpflanzen wichtig – sonst könnten sie nicht überleben.

Wenn im Herbst und im Winter die Lufttemperaturen sinken, kühlt sich das Wasser an der Oberfläche ab. Das kühlere Wasser ist „schwerer" und sinkt nach unten. Schließlich hat das Wasser im See eine Temperatur von 4 °C.

Wenn das Wasser an der Oberfläche weiter abkühlt (auf 3 °C oder 2 °C), sinkt das kühlere Wasser nicht mehr weiter ab; es „schwimmt" auf dem Wasser von 4 °C. Also nimmt die Wassertemperatur nur noch an der Oberfläche ab. Schließlich erreicht das Wasser dort 0 °C und wird zu Eis.

Wenn der Frost anhält, kühlt sich auch das unmittelbar darunter liegende Wasser weiter ab – die Eisschicht auf dem See wird immer dicker. Schließlich ergibt sich eine Temperaturverteilung wie in Bild 2.

2

Alles klar?

1 Welche Besonderheit (Anomalie) beobachtet man, wenn Wasser gefriert?

Beschreibe Beispiele aus der Umwelt, in denen diese Besonderheit des Wassers eine Rolle spielt.

2 Warum treten Frostaufbrüche vor allem im Frühjahr – und nicht schon im Winter – auf?

3 An der Erdoberfläche verwittert Gestein im Laufe der Zeit. Es zerfällt in Blöcke, kleine Brocken und weiter in Körner. Im Gebirge kann man oft am Fuß von Steilhängen die Gesteinsbruchstücke sehen, die zu Schuttkegeln angehäuft sind.

Eine wichtige Rolle bei der Verwitterung spielt Wasser, das in feine Risse und Spalten eindringt. Erläutere.

4 Warum kann man sagen, dass das Verhalten von Wasser beim Gefrieren anomal (nicht normal) ist? (*Tipp:* Sieh dir z. B. an, wie Kerzenwachs erstarrt.)

5 Der Unterbau von Straßen besteht aus grobem Schotter. Weshalb verwendet man dafür keinen feinen Sand?

6 Darf eine Flasche Saft im Tiefkühlfach eines Kühlschranks aufbewahrt werden? Begründe deine Antwort.

7 Springbrunnen in städtischen Anlagen werden im Herbst abgestellt. Könnte das auch etwas mit der Anomalie des Wassers zu tun haben? Begründe.

8 Manche Autofahrer gießen im Winter Brennspiritus in das Wasser der Scheibenwaschanlage ihres Fahrzeugs. Sie wollen damit das Gefrieren des Wassers verhindern.

Plane einen **Versuch**, mit dem man die Wirkung von Spiritus überprüfen könnte.

9 „Ein Frostschutzmittel, z. B. Glycerin, setzt den Gefrierpunkt des Wassers herab." Was bedeutet dieser Satz?

10 Ein Liter Wasser von 0 °C wird zu Eis von 0 °C.

a) Wie ändert sich dabei das Volumen?

b) Warum schwimmt Eis auf Wasser?

11 Während der Wintermonate sinkt die Temperatur am Grunde eines tiefen Gewässers nur bis auf 4 °C ab. Diese Tatsache hängt mit einer weiteren Besonderheit des Wassers zusammen.

a) Beschreibe diese Besonderheit.

Erläutere, wieso das Wasser unten noch 4 °C hat, während es oben schon gefroren ist.

b) Welche Bedeutung hat diese Anomalie des Wassers für die Tier- und Pflanzenwelt in einem See?

12 Wenn ein Garten schon im Herbst umgegraben wird, ist der Boden im Frühjahr besonders locker.

Gib dafür eine Erklärung.

6210R

3 Zusammenfassung

Welche Ausnahmen macht das Wasser?

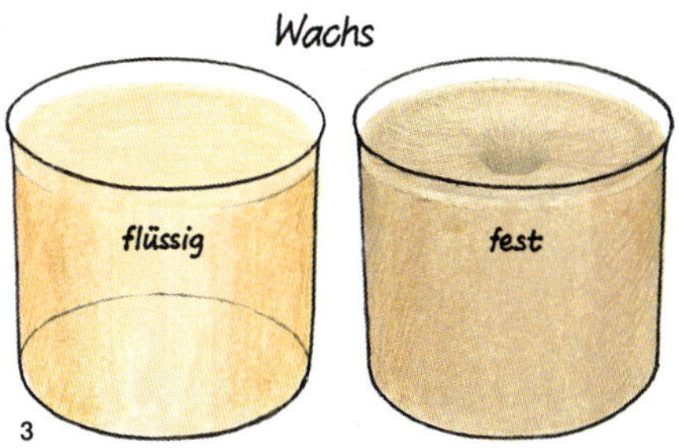

3

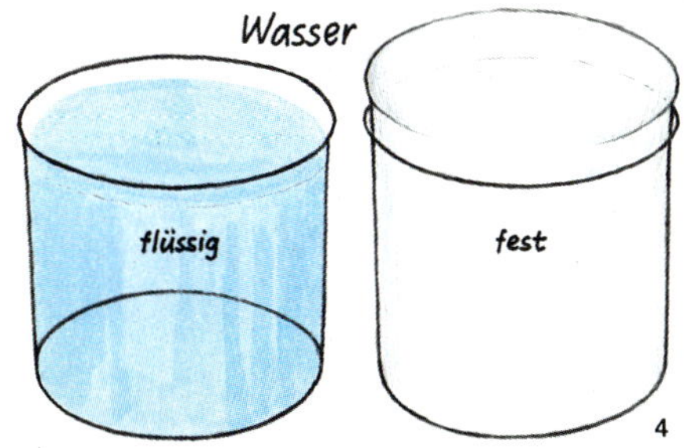

4

Ein erstes anomales Verhalten zeigt das Wasser, wenn es gerade gefriert. Das zeigt uns ein Vergleich:

Normalerweise **ziehen sich Flüssigkeiten** (zum Beispiel warmes und damit flüssiges Kerzenwachs), **wenn sie fest werden, zusammen**; d. h.: Ihr Volumen nimmt beim Erstarren ab.

Wenn aber **Wasser** so weit abgekühlt wird, dass es **gefriert, dehnt es sich** plötzlich stark **aus**. Sein Volumen wächst um etwa den 10. Teil an.

Diese Volumenvergrößerung erfolgt mit großer Gewalt. Sogar eine Hohlkugel aus Eisen wird gesprengt, wenn in ihr eingeschlossenes Wasser gefriert.

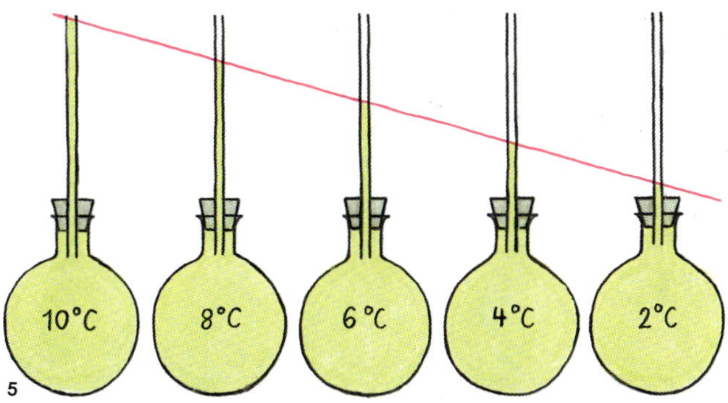

5

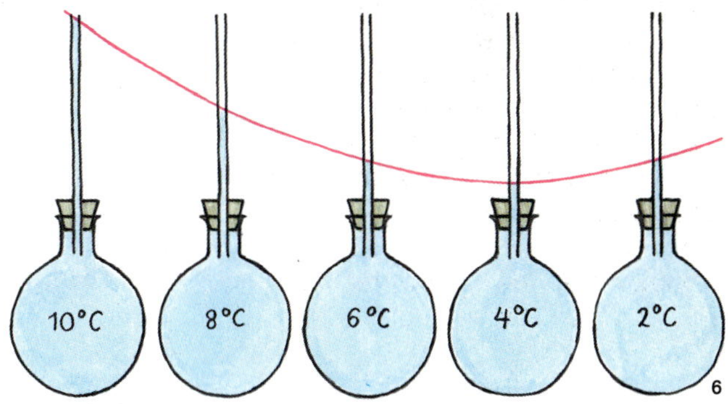

6

Außerdem weißt du: Solange **Flüssigkeiten** (während sie abgekühlt werden) **noch nicht gefroren** sind, **ziehen sie sich zusammen**; d. h.: Ihr Volumen nimmt ab.

Beim Wasser gilt dies aber **nur oberhalb von 4 °C**. Wird nämlich beim Abkühlen die Temperatur von 4 °C unterschritten, dehnt sich Wasser aus.

7

Eine Wassermenge hat also schon bei 4 °C ihr geringstes Volumen. Also geht in ein 1-Liter-Gefäß mehr Wasser von 4 °C hinein als Wasser von 2 °C oder 6 °C. Daraus folgt, dass 1 Liter Wasser von 4 °C **schwerer** ist als 1 Liter Wasser von jeder anderen Temperatur.

Diese **Anomalie des Wassers** ist die Ursache dafür, dass Seen im Winter eine bestimmte Temperaturverteilung aufweisen: Die Temperatur nimmt zum Grund hin bis 4 °C zu.

8

Wenn man **Wasser von 4 °C** weiter **abkühlt, dehnt es sich aus.**
Bei 0 °C – wenn es gerade zu Eis wird –
wächst sein Volumen sogar „sprunghaft" um etwa ein Zehntel.

Feste Körper werden erwärmt und abgekühlt

1 Eine Brücke auf Rollen

1

2

3

Das eine Ende der Brücke ist fest gelagert.
Warum liegt das andere Ende auf Rollen aus Stahl?

V 1 So kannst du eine einfache „Brücke" bauen (Bild 4). Die Stricknadel stellt die Brücke dar, die Nähnadel die Rolle. Der Trinkhalm dient als Zeiger.

Erhitze nun die Stricknadel mit einer Kerzenflamme. Beobachte den Trinkhalm beim Erwärmen und beim anschließenden Abkühlen der Stricknadel.

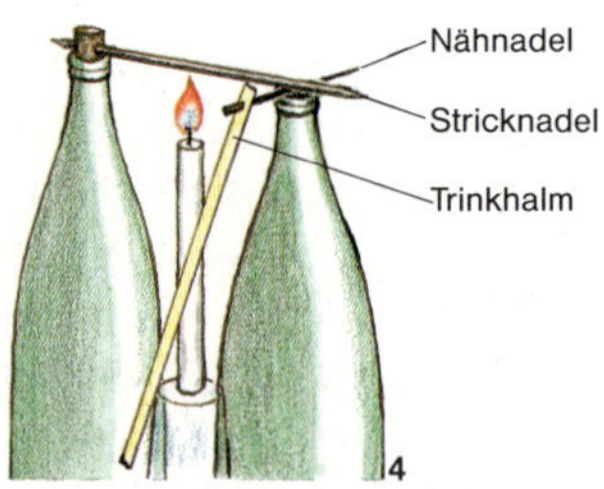

4

V 2 Bild 5 zeigt den Versuchsaufbau. Das Metallrohr entspricht der Brücke.

Das Rohr ist an der linken Seite fest eingespannt. Die rechte Seite ist lose; dort liegt das Rohr auf einer Rolle. Die Rolle ihrerseits ist fest mit einem Zeiger verbunden.

a) Der Stab wird mit einem Brenner erwärmt, anschließend soll der Stab abkühlen. Beobachte den Zeiger.

Bild 6 zeigt, wie die Bewegung des Zeigers zustande kommt.

Formuliere das Versuchsergebnis.

b) Überlege, wie weit sich der Zeiger bei einem halb so langen Rohr bewegen würde. Die Temperaturerhöhung soll dabei die gleiche sein.

Wie wäre es bei einem doppelt so langen Rohr?

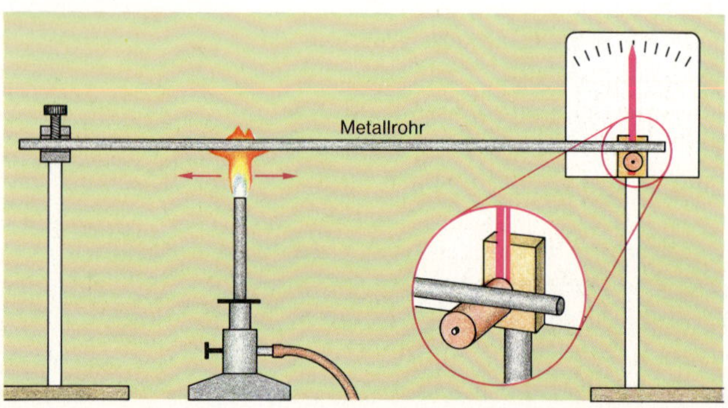

5

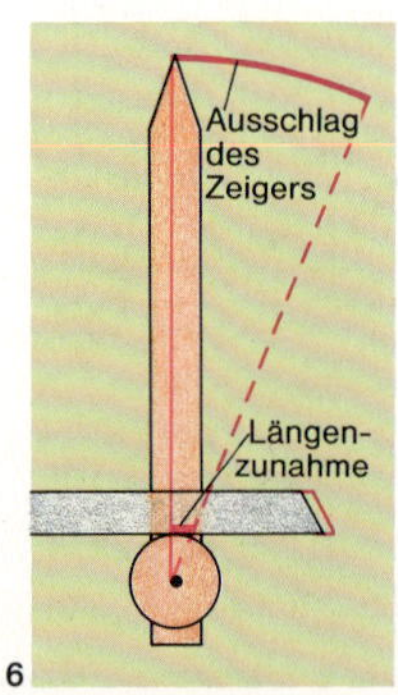

6

5593R

V 3 Spanne einen 1,5 m langen Eisen- oder Kupferdraht zwischen die Lehnen zweier Stühle. In der Mitte belastest du den Draht z. B. mit einer schweren Schraube, damit er straff bleibt (Bild 7).

a) Erwärme nun den Draht und achte dabei auf den Abstand zwischen Schraube und Flasche. Was geschieht, wenn sich der Draht dann wieder abkühlt?

b) Erwärme den Draht gleichzeitig mit mehreren Kerzen.

7

V 4 Wie groß die Ausdehnung eines Eisenstabes ungefähr ist, kann auch mit der Anordnung von Bild 8 untersucht werden.

Die Glühlampe leuchtet nur dann auf, wenn der Spalt geschlossen ist.

a) Der Spalt wird auf eine Breite von 5 mm eingestellt. Anschließend erhitzen wir den Eisenstab. Dehnt sich der Stab so weit aus, dass die Lampe aufleuchtet?

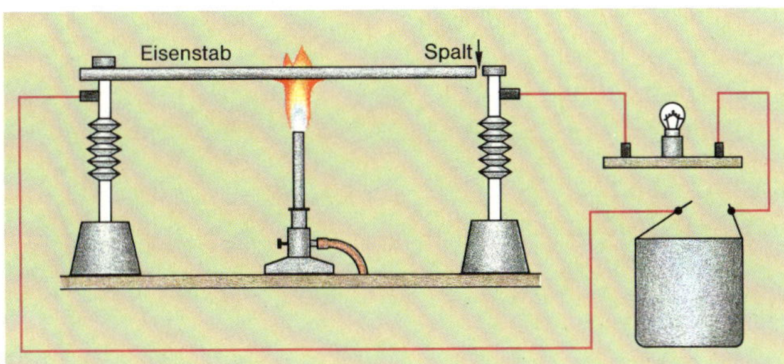

8

b) Der Stab muss zunächst abkühlen. Dann wird ein 2 mm breiter Spalt eingestellt. Der Stab wird erneut erhitzt.

c) Wir stellen den Spalt nun so breit ein, dass gerade noch eine Postkarte hindurchpasst. Dann ist er nur noch einen Viertelmillimeter breit.

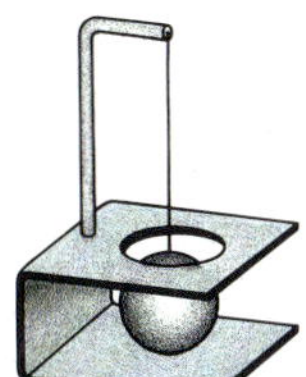
9

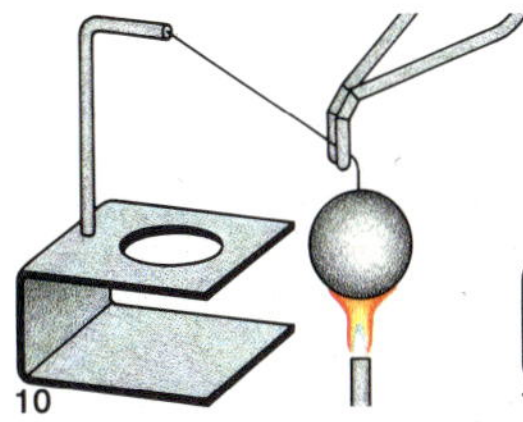
10

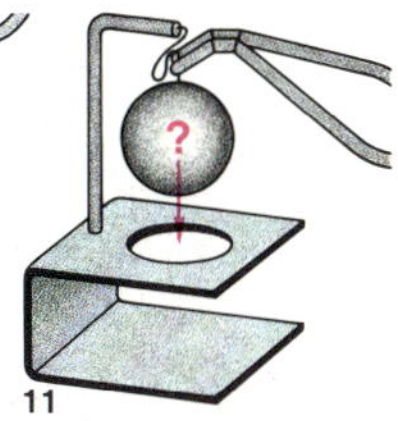
11

V 5 Der Versuch mit der eisernen Kugel (Bilder 9–11) zeigt, dass sich beim Erwärmen eines Körpers nicht nur seine Länge ändert …

Formuliere das Versuchsergebnis.

V 6 Ob die Kugel durch das Erhitzen schwerer wird? Überlege dir zu dieser Frage einen Versuch.

Aufgaben

1 In Versuch 4 ging es um die ungefähre Längenänderung eines Rohres.

a) Manchmal leuchtete die Lampe nicht auf, wenn der Stab erhitzt wurde. Was kannst du daraus schließen?

b) Was kannst du ganz sicher behaupten, wenn die Glühlampe beim Erhitzen des Stabes aufleuchtete?

2 Ergänze die folgenden Sätze:

„Je stärker ein Stab erhitzt wird, desto …“ „Je mehr ein Stab abgekühlt wird, desto …“

3 Eine Tabelle im Anhang gibt an, wie sich einige feste Körper bei Erwärmung verhalten.

a) Dehnen sich nur Metalle aus?

b) Vergleiche die Ausdehnung von Eisen und Kupfer, von Eisen und Beton, von Kupfer und Glas sowie von Eisen und Aluminium.

4 Am beweglich gelagerten Ende von Brücken befindet sich eine Dehnungsfuge. Die Abdeckung einer solchen Fuge wurde im Winter und im Sommer fotografiert (Bilder 12 u. 13). Wieso ist die Fuge mal breiter und mal schmaler?

Lies die Längenänderung ab.

5 Eine Brücke besteht aus Stahlbeton. Sie hat eine Länge von 800 m. In einer kalten Winternacht kühlt sie sich um 20 °C ab. Um wie viel ändert sich ihre Länge? Schätze zuerst!

Anleitung: Bei einer **1 m** langen Brücke und einer Temperaturabnahme von 1 °C verringert sich die Länge um 0,012 mm. Um wie viel Millimeter wird die **800 m** lange Brücke bei einer Temperaturabnahme von **1 °C** kürzer?

Um wie viel Millimeter vermindert sich die Brückenlänge bei einer Temperaturabnahme von **20 °C**?

12

13

5594R

2 Kleine Ursachen – große Wirkungen

1

Juli 1988: Zehn Verletzte bei einem Zugunglück in Italien.

Die Ursache: Durch Hitze verformte Schienen.

V 7 Hier siehst du, welche Kräfte auftreten, wenn Körper erwärmt und abgekühlt werden (Bild 2).

a) Wenn der Strom eingeschaltet ist, erhitzt sich der dünne Draht. Du erkennst es daran, dass er rot aufglüht. Beobachte ihn und das Wägestück, wenn der Strom *abgeschaltet* ist.

b) Spanne den glühenden Draht, indem du die Ständer auseinander rückst. Klemme ihn gut fest.

c) Was geschieht, wenn der Strom nun abgeschaltet wird und der Draht sich wieder abkühlt?

V 8 Bild 3 zeigt den Aufbau.

a) Warum kann der Keil immer tiefer in den Spalt getrieben werden, wenn das Messingrohr erhitzt wird?

b) Überlege, was mit dem Eisenbolzen geschieht, wenn wir den Brenner wegnehmen und das Messingrohr mit kaltem Wasser kühlen.

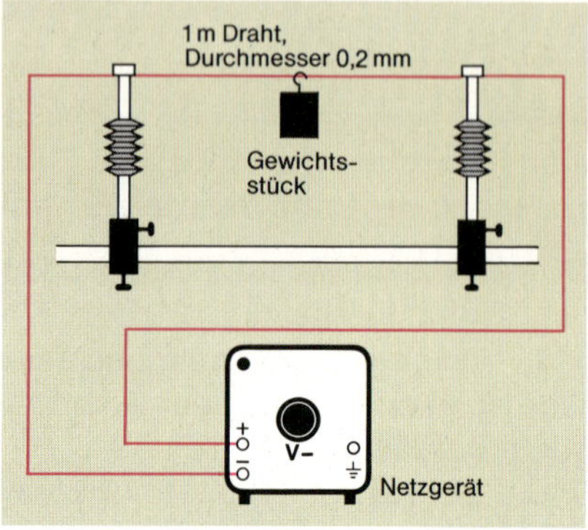

2

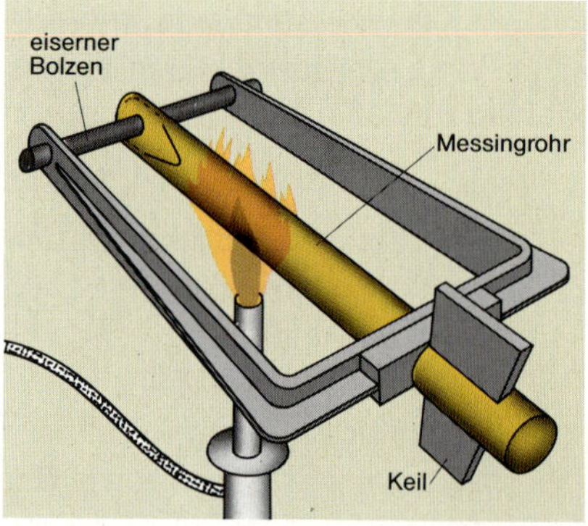

3

Aus Umwelt und Technik: **Stabile Räder durch Aufschrumpfen**

4

Räder der Eisenbahn (Bild 4) müssen viele Tausende von Kilometern über harte Stahlschienen rollen. Deshalb wird auf dem Radkörper ein Radreifen aus besonders hartem und damit widerstandsfähigem Stahl befestigt (Bild 5).

Wie kann aber ein Radreifen so fest auf dem Radkörper aufgebracht werden, dass er sich niemals lockert?

Durch Schrauben, Nieten oder Kleben schafft man das nicht. Man erreicht es mit einem Verfahren, das man **Aufschrumpfen** nennt. Und das geht so:

Ein neuer Radreifen und ein neuer Radkörper scheinen zunächst gar nicht aufeinander zu passen. Der Innendurchmesser des Radreifens ist geringer als der Außendurchmesser des Radkörpers (Bild 5).

Der Radreifen, der auf den Radkörper gehört, wird dann jedoch in einem sogenannten Ringofen stark erhitzt. Dabei dehnt sich …

Nein, das brauchen wir nicht weiter zu beschreiben! Das kennst du schon. Du kannst bestimmt selber schildern, wie die Arbeit weitergeht!

Das Verfahren des Aufschrumpfens wird nicht nur bei der Eisenbahn angewandt. Auch im Maschinenbau ist es üblich. So werden oft Antriebsräder von Motoren auf Motorwellen oder -achsen aufgeschrumpft (Bild 6).

5

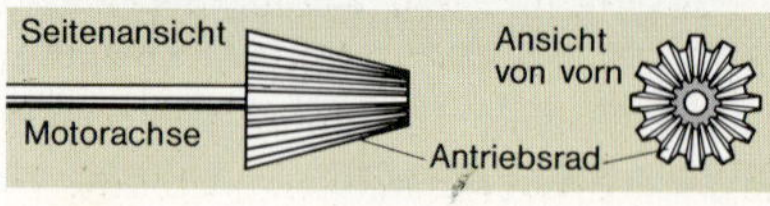

6

172R

 Feuer zermürbt Gestein

7

Bild 7, das du hier siehst, stammt aus einem alten Bergwerksbuch. Es wurde vor über 450 Jahren von dem Arzt und Naturforscher *Georg Agricola* aus St. Joachimsthal im Erzgebirge geschrieben.

Nur wenige Jahre zuvor waren dort reiche Silbererzlager entdeckt worden. Aus dem gewonnenen Edelmetall werden Silbermünzen geschlagen, die man als „Joachimsthaler" bezeichnete. Später hießen sie dann nur noch „Taler". (Das Wort *Dollar* ist von diesem deutschen Wort *Taler* abgeleitet worden.)

In seinem Buch berichtet Agricola vor allem über die harte Arbeit der Bergleute. Presslufthämmer und -bohrer gab es damals noch nicht. Und auch das „Zerbrechen der Felsen mit Schießpulver" wurde erst etwa 100 Jahre später eingesetzt.

Die Bergleute mussten deshalb mit Schlägel (Hammer) und Eisen (Meißel) sowie der Brechstange mühsam das harte, erzhaltige Gestein herausschlagen.

Was aber konnte man tun, wenn der Fels zu hart war? Das zeigt die obige Abbildung, die eigentlich aus zwei Teilen besteht:

Im oberen Teil schnitzt ein Bergmann Holzscheite mit dem Messer an, sodass sie regelrechte „Bärte" aus Spänen bekommen.

Darunter siehst du, was unten im Stollen mit den Holzscheiten geschieht. Agricola beschreibt das so:

„Harte Gesteine werden durch das Feuer mürbe gemacht. Dabei werden geschichtete Haufen von trockenem Holz abgebrannt, bis das Feuer die Scheite ganz verzehrt hat. Die Flammen, die vom Windzug im Stollen gegen das Gestein getrieben werden, erhitzen es so stark, dass nach dem Erkalten selbst sehr hartes Gestein leichter als alles andere gebrochen werden kann. Solange aber die durch das Feuer gerösteten Erze und Steinmassen unangenehm riechende Dämpfe von sich geben und Stollen und Schächte Rauch ausstoßen, so lange fahren die Bergleute nicht ein, damit das Gift ihre Gesundheit nicht zerstört. Wenn aber das Feuer erloschen ist, holen sie die Erzbrocken – durch die Gewalt des Feuers gelockert – mit Schlägel und Eisen aus den Stollenwänden heraus."

Dieses **Feuersetzen**, wie es genannt wurde, ist aber nicht erst in St. Joachimsthal erfunden worden, sondern schon mehr als 2000 Jahre zuvor.

Du hast vielleicht schon von dem Karthager *Hannibal* gehört; er zog im Jahr 219 v. Chr. mit seinem Heer und etwa 50 Kriegselefanten von Spanien aus gegen die Römer. Ihm war das Feuersetzen schon von den spanischen Bergleuten her bekannt.

Bei seinem berühmten Zug über die Alpen machte er sich dieses Verfahren zunutze: Sehr oft mussten schmale Pfade verbreitert werden um Platz für den Durchzug des riesigen Heeres zu schaffen. Zu diesem Zweck ließ Hannibal das harte Kalkgestein lockern, und zwar durch Feuersetzen sowie anschließendes rasches Abkühlen mit Schmelzwasser und Essig. Danach war es dann leicht, die engen Stellen zu verbreitern.

Fragen und Aufgaben zum Text

1 Wie ist zu erklären, dass das harte Gestein nach dem Erhitzen mürbe geworden ist?

2 Zur Zeit Agricolas nahm man an, dass der erhitzte Stein wieder fest wird, wenn man ihn mit kaltem Wasser begießt. Was meinst du dazu?

3 Die Holzscheite wurden zunächst mit dem Messer eingeschnitten. Suche eine Erklärung dafür.

4 Weshalb ließ Hannibal wohl Schmelzwasser über die heißen Steine gießen?

Der unten abgebildete **Versuch** zeigt sein Verfahren in vereinfachter Form (Bilder 8 u. 9).

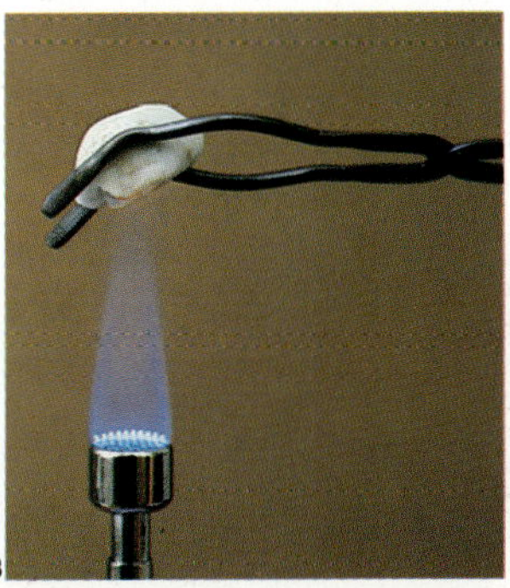
8

9

Aus Umwelt und Technik: **Beim Hausbau**

1

Wer ein Haus baut, muss über die verschiedenen Baustoffe genau Bescheid wissen. Er muss auch wissen, wie sich die Stoffe beim Erwärmen verhalten. Denn die Temperatur z. B. der Außenwände eines Hauses schwankt recht stark.

Die Außenmauern und Decken vieler Häuser werden aus Beton hergestellt. Beton ist ein Gemisch aus Kies, Zement und Wasser. Es wird noch flüssig in vorbereitete Formen, die Verschalungen, gegossen. Wenn der Beton nach einigen Tagen hart ist, werden die Schalbretter entfernt und die Mauer steht.

Reine Betonmauern sind meist nicht stabil genug. Um den Beton zu verstärken, bringt man deshalb Stahlmatten oder -geflechte in die Verschalungen ein. Dann erst gießt man sie mit Beton aus (Bild 1). Den fertigen Baustoff nennt man Stahlbeton.

Wenn man zwei Baustoffe so eng miteinander verbindet, besteht bei Temperaturschwankungen eine Gefahr: Durch unterschiedliche Ausdehnung kann es zu Rissen und Schäden am Bauwerk kommen.

Bei Stahlbeton besteht diese Gefahr nicht. Beton und Stahl (oder Eisen) dehnen sich nämlich gerade gleich stark aus (→ Tabelle im Anhang).

Wenn eine Hausfassade mit Platten verkleidet wird, vermeidet man es, die Platten aneinander zu setzen. Die verbleibenden Fugen werden mit einem elastischen Material gefüllt (Bild 2).

2

Fragen und Aufgaben zum Text

1 Beschreibe, was man unter Stahlbeton versteht. Warum kann man Stahl und Beton zusammen verarbeiten?

2 Was würde passieren, wenn man Aluminiumstäbe in Beton eingießen würde?

3 Was würde passieren, wenn die Platten einer Hausfassade dicht aneinander gesetzt wären? Warum verwendet man zum Ausfüllen der Fugen *elastisches* Material?

3 Bimetallthermometer und Bimetallstreifen

Ein **Bimetallthermometer** siehst du in Bild 3.

Der Zeiger ist am Ende einer Spirale angebracht (Bild 4). In der Mitte ist das andere Ende der Spirale befestigt, sodass sie sich als Ganzes nicht drehen kann.

Wie kommt es, dass sich der Zeiger bei Temperaturänderungen bewegt?

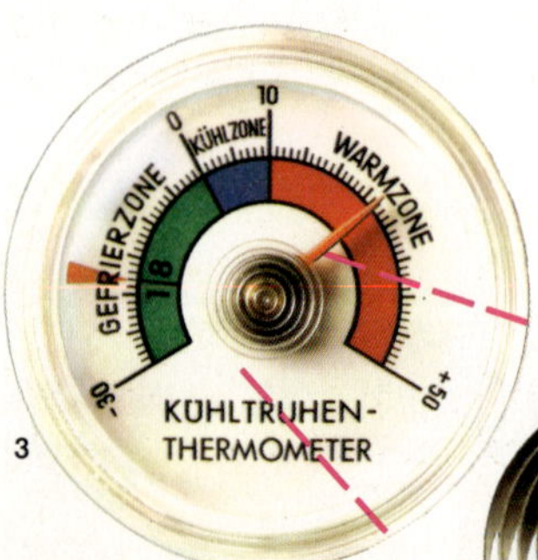

3

4

V 9 Schneide vom „Silberpapier" einer Kaugummipackung zwei schmale, möglichst lange Streifen ab.

a) Einen Streifen klemmst du in ein Streichholz (Bild 5). Rolle den Streifen zu einer Spirale zusammen; das Papier soll außen liegen. Halte dann die Spirale in den heißen Luftstrom einer Kerzenflamme (Bild 6).

Beobachte die Spirale beim Erwärmen und Abkühlen.

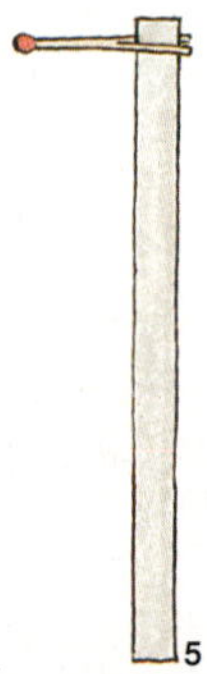
5

6

b) Den zweiten Streifen legst du einige Minuten ins Wasser. Danach kannst du die beiden Schichten des „Silberpapiers" (Aluminium und Papier) voneinander trennen.

Probiere aus, was mit einer Spirale aus Aluminium oder Papier im heißen Luftstrom der Kerze geschieht.

5595R

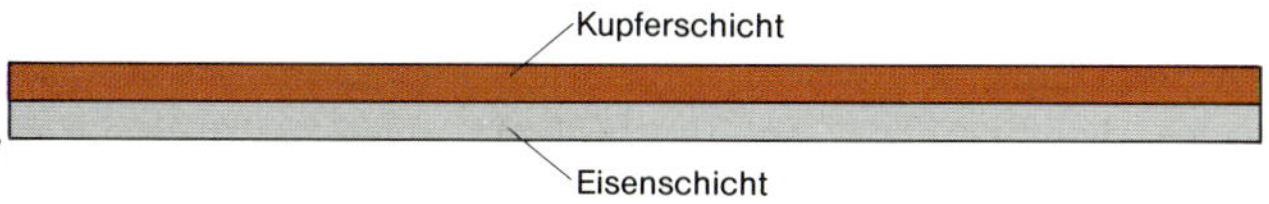

7

V 10 Ein Bimetallstreifen besteht aus zwei verschiedenen Metallschichten (lat. *bi-:* zwei-), die fest miteinander verbunden sind (Bild 7).

a) Der Bimetallstreifen wird festgeklemmt und erwärmt (Bild 8). Was geschieht?

b) Nach dem Abkühlen wird der Streifen umgedreht, sodass seine andere Schicht zur Flamme zeigt.

Was passiert diesmal beim Erwärmen?

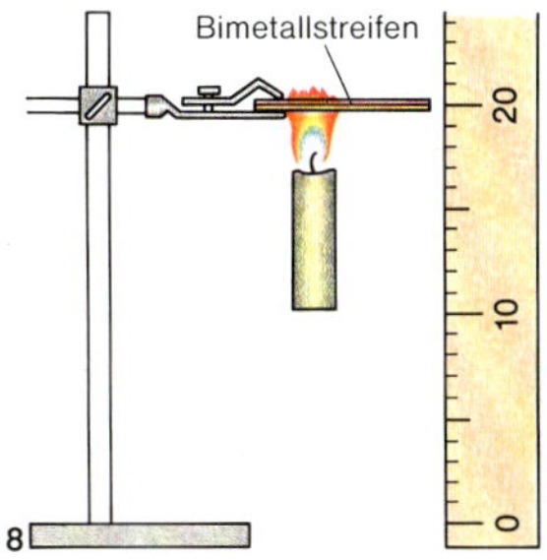

8

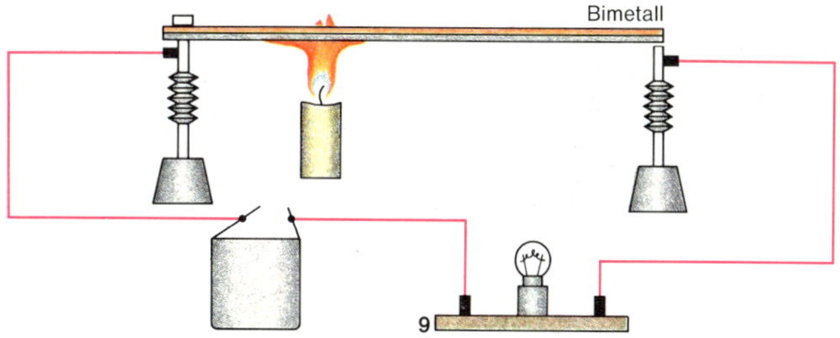

9

V 11 Einen Bimetallstreifen kann man auch als automatischen Schalter verwenden. Solche Bimetallschalter werden z. B. in Bügeleisen verwendet.

Bild 9 zeigt den Versuchsaufbau. Was geschieht, wenn der Bimetallstreifen erwärmt und anschließend abgekühlt wird?

Welche Schicht des Bimetallstreifens muss oben sein? Was geschieht sonst?

Aus Umwelt und Technik: **Wie Bimetallstreifen hergestellt werden**

Bei der Bimetallherstellung werden keine reinen Metalle, sondern Gemische verschiedener Metalle *(Legierungen)* verwendet. So besteht z. B. die Schicht, die sich beim Erwärmen stärker ausdehnt, aus einer Legierung von Eisen, Chrom und Nickel. Die Schicht mit der geringeren Ausdehnung besteht überwiegend aus Nickel.

Bei einem Bimetallstreifen können wir keine Grenze zwischen den Schichten erkennen. Wie schafft man es, die beiden Schichten so eng miteinander zu verbinden?

Zwei Platten aus den Metalllegierungen (Bild 10) werden auf über 1000 °C erhitzt.

Sie glühen hellrot und werden aufeinander gepresst (Bild 11). Dadurch verschweißen sie, sodass sie nicht mehr zu trennen sind.

Die so entstandene Metallplatte wird noch mehrmals erhitzt und zwischen Stahlwalzen ausgewalzt (Bild 12). Es entsteht ein dünnes Blech, das je nach Verwendungszweck in Streifen geschnitten wird.

10

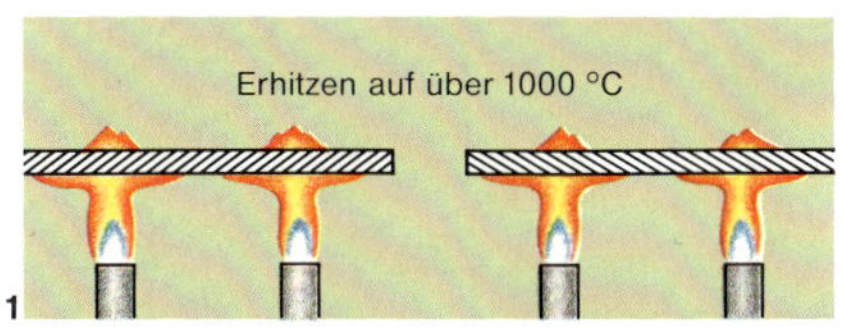

11

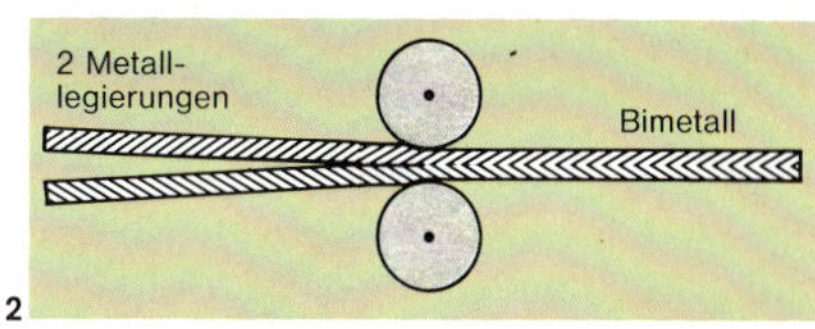

12

Aufgaben

1 In Bild 13 siehst du einen Bimetallstreifen aus Kupfer und Eisen. Er wird gerade erwärmt. Welches ist die Kupferschicht und welches die Eisenschicht?

2 Welche Paare von Metallen eignen sich besser zur Herstellung von Bimetallstreifen: Kupfer/Messing oder Eisen/Zink?

3 In welche Richtung wird sich hier der Bimetallstreifen jeweils biegen (Bilder 14 u. 15)?

4 Bei der Anordnung von Bild 16 soll der Ausschlag des Bimetallstreifens möglichst groß sein. Wo muss das Bimetall erwärmt werden?

5 Warum hat der Bimetallstreifen in einem Thermometer die Form einer Spirale?

6 Erste Bimetallschalter – wie in Versuch 11 – wurden vor rund 60 Jahren in Heizkissen eingebaut. Welche Aufgabe hatten sie?

13
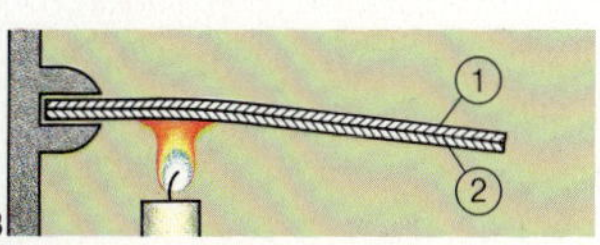

14
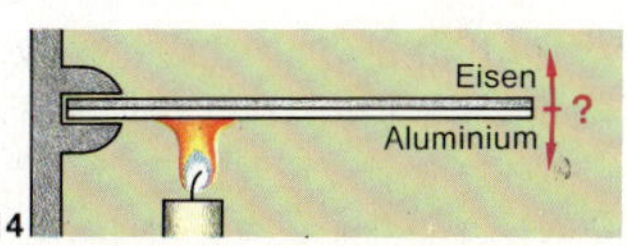

15
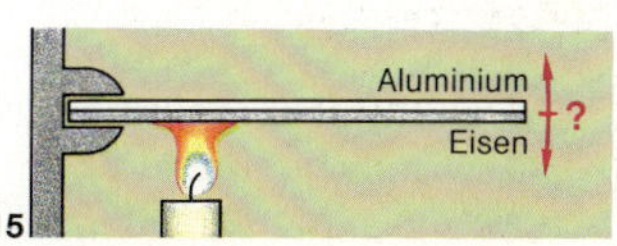

16
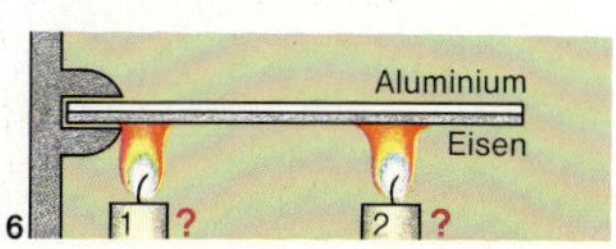

5596R

Aus der Geschichte: **Erste Bimetallthermometer**

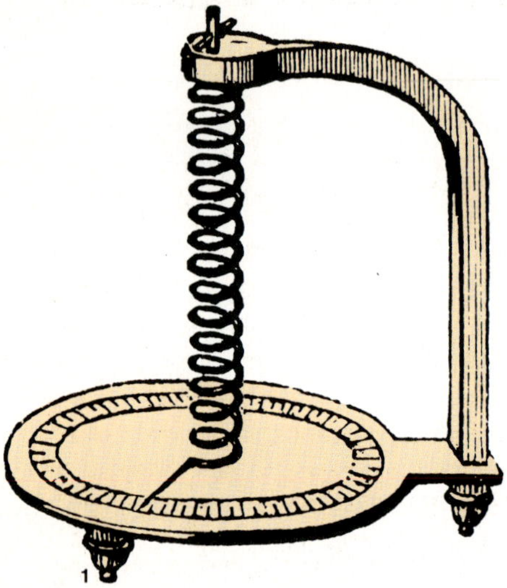

1

Bimetallthermometer sind keine Erfindung unserer Zeit. Schon vor 150 Jahren waren solche Thermometer in Gebrauch (Bild 1).

Der Bimetallstreifen ist wie eine Wendeltreppe gebogen. Diese *Wendel* besteht aus drei dünnen Metallschichten (Bild 2).

Silber dehnt sich beim Erwärmen stärker aus als Gold und Gold stärker als Platin. Beim Erwärmen ändert sich daher die Krümmung der Wendel, was zu einer Drehung des Zeigers führt.

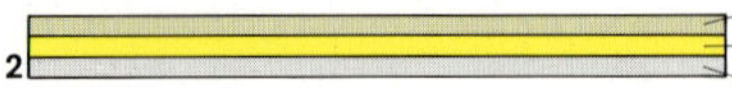

2

Ein modernes Thermometer mit einer Bimetallwendel – allerdings aus nur zwei Metallen – zeigt Bild 3.

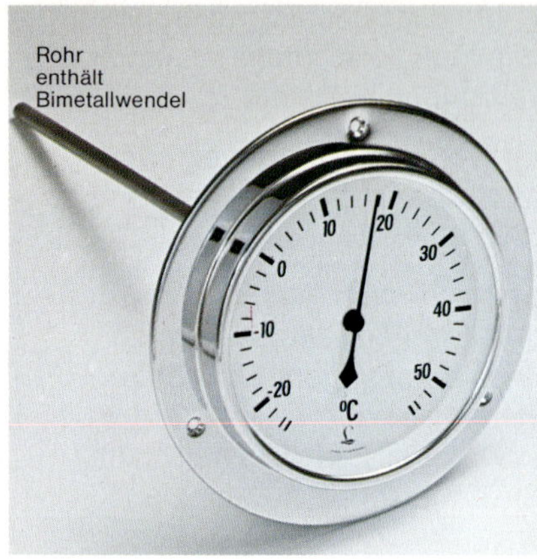

3

Alles klar?

4

1 In chemischen Fabriken werden Flüssigkeiten oft durch Rohrleitungen gepumpt. Warum haben diese Leitungen große Schleifen (Bild 4)?

2 Warum bezeichnet man wohl die Spalten in der Fahrbahn einer Brücke als *Dehnungsfugen*?

3 Bei der Eisenbahn werden Oberleitungen (Fahrdrähte) durch Betongewichte straff gespannt (Bild 5).

Wieso hängen die Betongewichte mal höher und mal tiefer?

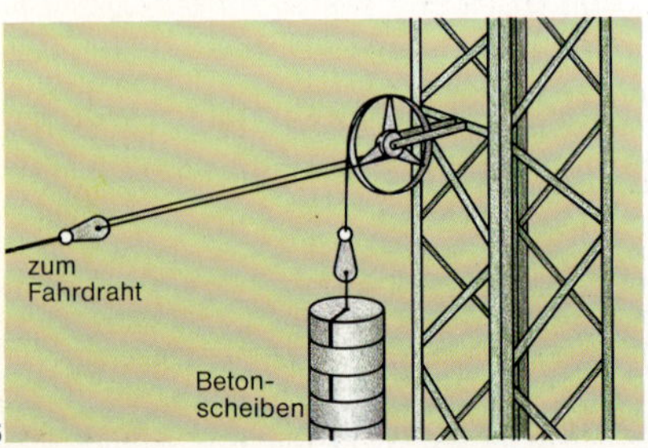

5

6 Verdammt, die Kugel hat in der Sonne gelegen!

4 Bild 6 ist nicht ganz ernst gemeint. Beschreibe die dargestellte Situation.

Was wäre, wenn die Sonne auch die Kanone erhitzt hätte?

5 Warum ist zwischen Badewanne und Wandfliesen eine Dehnungsfuge nötig?

6 Weshalb können Beton und Eisen miteinander verbaut werden?

7 Die Ausdehnung von Körpern bei Erwärmung hat nicht nur Nachteile. Wo wird sie genutzt?

Nenne mehrere Beispiele.

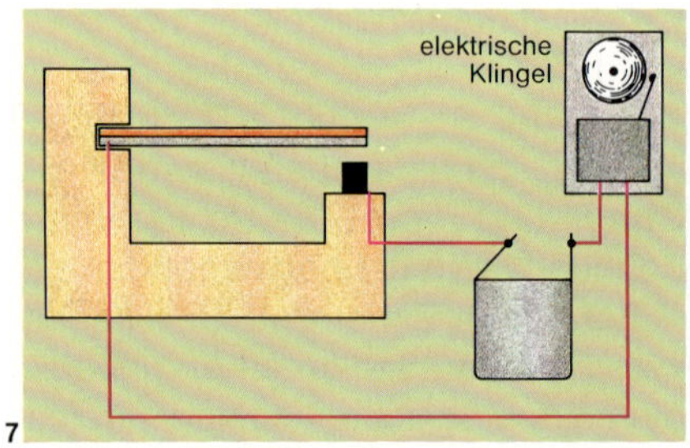

7

8 Bild 7 zeigt vereinfacht einen automatischen Feuermelder.

Beschreibe, wie dieser Feuermelder funktioniert.

9 Tina Pfiffig meint, dass man sich ein Bimetall aus zwei unterschiedlichen Metallstreifen und zwei Wäscheklammern herstellen kann.

Was meinst du dazu?

10 Ein Bimetallstreifen wird erhitzt. Die untere Schicht des Streifens (in Bild 8 rot eingezeichnet) dehnt sich beim Erwärmen stärker aus als die obere.

a) Wie biegt sich der Streifen, wenn er erwärmt wird?

b) Nachdem er sich abgekühlt hat, wird der Bimetallstreifen in den Kühlschrank gelegt. Wie ändert sich seine Form?

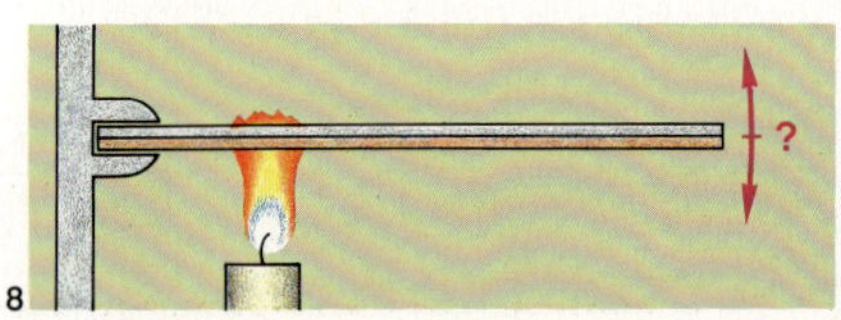

8

5597R

4 Zusammenfassung

Was geschieht, wenn ein fester Körper erwärmt oder abgekühlt wird?

9
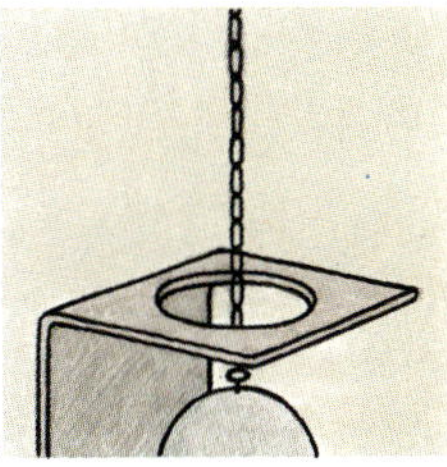
10
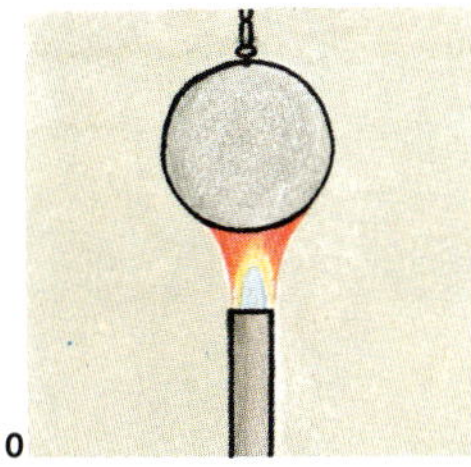
11
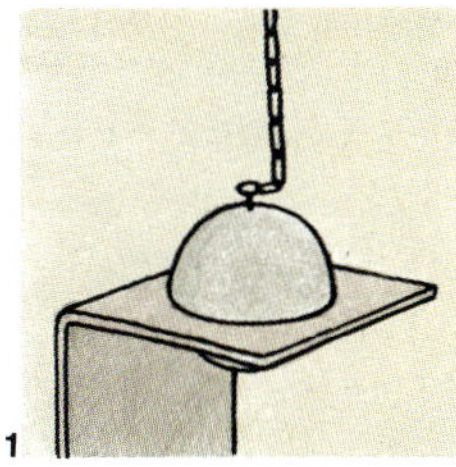
12
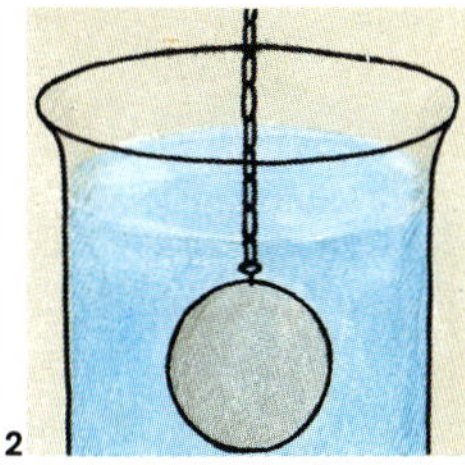
13
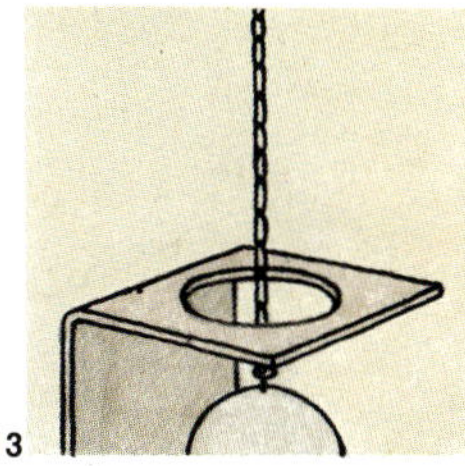

Diese Versuchsreihe beweist: Eine eiserne Kugel **dehnt sich** nach allen Seiten **aus**, wenn sie erwärmt wird. Beim Abkühlen **zieht sich** die Kugel **zusammen**.

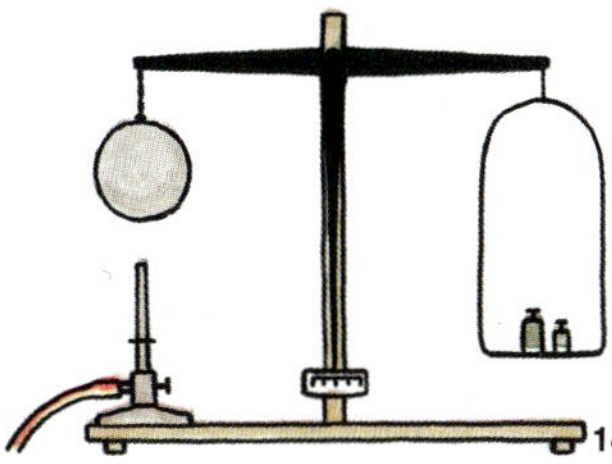
14

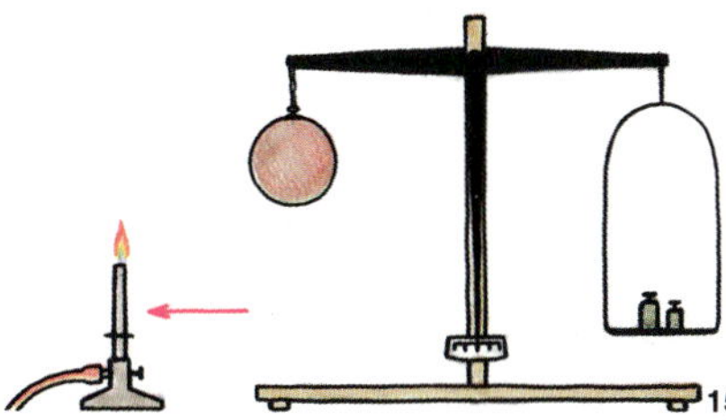
15

So verhalten sich fast alle festen Körper. Ausnahmen machen Gummi und manche Kunststoffe.

Während die Kugel sich ausdehnt, wird sie **nicht schwerer**; während sie sich zusammenzieht, wird sie nicht leichter.

Ohne Hilfsmittel ist die Ausdehnung fester Körper **kaum zu sehen**. Ein Eisenstab von 1 m Länge, der um 100 °C erwärmt wird, wird nur 1,2 mm länger.

Obwohl sich feste Körper bei Temperaturveränderungen nur geringfügig ausdehnen oder zusammenziehen, treten dabei **große Kräfte** auf.

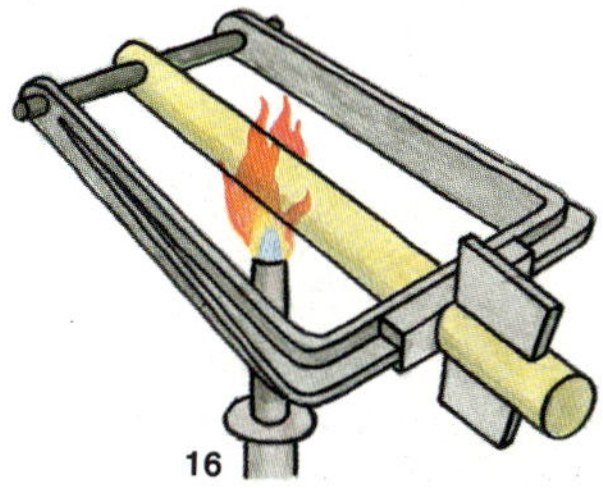
16

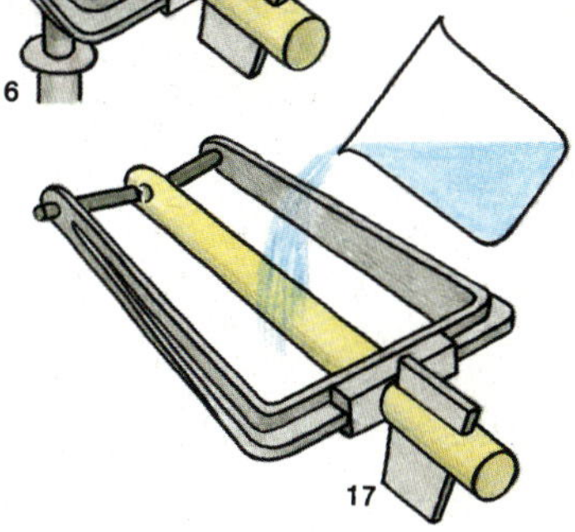
17

Wie stark sich ein Körper ausdehnt, wenn er erwärmt wird, hängt davon ab,
- aus welchem Stoff der Körper besteht,
- wie groß die Temperaturänderung ist und
- welche Länge der Stab hat (bzw. welchen Durchmesser der Körper hat).

Die meisten festen Körper dehnen sich aus, wenn sie erwärmt werden.
Beim Abkühlen ziehen sie sich zusammen.

So funktioniert ein Bimetall

18

19

In einem Bimetallstreifen sind zwei unterschiedliche Metallschichten fest miteinander verbunden. Die beiden Metalle dehnen sich unterschiedlich stark aus, wenn sie erwärmt werden:

Beim Erwärmen verbiegt sich der Bimetallstreifen nach der Seite,
die sich weniger stark ausdehnt.
Beim Abkühlen verbiegt er sich nach der Seite,
die sich stärker ausdehnt.

Gase werden erwärmt und abgekühlt

1 Ein geheimnisvoller Flaschengeist?

1

2

„Achtung", ruft Uli, „gleich macht sich der Flaschengeist bemerkbar!" Dann murmelt er eine geheimnisvolle Zauberformel, streicht an der Flasche entlang und umschließt sie fest mit beiden Händen (Bild 1).

Ein prima Zaubertrick – auch der von Bild 2! Aber das mit dem Flaschengeist stimmt doch wohl kaum.

Willst du diese Zaubertricks selbst durchführen? Probiere es doch!

Sie gelingen am besten, wenn du die Flaschen vorher im Kühlschrank aufbewahrst. Bei Bild 1 muss die Münze angefeuchtet werden. Der Trick von Bild 2 geht auch mit Knetmasse und Strohhalm (falls du Stopfen und Glasrohr nicht bekommst).

V 1 Tauche die Öffnung einer gekühlten, leeren Sprudelflasche kurz in Wasser mit Spülmittel. Wenn du sie wieder herausziehst, soll die Flaschenöffnung mit einer dünnen Seifenblase verschlossen sein.

Erwärme nun die Flasche mit beiden Händen. Kühle sie auch wieder mit kaltem Wasser ab.

V 2 Jetzt brauchst du außer einer leeren Sprudelflasche eine Luftballonhülle. Ziehe sie über die Öffnung der Flasche und lege die Flasche 30 Minuten lang in den Kühlschrank.

Stelle sie dann in einen Topf mit Wasser und erwärme das Wasser.

Nimm schließlich die Flasche aus dem heißen Wasser heraus; stelle sie in kaltes Wasser.

V 3 Den Versuchsaufbau zeigt dir Bild 3. Zähle die Luftblasen, die entweichen, wenn du den *Glaskolben* mit der Hand erwärmst.

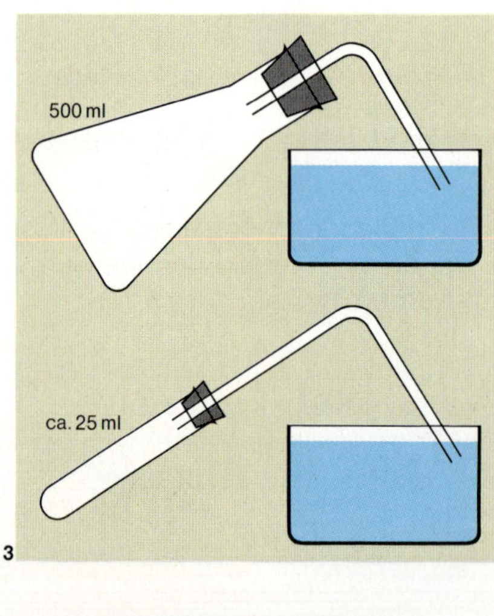

3

Erwärme nun das kalte *Reagenzglas* mit der Hand: Auch jetzt steigen einige Luftblasen nach oben. Wie viele sind es?

V 4 Bei diesem Versuch (Bild 4) wird der Glaskolben nur kurz mit der Hand berührt, sodass er sich nur wenig erwärmt.

Was wirst du dabei beobachten können? Was wird geschehen, wenn sich der Kolben wieder abkühlt?

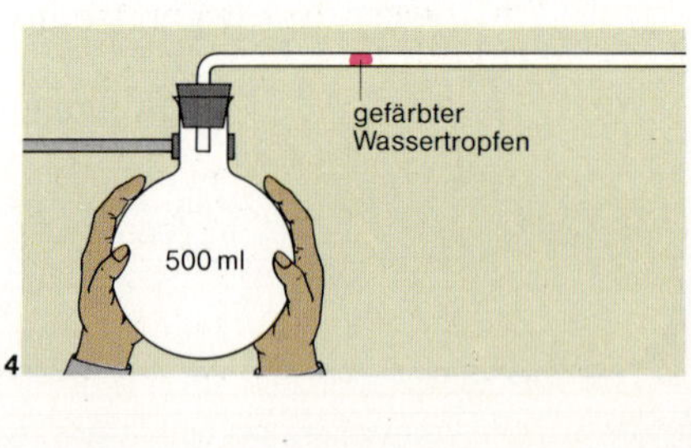

4

V 5 Überlege, was mit dem in Bild 5 gezeigten Versuch festgestellt werden soll.

Wie läuft er ab? Welches Versuchsergebnis erwartest du?

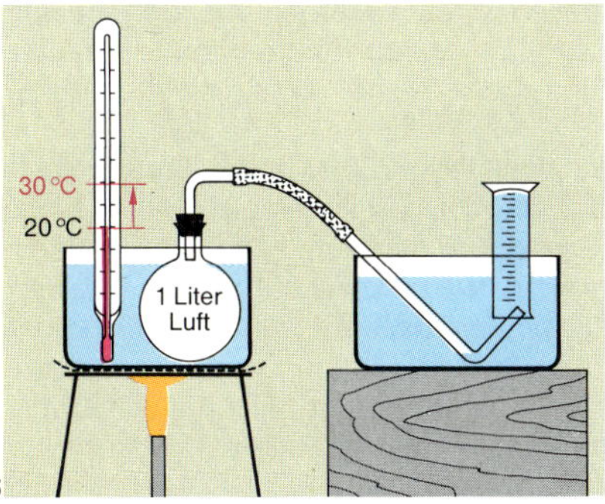

5

V 6 Wir benutzen ein Thermoskop (Bild 6): An ein Reagenzglas ist mit einem Gummischlauch ein U-Rohr angeschlossen. Das Rohr ist etwa zur Hälfte mit Wasser gefüllt.

a) Zunächst ist ein Reagenzglas mit *Luft* gefüllt. Es wird mit der Hand erwärmt. Lies ab, bei welcher Marke die Flüssigkeit im Anzeigegerät stehen bleibt.

b) Anschließend wird *Gas aus der Sprudelflasche* in ein Reagenzglas gefüllt, danach in ein drittes Reagenzglas noch das *Gas aus dem Brenner*. Jedes Mal wird das (kühle) Reagenzglas mit der Hand erwärmt.

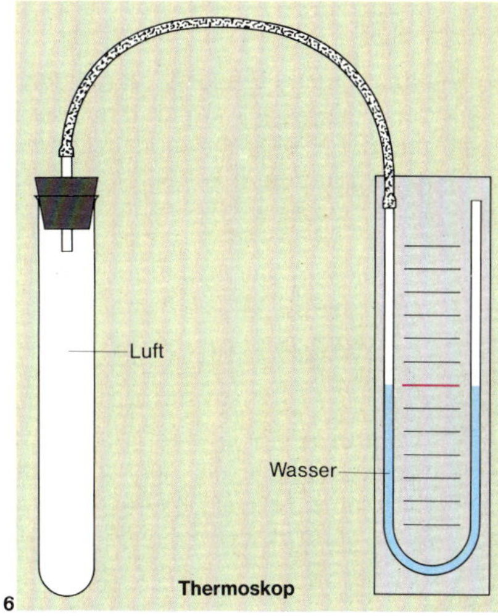

6

Aufgaben

1 Erkläre Ulis „Zauberkunststücke": Warum „klickte" das 10-Pf.-Stück (Bild 1)?

Warum stieg das Wasser im Glasrohr nach oben (Bild 2)?

a) Zur Vorbereitung hatte Uli die Flaschen in den Kühlschrank gelegt. Meinst du, dass das nötig war?

b) Die Flaschen wurden *auf einem Handtuch* herbeigetragen. Findest du eine Erklärung dafür?

2 Warum hast du in Versuch 3 beim Glaskolben mehr Gasblasen zählen können als beim Reagenzglas?

3 Wenn man 1 Liter (1000 ml) eines Gases um 1 °C erwärmt, dehnt es sich aus – und zwar

Luft	um 3,7 ml,
Gas der Sprudelflasche	um 3,7 ml,
Gas des Brenners	um 3,7 ml,
Sauerstoff	um 3,7 ml.

Was fällt dir auf, wenn du diese Werte mit denen vergleichst, die du in Ausdehnungstabellen von *festen* und *flüssigen* Körpern findest?

4 Ergänze die folgenden Sätze:
„Je stärker man ein Gas erwärmt, desto ..."
„Je größer die erwärmte Gasmenge, desto ..."
„Die Wärmeausdehnung der Gase ist nicht abhängig von ..."

5 Was geschieht, wenn Gase *abgekühlt* werden? Beschreibe einen Versuch, der das deutlich zeigt.

6 Ein Luftballon wird bei Zimmertemperatur (20 °C) aufgeblasen. Er fasst genau 3 Liter. Nun wird er in den Kühlschrank gelegt, wo eine Temperatur von nur 4 °C herrscht. Welche Beobachtung wird man nach einer halben Stunde machen können?

Aus der Geschichte: **Das erste Fieberthermometer**

Vor ungefähr 350 Jahren erfand in der italienischen Stadt Padua der Arzt *Sanctorius* das erste Fieberthermometer.

Dieses Thermometer sah anders aus als unsere heutigen Fieberthermometer: Es bestand nämlich aus einer Glaskugel mit einem dünnen, schlangenförmig gebogenen Rohr. Die Kugel war mit Luft gefüllt und gerade so groß, dass sie in den Mund genommen werden konnte. Das Rohr war etwa zur Hälfte mit gefärbtem Wasser gefüllt.

Wenn nun der Arzt zu einem Kranken gerufen wurde, der vielleicht Fieber hatte, nahm er die Thermometerkugel zunächst selbst in den Mund. Er wartete, bis sich die Flüssigkeit im Rohr nicht mehr verschob, und steckte die Thermometerkugel schnell dem Kranken in den Mund (Bild 7). Wenn sich die Flüssigkeit noch weiter verschob, hatte der Kranke Fieber ...

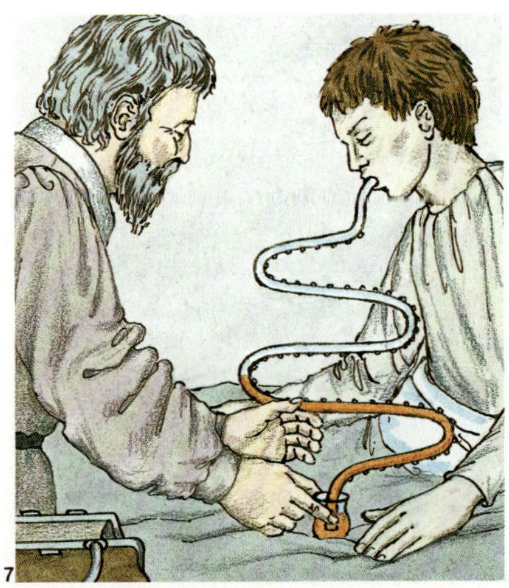
7

Fragen und Aufgaben zum Text

1 Warum verschob sich die Flüssigkeit im Rohr, wenn der Arzt die Thermometerkugel in den Mund nahm?

2 Überlege, warum man das erste Fieberthermometer als *Luft-* oder *Gasthermometer* bezeichnen kann.

Alles klar?

1 Gib an, welches Ergebnis du bei dem folgenden Versuch erwartest. Eine leere und kalte Sprudelflasche wird mit ihrer Öffnung nach unten in kaltes Waser gesteckt. Das Wasser wird langsam erhitzt.

2 Beim Tischtennis wird der Ball manchmal leicht eingedrückt ohne dabei einzureißen. Was kann man tun um den Ball zu „retten“?

3 Im warmen Zimmer hast du einen Luftballon so aufgeblasen, dass er schön rund und glatt ist. Was wird wohl mit ihm geschehen, wenn du ihn nimmst und raus in den Schnee gehst?

1

4 Warum dürfen Spraydosen nicht ins Feuer geworfen werden?

5 In Betriebsanleitungen von Autoherstellern steht: „Messen Sie den Reifendruck bei *kalten* Reifen – sonst erhalten Sie falsche Werte!“ Was meinst du dazu?

6 Vor über 2000 Jahren konstruierte der griechische Ingenieur *Philon* einen Tempelaltar, dessen Feuer auf geheimnisvolle Weise gelöscht wurde. Das galt als ein Zeichen dafür, dass die Götter das Opfer angenommen hatten. Das nebenstehende Bild zeigt, wie diese Vorrichtung funktionierte. Erkläre!

2 Zusammenfassung

Wie verhalten sich Gase, wenn sie erwärmt oder abgekühlt werden?

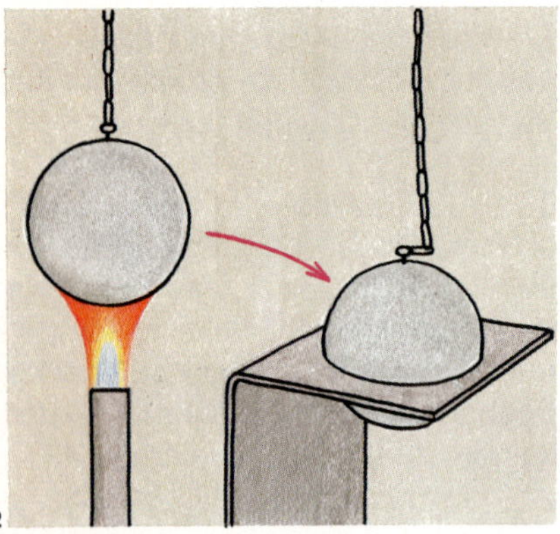
2

So verhält sich die feste Eisenkugel: Beim Erwärmen dehnt sie sich aus und beim Abkühlen zieht sie sich zusammen.

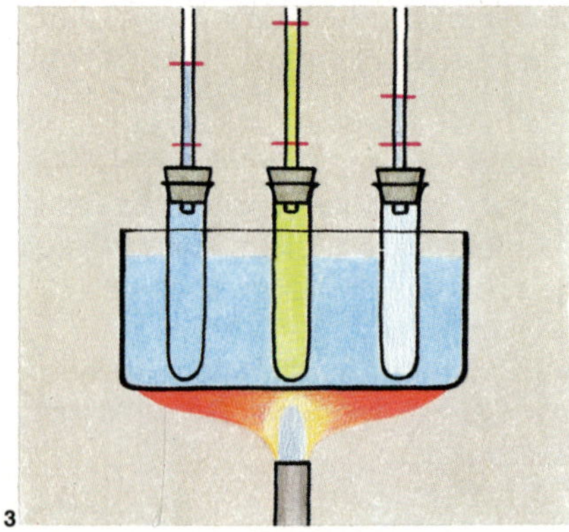
3

Und auch die Flüssigkeiten dehnen sich aus, wenn sie erwärmt werden (je nach Art der Flüssigkeit unterschiedlich stark).

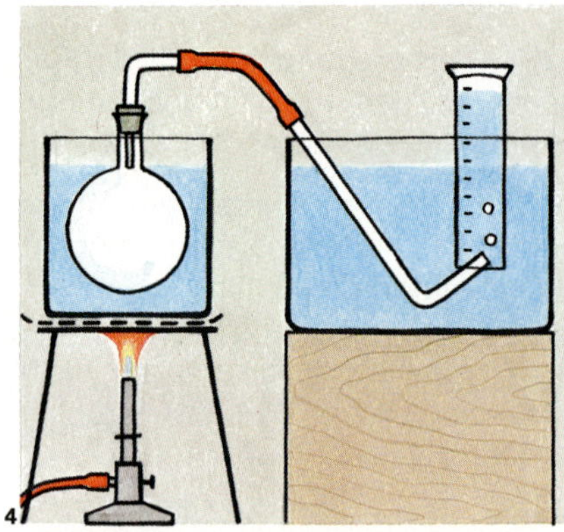
4

Das hast du beim Erwärmen von Luft festgestellt: Es steigen Luftbläschen auf, weil sie im Kolben keinen Platz mehr haben.

5

Nicht nur feste und flüssige Körper reagieren auf eine Erwärmung oder Abkühlung, sondern auch die gasförmigen Körper (Gase). Dazu gehören z. B. die Luft, der Sauerstoff oder das Gas aus der Sprudelflasche:

Gase **dehnen sich aus**,
wenn sie erwärmt werden.
Sie **ziehen sich zusammen**,
wenn ihre Temperatur sinkt.

6

178R

Wovon hängt die Ausdehnung der Gase beim Erwärmen ab?

Die Ausdehnung der Gase hängt davon ab, **wie stark** sie **erwärmt** werden.
Je größer die Temperaturänderung – desto größer die Ausdehnung.

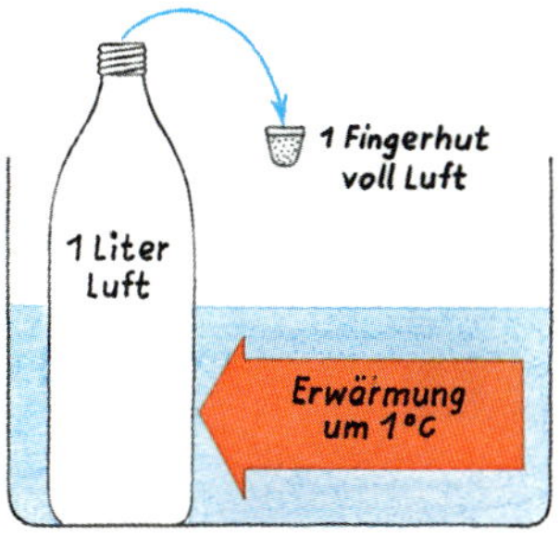

7

Das kannst du dir so klarmachen: Du hast eine Literflasche, die mit einem Liter Luft gefüllt ist. Diese Luft wird um **1 °C** *erwärmt*. Dabei dehnt sie sich aus, sodass ca. *1 Fingerhut* voll Luft aus der Flasche herausströmt.

Wenn der eine Liter Luft in der Flasche nun aber nicht um 1 °C, sondern um **20 °C** erwärmt wird, dehnt sich die Luft stärker aus. Jetzt strömt mehr Luft aus der Flasche heraus – insgesamt 20-mal so viel wie bei der Erwärmung um nur 1 °C (also ca. *20 Fingerhüte* voll).

8

Die Ausdehnung der Gase hängt auch von der **Menge des Gases** ab.

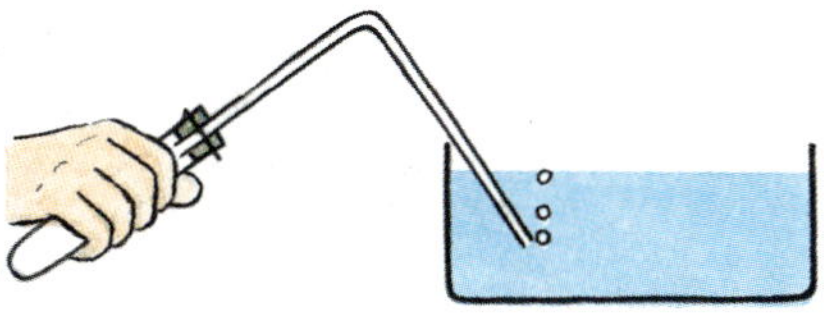

9

Je größer die Gasmenge ist, die z. B. um 10 °C erwärmt wird, desto größer ist auch die Ausdehnung.

Entsprechend verhalten sich die Gase, wenn sie *abgekühlt* werden.

10

Die Ausdehnung der Gase bei Erwärmung hängt **nicht von der Art** des Gases ab:
1 Liter Sauerstoff z. B. dehnt sich genauso stark aus wie 1 Liter Gas aus dem Brenner
(wenn beide gleich stark erwärmt werden).

Wir vergleichen das Verhalten fester, flüssiger und gasförmiger Körper, die erwärmt oder abgekühlt werden

	Feste Körper	**Flüssigkeiten**	**Gase**
Verhalten beim Erwärmen:	dehnen sich aus	dehnen sich aus Ausnahme: Wasser zwischen 0 °C und 4 °C	dehnen sich aus
Verhalten beim Abkühlen:	ziehen sich zusammen	ziehen sich zusammen Ausnahme: Wasser zwischen 0 °C und 4 °C	ziehen sich zusammen
Das Ausdehnen und Zusammenziehen ist abhängig:	**1.** von der Temperaturänderung **2.** von der ursprünglichen Menge (Volumen) des festen Körpers **3.** vom Stoff, aus dem der feste Körper besteht	**1.** von der Temperaturänderung **2.** von der ursprünglichen Menge (Volumen) der Flüssigkeit **3.** vom Stoff, aus dem die Flüssigkeit besteht	**1.** von der Temperaturänderung **2.** von der ursprünglichen Menge (Volumen) des Gases **3.** –

Zustandsformen und Teilchenmodell

1 Stoffe ändern ihren Zustand

1

2

3

4

5

Fünfmal Wasser,
das seinen Zustand ändert oder ändern wird.
Was ist damit gemeint?
Beschreibe es anhand dieser Bilder.

V 1 Stelle dir im Gefrierfach eines Kühlschranks einen kleinen Klumpen *Eis* her (in der Eiswürfelschale oder in einem Eierbecher aus Kunststoff).

a) Beobachte das Eis, während du es in den Händen hältst.

Beschreibe, was mit deinen Händen geschieht.

b) Wie lange dauert es, bis das Eis in deiner Hand aufgetaut ist?

V 2 Wir erhitzen zerkleinertes Eis so lange, bis das entstehende Wasser siedet.

a) Notiere, wie sich der Inhalt des Gefäßes beim Erwärmen verändert.

b) Was geschieht, wenn wir eine brennende Kerze über das siedende Wasser halten (Bild 6)?

6

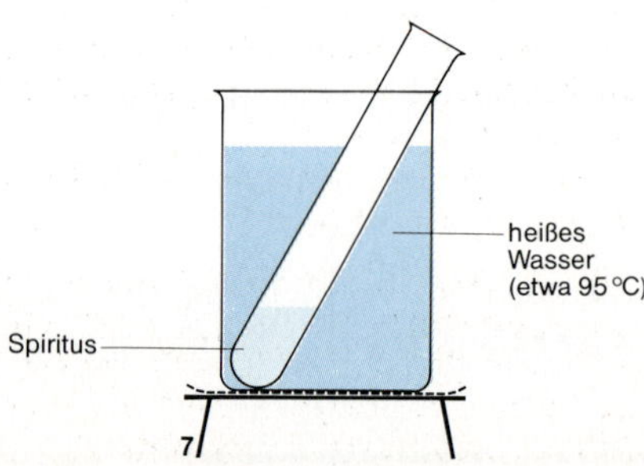

7

c) Was kannst du an einer kalten Glasscheibe beobachten, die in den Wasserdampf gehalten wird?

V 3 Mit dem Aufbau von Bild 7 kann überprüft werden, ob sich *Brennspiritus* (oder *Alkohol*) beim Erwärmen genauso verhält wie Wasser.

a) Warum wird Brennspiritus nicht über einer offenen Flamme erhitzt?

b) Vergleiche Brennspiritus und Wasser während des Erwärmens.

V 4 In einem Metalllöffel erhitzen wir etwas *Blei* oder *Zinn*, bis es flüssig wird.

a) Zum Abkühlen gießen wir es in ein größeres Gefäß mit kaltem Wasser.

b) Was ändert sich während des Versuchs, was bleibt gleich?

1 Das Säulendiagramm von Bild 8 zeigt dir die Zustandsformen (Aggregatzustände) einiger Stoffe.

a) Bei welchen Temperaturen sind diese Stoffe flüssig bzw. gasförmig?

b) In welchen Zustandsformen befinden sich die Stoffe bei Zimmertemperatur (20 °C)? Ordne sie in eine Tabelle nach folgendem Muster ein:

Zustandsform bei 20 °C		
fest	flüssig	gasförmig
...	...	...

c) Wasser geht bei 100 °C vom flüssigen in den gasförmigen Zustand über. Nenne die Stoffe aus Bild 8, die bei dieser Temperatur fest sind.

Welche dieser Stoffe sind bei dieser Temperatur gasförmig?

2 Thermometer haben als Thermometerflüssigkeit z. B. Alkohol oder Quecksilber. Bis zu welcher niedrigsten Temperatur kann man sie jeweils gebrauchen (Bild 8)?

3 Der Glühdraht einer Glühlampe erreicht beim Leuchten eine Temperatur von ca. 2500 °C.

Welches der folgenden Metalle kann man demnach als Glühdraht verwenden?

Metall	Schmelztemperatur	Siedetemperatur
Eisen	1535 °C	2735 °C
Platin	1769 °C	4300 °C
Titan	1670 °C	3300 °C
Kupfer	1083 °C	2590 °C
Wolfram	3380 °C	5500 °C

Zustandsformen und Zustandsänderungen

Viele Stoffe können in allen drei Zustandsformen vorkommen: **fest, flüssig** und **gasförmig.** Man spricht von *Zustandsformen* oder *Aggregatzuständen* (lat. *aggregare:* anhäufen).

Wenn Stoffe ihre Zustandsform ändern, ändert sich der Stoff *nicht.* Die chemische Zusammensetzung bleibt gleich.

Wenn beim Erwärmen ein fester Stoff in den flüssigen Zustand übergeht, sagt man: Der Stoff **schmilzt**. *Beispiel:* Eis wird zu Wasser. Geht er vom flüssigen in den gasförmigen Zustand über, so sagt man: Der Stoff **verdampft** oder **siedet**. *Beispiel:* Wasser wird zu Wasserdampf.

Bei Wasser treten diese Änderungen bei der **Schmelztemperatur** 0 °C (fest → flüssig) und bei der **Siedetemperatur** 100 °C (flüssig → gasförmig) ein.

Bild 9 zeigt die Zustandsformen und Zustandsänderungen von Wasser.

Schmelz- und Siedetemperaturen sind von Stoff zu Stoff verschieden. Schmelz- und Siedetemperaturen sind wichtige Unterscheidungsmerkmale der Stoffe.

Wenn man einen gasförmigen Stoff abkühlt, wird er flüssig und schließlich fest.

Beim Übergang vom gasförmigen in den flüssigen Zustand sagt man: Der Stoff **kondensiert**. *Beispiel:* Wasserdampf wird zu Wasser. Beim Übergang in den festen Zustand sagt man: Der Stoff **erstarrt**. *Beispiel:* Wasser wird zu Eis.

Manche festen Stoffe (z. B. Iod) werden beim Erhitzen sofort gasförmig. Auch beim Abkühlen „überspringen" sie den flüssigen Zustand.

Viele Gase kann man nur verflüssigen, sie werden aber nicht fest.

Flüssigkeiten gehen vom flüssigen in den gasförmigen Zustand über, obwohl sie ihre Siedetemperatur noch nicht erreicht haben (Regenwasser auf der Straße). Die Flüssigkeit **verdunstet**.

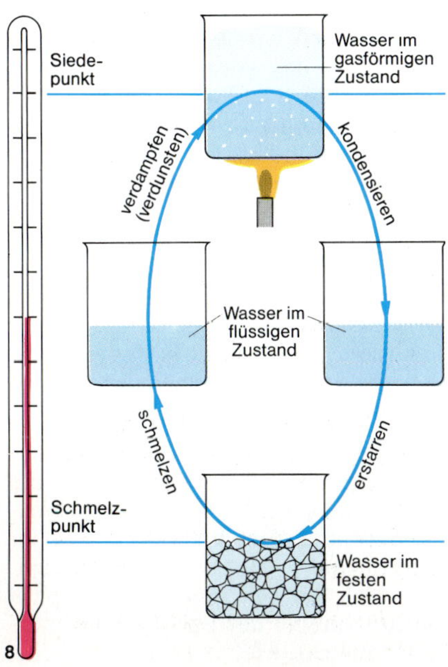

8

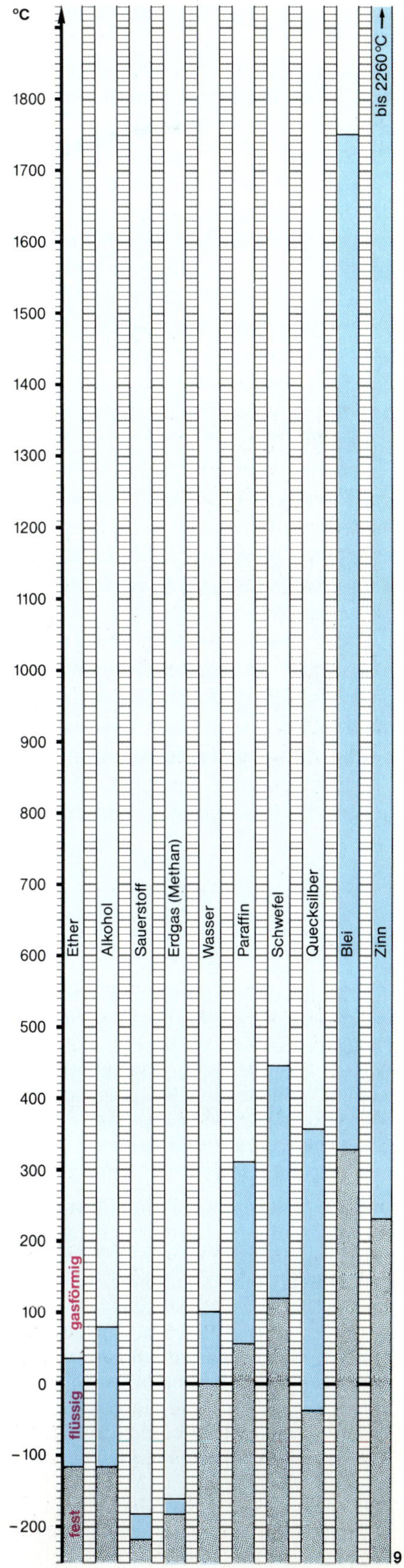

9

6212R

2 Das Teilchenmodell

Aus der Geschichte: **Die seltsamen Beobachtungen des Robert Brown**

Im Jahr 1827 machte der englische Arzt und Pflanzenforscher *Robert Brown* eine überraschende Entdeckung:

Er führte gerade Untersuchungen über Blütenstaub durch. Dabei interessierte er sich besonders für den Inhalt von Pollenkörnern. Er zerquetschte deshalb einige der Körner in einem Tropfen Wasser. Die winzigen Bestandteile der Pollenkörner, die sich ins Wasser ergossen, beobachtete er unter dem Mikroskop.

Browns Verwunderung war groß. Er stellte nämlich fest, dass diese Bruchstücke oder *Partikel* der Pollenkörner niemals zur Ruhe kamen – wie lange er sie auch beobachtete. Vielmehr blieben sie in einer ständigen, regellosen Bewegung.

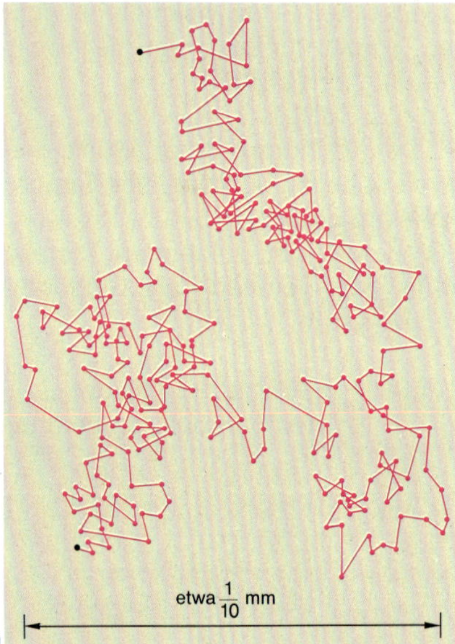

1

Bild 1 zeigt den Weg eines solchen Partikels. Dabei wurde alle 30 Sekunden seine jeweilige Position durch einen Punkt markiert. Die Art dieser Bewegung, die in diesem Bild nachgezeichnet ist, wird nach ihrem Entdecker **brownsche Bewegung** genannt.

Brown glaubte zunächst, eine Erklärung für die beobachtete Bewegung zu haben: „Die Bewegung der Pollenpartikel ist ein Beweis dafür, dass es sich bei ihnen um lebendige Körper handelt. Nur so ist es ja denkbar, dass sie sich von selbst im Zickzackkurs durchs Wasser bewegen."

Bald musste er einsehen, dass diese Erklärung nicht stimmen konnte. Bei weiteren Versuchen stellte er nämlich fest, dass sich auch Ruß- und Staubpartikel, ja sogar winzige Metallsplitter genauso im Wasser fortbewegten wie die Pollenpartikel.

Noch viel weniger passte seine Erklärung, als diese Bewegung auch bei Staub- und Rußpartikeln in völlig ruhiger Luft beobachtet werden konnte.

Sein Problem war nun also folgendes: Staub, Ruß und Metalle sind nicht lebendig; sie können sich also nicht von selbst fortbewegen. Die Partikelchen mussten also **angestoßen** worden sein um in Bewegung zu kommen. Wer aber sollte sie angestoßen haben, wenn doch die Luft oder das Wasser, in denen sie sich befanden vollkommen bewegungslos erschien?

Es dauerte noch viele Jahrzehnte, bis das Rätsel um die brownsche Bewegung gelöst werden konnte.

Browns Beobachtungen werden erklärt – das Teilchenmodell

Robert Brown hatte sonderbare Beobachtungen gemacht: Winzige Partikel von Pollenkörnern, Staub, Ruß und Metallen verharrten – wenn sie sich z. B. in Wasser befanden – in einer nie enden wollenden Bewegung. Sie schienen fortwährend angestoßen zu werden.

Doch wer kam dafür in Frage? Wer bewirkte diese **brownsche Bewegung**?

Damit wir die brownsche Bewegung verstehen können, führen wir in Gedanken ein einfaches Experiment durch:

Wir stellen uns einen Ameisenhaufen vor, auf dem ein Wattekügelchen liegt. Dann treten wir zurück, sodass die Ameisen nicht mehr vom Boden zu unterscheiden sind. Nur die Wattekugel ist noch zu erkennen. Was sehen wir?

Die Wattekugel bleibt nicht ruhig liegen; sie führt vielmehr ruckartige Bewegungen aus.

Da sich die Wattekugel nicht selbst bewegen kann, muss sie von den Ameisen angestoßen werden. Tatsächlich laufen die Ameisen hin und her; dabei stoßen sie die Kugel in die unterschiedlichsten Richtungen.

Die Bewegung der Watte sehen wir, die der Ameisen nicht. Aus der Bewegung der Watte können wir jedoch *schließen,* dass die Ameisen noch da sind und sich auch bewegen.

Ähnlich ist es mit der brownschen Bewegung: Das Wattekügelchen entspricht einem der beobachteten Partikel. Und statt der „unsichtbaren Ameisen" nehmen wir **Wasserteilchen** an, aus denen das Wasser zusammengesetzt ist (Bild 2).

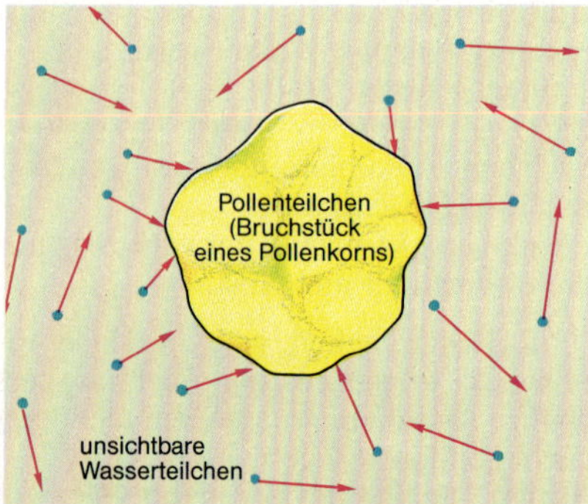

2

Die brownsche Bewegung wurde auch in anderen Flüssigkeiten und in der Luft beobachtet. Die Beobachtungen wurden zu einer wichtigen Stütze für die Annahme, dass **sämtliche Stoffe aus Teilchen bestehen**. Die Teilchen sind so winzig, dass man sie auch unter dem stärksten Mikroskop nicht sehen kann.

Aus der brownschen Bewegung können wir außerdem schließen, dass **die Teilchen ständig in Bewegung sind**.

Etwa um 1900 gelang es sogar, aus der Bewegung der sichtbaren Partikel die Geschwindigkeit der unsichtbaren Wasserteilchen zu berechnen.

So konnte nachgewiesen werden, dass **sich die Teilchen eines Körpers umso schneller bewegen, je höher seine Temperatur ist**.

6213R

Aufgaben

1 Wie erklärte sich Robert Brown zunächst die Bewegung der Pollenpartikel, die er unter dem Mikroskop beobachtet hatte?

Durch welche Beobachtungen kam er von dieser Erklärung ab?

2 Zur brownschen Bewegung ist ein Gedankenexperiment beschrieben. Was stellen dabei die Ameisen und die Wattekugel dar?

3 Wie muss man sich den Aufbau der Stoffe vorstellen um die brownsche Bewegung zu erklären?

4 Ein Glas ist mit Wasser gefüllt. Wie kannst du erreichen, dass die Bewegung der Wasserteilchen heftiger bzw. weniger heftig wird?

5 Bild 2 zeigt – stark vergrößert – ein Stück Pollenkorn, das von Wasserteilchen angestoßen wird. Warum kann man nicht vorhersagen, in welche Richtung es sich bewegen wird?

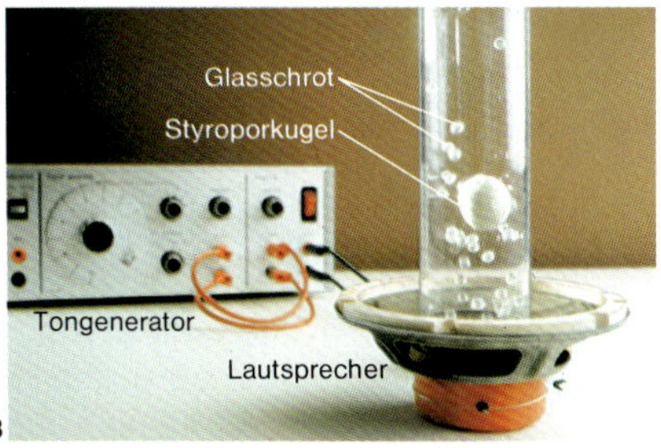

3

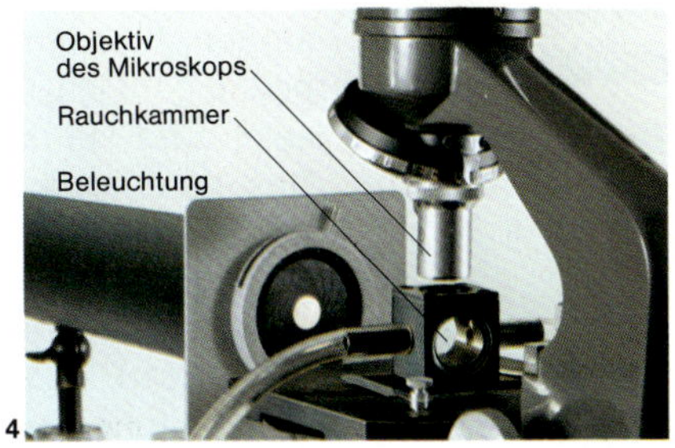

4

6 Erkläre mit dem Teilchenmodell:

Einen Tropfen Parfüm kann man im ganzen Raum riechen.

In einer Salzlösung siehst du kein Salz – aber schmecken kannst du es.

Beim Verdampfen von Wasser entsteht unsichtbarer Wasserdampf. Dennoch ist das Wasser noch vorhanden, denn beim Abkühlen taucht es wieder in Form von winzigen Nebeltröpfchen über dem siedenden Wasser auf.

7 Bild 3 zeigt einen **Modellversuch**. Vergleiche das Ergebnis dieses Versuchs mit Browns Beobachtungen.

8 Ähnliche Ergebnisse wie Brown erhält man im **Versuch** von Bild 4. Wenn man Rauch in die Kammer bläst, sind bei 50–100facher Vergrößerung die Schwebestoffe des Rauches zu sehen.

So können wir uns die Übergänge zwischen den Zustandsformen erklären

Stoffe können in unterschiedlichen Zustandsformen vorkommen. Das heißt, sie können ihre Zustandsform wechseln. Das weißt du bereits.

Je nachdem, ob sie eine niedrige oder eine hohe Temperatur aufweisen, befinden sie sich im festen, flüssigen oder gasförmigen Zustand.

Wie kann man sich diese Zustandsänderungen erklären? Unsere Vorstellung, dass alle Stoffe aus **Teilchen** aufgebaut sind, hilft uns bei der Suche nach einer Antwort:

Wenn sich ein Stoff **im festen Zustand** befindet, liegen die Teilchen, aus denen er besteht, eng zusammen (Bild 5).

Im festen Zustand hat jedes Teilchen des Stoffes (z. B. *Eis*) seinen bestimmten Platz; es besteht also eine gewisse Ordnung. Die Teilchen ziehen einander an; sie haben einen starken Zusammenhalt. Sie können deshalb ihren Platz nicht verlassen, sich aber ein bisschen an ihrem Platz bewegen.

Wenn dieser Stoff *erwärmt* wird, geraten die Teilchen in stärkere Bewegung.

Die Folge ist, dass sich die Abstände unter den Teilchen vergrößern. Ihr Zusammenhalt wird dadurch geringer – der Stoff geht in den **flüssigen Zustand** über (z. B. *Wasser*).

Auch im flüssigen Zustand besitzen die Teilchen noch einen Zusammenhalt. Er ist aber nicht mehr so groß wie im festen Zustand. Daher können die Teilchen nun aneinander entlanggleiten und gegeneinander verschoben werden.

Wenn der Stoff noch stärker *erwärmt* wird, verstärkt sich die Bewegung der Teilchen erneut. Dadurch vergrößern sich die Abstände zwischen den Teilchen noch mehr. Schließlich verlieren sie ihren Zusammenhalt ganz und entweichen aus dem Teilchenverband – der Stoff erreicht seinen **gasförmigen Zustand** (z. B. *Wasserdampf*).

Bei einem Stoff im gasförmigen Zustand bewegen sich die Teilchen frei und mit großer Geschwindigkeit in dem ganzen Raum, der ihnen zur Verfügung steht.

Wenn ein Gas *abgekühlt* wird, wird die Bewegung der Teilchen langsamer. Damit verringern sich auch die Abstände der Teilchen und die Anziehung zwischen den Teilchen wird wieder größer. Schließlich lagern sich viele Teilchen aneinander: Der Stoff wird wieder flüssig; es bilden sich Flüssigkeitströpfchen.

Wenn die Flüssigkeit noch weiter abgekühlt wird, rücken die Teilchen des Stoffes noch enger zusammen. Ihr Zusammenhalt wird schließlich so stark, dass der Stoff wieder in den festen Zustand übergeht.

5
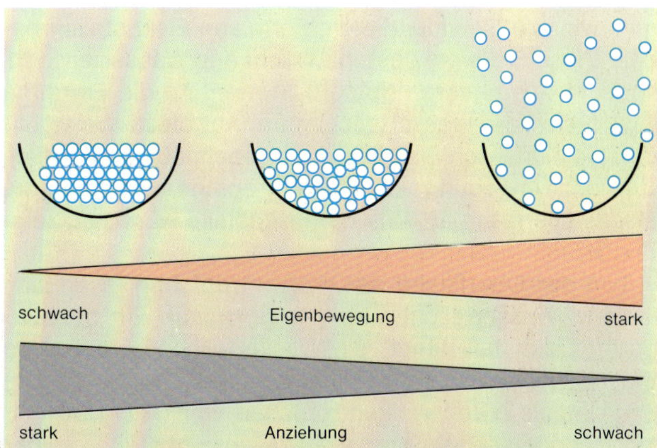

Aus Umwelt und Technik: **Schwebende Wolken – aber kein Regen ...**

1

Wolken bestehen aus kleinsten Wassertröpfchen. Vielleicht hast du dich schon einmal gefragt, warum Wolken in der Luft schweben, obwohl Wasser schwerer ist als Luft. Der Grund dafür ist folgender:

Wolken bilden sich, wenn warme Luft nach oben steigt und dabei unsichtbaren Wasserdampf mitführt. Er stammt von dem Wasser, das am Erdboden verdunstet. Während die Luft und der Wasserdampf nach oben steigen, kühlen sie ab. Das heißt: Die unregelmäßige *Bewegung der Teilchen,* aus denen sich das Wasser zusammensetzt, wird langsamer. Als Folge davon lagern sich in 1 bis 3 km Höhe viele Wasserteilchen zu winzigen Wassertröpfchen zusammen *(Kondensation).*

Die Kondensation wird durch Staubpartikel begünstigt, die in der Luft reichlich vorhanden sind. An sie lagern sich die Wasserteilchen an und es entstehen Wolken wie die von Bild 1.

Wolkentröpfchen sind sehr klein; sie haben einen Durchmesser von etwa einem Hundertstelmillimeter. So winzige Tröpfchen werden beim Fallen von der Luft stark gebremst. Sie fallen sehr langsam – viel langsamer, als sie von der aufsteigenden Luft emporgetragen werden. Deshalb bewegen sich die Wolkentröpfchen nach oben.

Allmählich werden die Wolkentröpfchen größer. Sie fließen nämlich mit anderen Wolkentröpfchen, auf die sie stoßen, zusammen (etwa so wie „Fettaugen" in der Suppe). Eigentlich müssten die Tröpfchen bald so schwer sein, dass sie als Regentropfen herunterfallen können. Das würde geschehen, wenn rund eine Million Wolkentröpfchen zusammenkämen.

Doch so weit kommt es normalerweise nicht. Die Wolkentröpfchen *verdunsten* nämlich gleichzeitig: Von ihrer Oberfläche lösen sich laufend Wasserteilchen ab. Die Verdunstung läuft vor allem an der Wolkenoberseite ab, wo die Luft trocken ist.

Man kann sagen: Unten in der Wolke bilden sich immer neue Tröpfchen, oben verdunsten sie wieder. Die Wolke schwebt durch die Luft, ohne dass es regnet.

Aus Umwelt und Technik: **... und oft regnet's doch**

Wenn vom Erdboden her immer mehr Wasserdampf nach oben getragen wird, wächst die Wolke mehr und mehr in die Höhe (Bild 2). Es entsteht *Quellbewölkung.*

In 8–10 km Höhe beträgt die Temperatur weniger als –30 °C. Trotzdem gefrieren hier die winzigen Wolkentröpfchen nicht ohne weiteres. Durch die *Bewegung der Wasserteilchen* wird nämlich die Bildung von Eiskristallen erschwert – etwa so, wie zittrige Hände den Bau eines Kartenhauses erschweren.

In den kalten, oberen Luftschichten befinden sich bereits winzige Gebilde, die die Form von Eiskristallen haben. Diese *Eiskeime* bestehen nicht aus Wasserteilchen, sondern aus anderen (festen) Stoffen. An die Eiskeime lagern sich die Wasserteilchen an. Auf diese Weise bilden sie allmählich *Eiskristalle* mit regelmäßigen Formen.

In der Umgebung von Wolkentröpfchen wachsen die Eiskristalle rasch an. Wie die Eiskristalle wachsen, zeigt Bild 3:

Von der Oberfläche der Wolkentröpfchen lösen sich laufend Wasserteilchen ab *(Verdunstung).* Ein benachbarter Eiskristall „fängt" die Wasserteilchen ein. Da die Wasserteilchen von der Kristalloberfläche fester gebunden sind als in den Wolkentröpfchen, wächst der Eiskristall. Dagegen schrumpfen die Wolkentröpfchen in seiner Umgebung. Es ist, als „fräße" der Eiskristall die Wassertröpfchen auf.

Der Eiskristall wird größer und schwerer, er fällt in der Wolke nach unten. Unterwegs „sammelt" er Wasserteilchen und -tröpfchen ein. Sie frieren an ihm fest.

Weiter unten wird die Luft dann wieder wärmer und der Eiskristall schmilzt. Aus ihm wird ein Regentropfen, der zur Erde fällt. Es regnet.

2

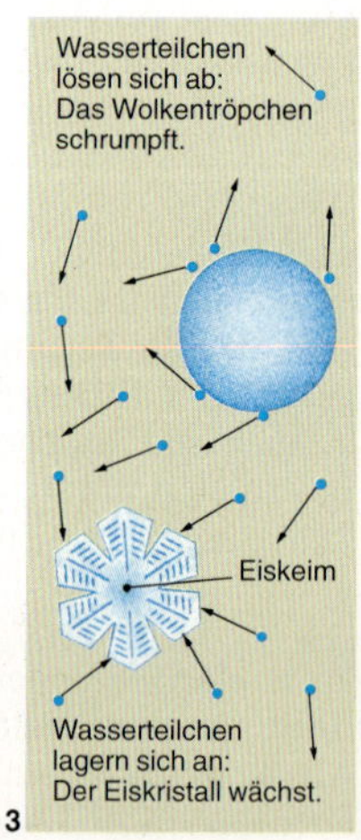

3

6215R

Alles klar?

1 Wenn man z. B. Wasser, Spiritus oder Essig verspritzt, ist die Flüssigkeit nach einiger Zeit „verschwunden", ohne dass sie aufgewischt wurde. Erkläre.

2 An welcher Stelle bildet sich im Kühlschrank Eis?
Erkläre, warum es sich gerade dort bildet. Gib auch an, woher das Wasser kommt, das dort gefriert.

3 Warum kann man im Winter oft seinen eigenen Atem sehen, im Sommer aber nicht?

4 Die meisten Autos haben heizbare Heckscheiben. Warum ist die Heizung nicht nur bei vereisten, sondern auch bei beschlagenen Scheiben von Vorteil?

5 Wenn eine elektrische Glühlampe leuchtet, hat ihr Glühdraht eine Temperatur von etwa 2500 °C.
Warum darf er nicht (anstelle von Wolfram) aus Eisen oder Kupfer sein?

4

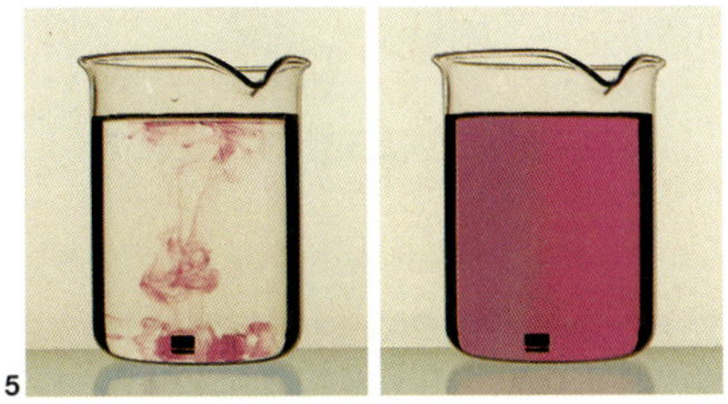
5

6 Die Temperatur eines Körpers steigt.
Was bedeutet der Temperaturanstieg des Körpers für die Teilchen, aus denen er besteht?

7 Die Schülerinnen und Schüler von Bild 4 bewegen sich nur wenig und stehen dabei innerhalb der aufgezeichneten Begrenzung. Was geschieht, wenn sie sich schneller hin und her bewegen und dabei gegeneinander stoßen?
Mit dieser Vorstellung lässt sich erklären, dass sich Körper beim Erwärmen ausdehnen. Erläutere.

8 In das linke Glas von Bild 5 wurde gerade ein Körnchen Farbstoff geworfen, in das rechte Glas schon vor einer halben Stunde. Erkläre, was du siehst.

9 Metalle werden oft erhitzt oder sogar geschmolzen, wenn man sie verformen will. Nenne Beispiele.
Erkläre, warum man die Metalle erhitzt. Benutze dabei das Teilchenmodell.

3 Zusammenfassung

Stoffe ändern ihren Zustand

Stoffe können unterschiedliche Zustandsformen annehmen:
Sie können (je nach Temperatur) *fest, flüssig* oder *gasförmig* sein.

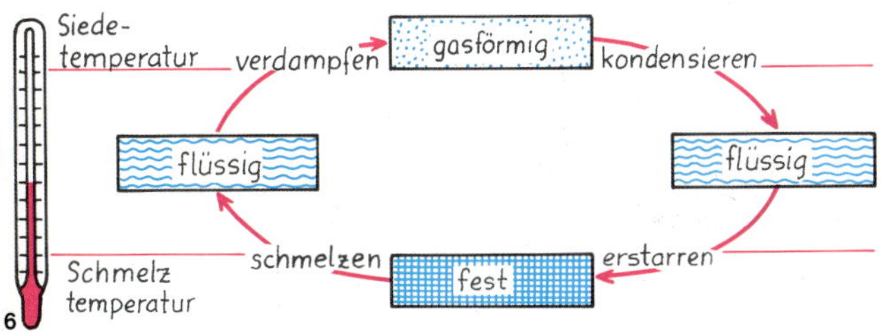

6

Die Zustandsänderungen finden bei bestimmten Temperaturen statt. Diese Temperaturen sind von Stoff zu Stoff verschieden.

Bei seiner *Schmelztemperatur* geht ein Stoff vom festen in den flüssigen Zustand über. Bei der gleichen Temperatur verläuft die Zustandsänderung auch in umgekehrter Richtung (von flüssig zu fest).

Bei der *Siedetemperatur* geht der Stoff vom flüssigen in den gasförmigen (und vom gasförmigen in den flüssigen) Zustand über.

Die Zustandsformen im Teilchenmodell

Fester Zustand

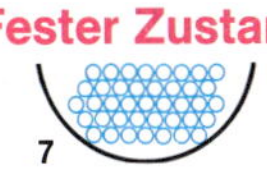
7

Die winzigen Teilchen, aus denen ein Stoff besteht, werden durch große Anziehungskräfte zusammengehalten. Sie sind regelmäßig und an festen Plätzen angeordnet.

Flüssiger Zustand

8

Die Teilchen sind gegeneinander verschiebbar; ihr Zusammenhalt ist weniger stark. Die Abstände zwischen den Teilchen sind – wie im festen Zustand – sehr gering.

Gasförmiger Zustand

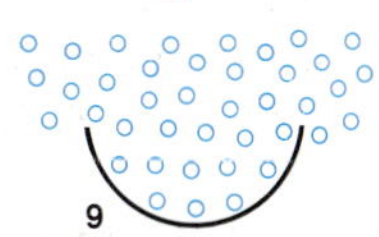
9

Die Teilchen bewegen sich frei und regellos im ganzen Raum, der ihnen zur Verfügung steht. Es gibt keinerlei Zusammenhang zwischen den einzelnen Teilchen.

Wärmeleitung und Wärmedämmung

1 Wärme wird fortgeleitet und zurückgehalten

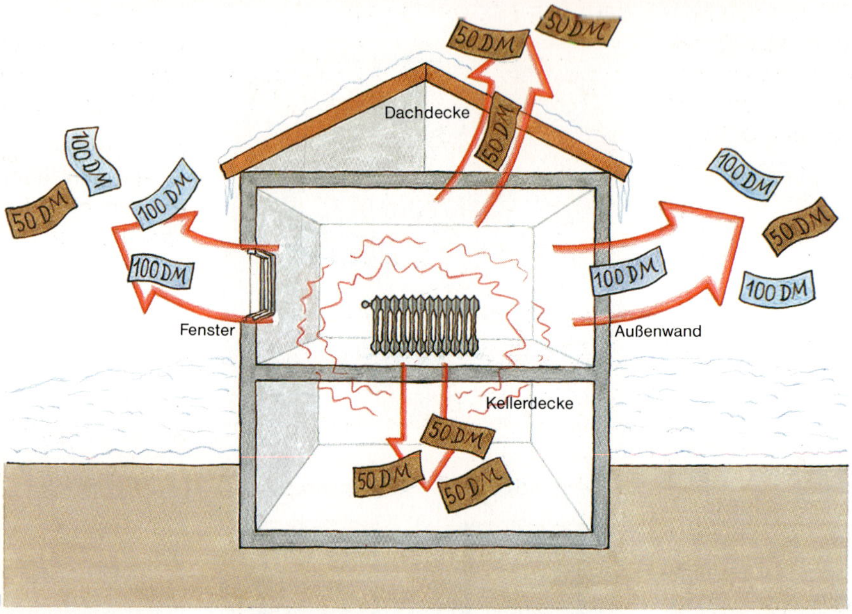

1

2

4

6

3

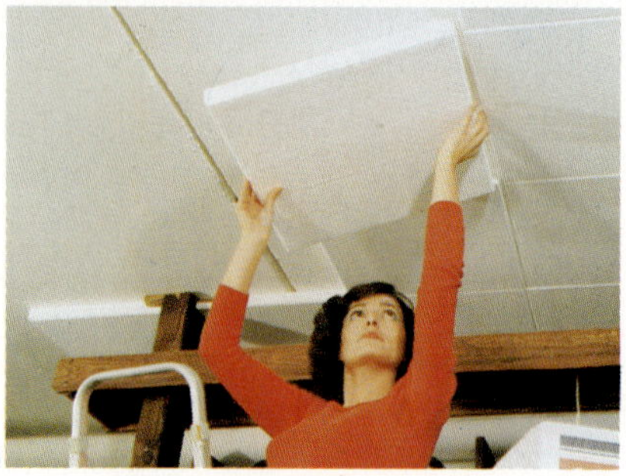
5

7

V 1 Aus einem Schuhkarton kannst du ein kleines Versuchshaus bauen, das aus nur einem einzigen Zimmer besteht (Bild 8). Als „Ofen" nimmst du eine Limonadendose, in die du Wasser von 50 °C füllst. An der „Decke" des Zimmers befestigst du ein Zimmerthermometer, sodass es frei in deinem Versuchshaus hängt.

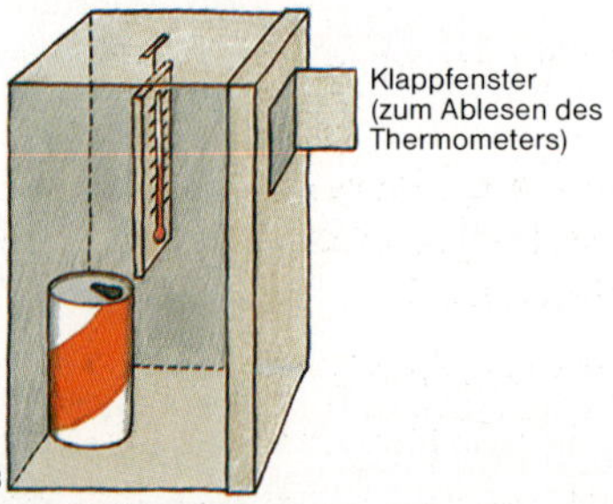

8

a) Stelle das Versuchshaus – noch ohne „Ofen" – in einen kalten Raum. Welche Temperatur liest du am Thermometer ab?

b) Jetzt kommt der „Ofen" in das Versuchshaus. Lies nach einer halben Stunde erneut die Temperatur ab.

c) Kleide nun dein „Versuchshaus" rundherum mit Styropor® (Wollreste, Wellpappe) aus. Fülle den „Ofen" wieder mit 50 °C heißem Wasser und miss erneut nach einer halben Stunde die Temperatur im Versuchshaus.

d) Suche nach einer Erklärung für deine Messergebnisse.

R493

V 2 In ein Gefäß mit heißem Wasser steckst du einen Holzstab, einen Glasstab, einen alten Plastik-Kugelschreiber ohne Mine und einen Metalllöffel, die alle etwa gleich lang sind (Bild 9). Probiere nach etwa einer Minute aus, ob die Gegenstände oben heiß geworden sind.

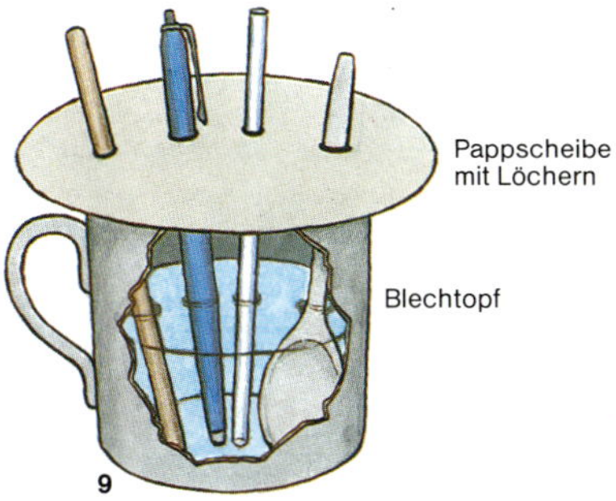

9

V 3 Halte ein Streichholz an den Rand eines Zweimarkstücks, das du mit den Fingerspitzen hältst (Bild 10).

Was musst du eher weglegen, das Geldstück, weil es zu heiß wird, oder das Streichholz, weil es herunterbrennt?

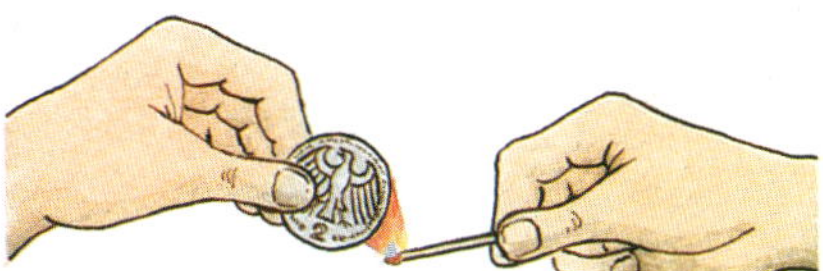
10

V 4 Besorge dir zwei Konservendosen, die gut ineinander passen. Die kleinere Dose sollte mindestens 1 cm schmaler sein als die größere, möglichst aber gleich hoch.

a) Fülle die kleine Dose mit heißem Wasser (50 °C). Stelle sie in kaltes Leitungswasser und miss nach 10 Minuten die Temperatur des Wassers in der Dose (Bild 11).

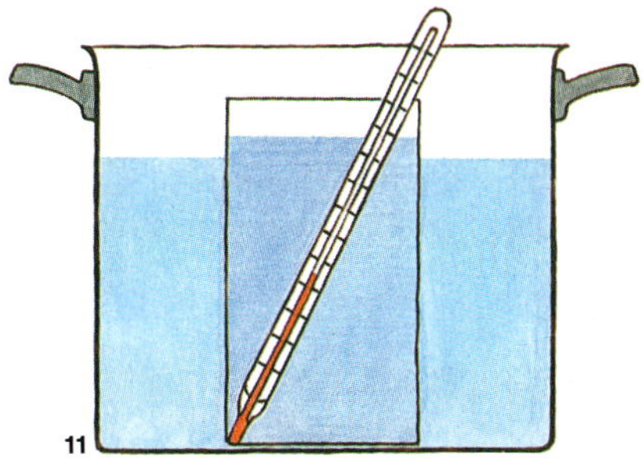
11

b) Jetzt stellst du die leere kleine Dose in die größere – und zwar so, dass ein kleiner Luftspalt entsteht (Kork drunterlegen!).

Die kleine Dose wird nun mit Wasser von 50 °C gefüllt.

Anschließend stellst du beide Dosen zusammen in frisches Leitungswasser (Bild 12).

Miss wieder nach 10 Minuten die Temperatur des Wassers in der kleinen Dose.

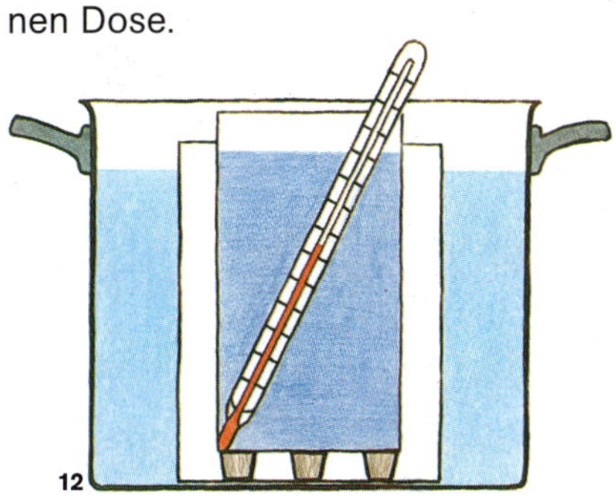
12

V 5 Ob die Wärme auch in Flüssigkeiten (z. B. in Wasser) fortgeleitet wird?

a) Beschreibe zunächst wieder den Versuchsaufbau (Bild 13).

Achte dabei auch auf die Stellung des Brenners.

b) Was meinst du, wird das Wasser (so wie es gezeichnet ist) sieden, bevor das Eis geschmolzen ist? Oder schmilzt zuerst das Eis am Boden des Reagenzglases?

c) Sei vorsichtig, wenn du den Versuch dann auch durchführst! Das Reagenzglas könnte nämlich zerspringen und es könnte heißes Wasser herausspritzen.

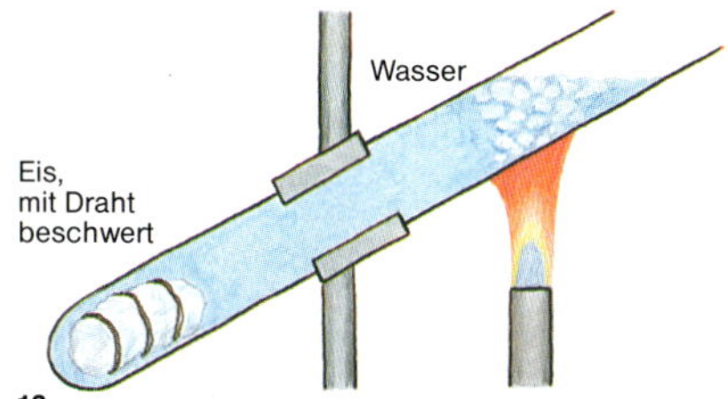

13

V 6 In Bild 14 siehst du den Anfang des Versuchs.

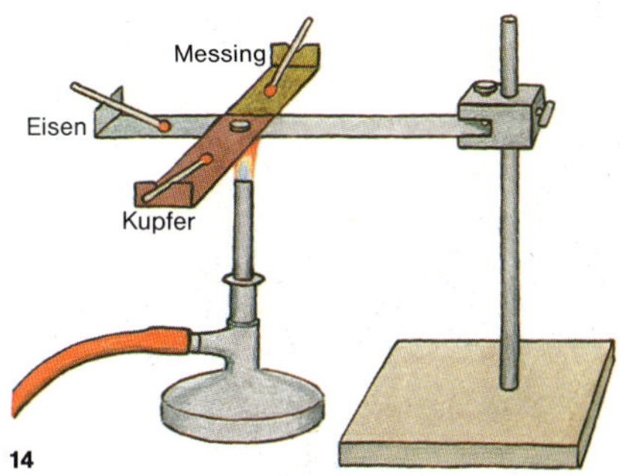

14

a) Was kann man mit diesem Versuchsaufbau untersuchen?

b) Gib an, weshalb die Streichhölzer gleich weit von der Brennerflamme entfernt liegen.

c) Was wird geschehen, nachdem der Brenner angezündet wurde?

Aufgaben

1 Begründe, weshalb man sich so sehr bemüht Häuser gut zu isolieren.

2 In den Versuchshäusern nach Bild 8 stieg die Temperatur deutlich an, wenn die Wände mit Wellpappe isoliert waren. Bei *glattem* Karton war die Erwärmung nicht so groß.

Warum isoliert deiner Meinung nach Wellpappe so gut?

3 In Versuch 4 hast du zwei verschiedene Messergebnisse erhalten.

Findest du eine Erklärung für den Unterschied?

a) Warum wurde das Wasser in der kleinen Dose in *beiden* Fällen kälter?

b) Wäre das Messergebnis anders ausgefallen, wenn die Dosen sich unmittelbar berührt hätten?

4 Offensichtlich leiten einige Stoffe die Wärme recht gut, andere dagegen weniger gut.

Ordne die untersuchten Stoffe in einer solchen Tabelle:

Gute Wärmeleiter	Schlechte Wärmeleiter
...	...

Wie wir uns die Wärmeleitung vorstellen können

In V 3 haben wir die Streichholzflamme nur *an den Rand* der Münze gehalten und trotzdem wurde sehr schnell das *ganze* Geldstück heiß. Wie kommt das?

Auch hier kann uns bei der Erklärung das **Teilchenmodell** helfen:

Wie du weisst, bestehen die Metalle aus kleinsten Teilchen. Diese können an ihrem Platz hin- und herschwingen, ihn aber nicht verlassen (Bild 1).

Wenn nun das Metall an einer Stelle erwärmt wird, beginnen die Teilchen dort schneller und heftiger zu schwingen. Dabei stoßen sie die Nachbarteilchen an, sodass diese ebenfalls schneller schwingen (Bild 2). Diese Teilchen versetzen ihrerseits ihre Nachbarteilchen in schnelleres Schwingen – bis hin zu den Teilchen am Ende des Metallstücks (Bild 3).

Bei der **Wärmeleitung** werden also die Schwingungen von Teilchen zu Teilchen weitergegeben. Die Teilchen selbst bleiben dabei an ihrem Platz.

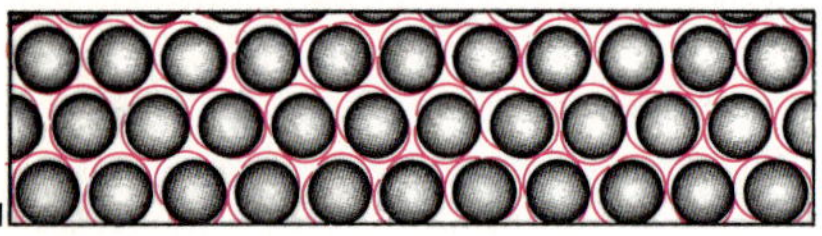
1

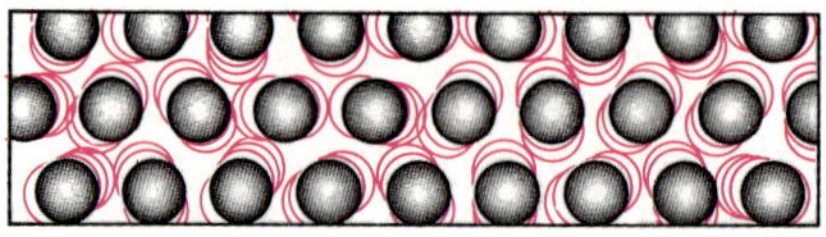
2

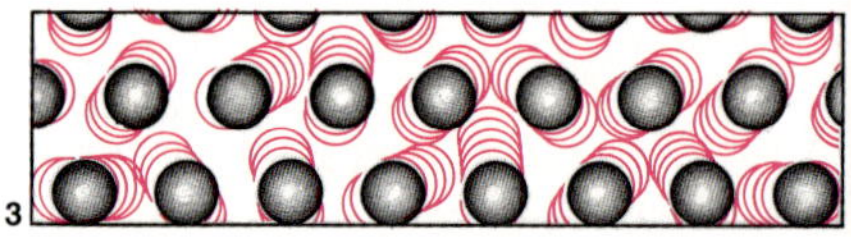
3

Information über gute und schlechte Wärmeleiter

Erfahrungen und Versuche zeigen, dass die Wärme in manchen Stoffen gut fortgeleitet wird. Diese Stoffe nennt man daher **gute Wärmeleiter.** Zu ihnen gehören die **Metalle.**

In Bild 4 ist die **Wärmeleitfähigkeit** verschiedener Metalle im Vergleich zu der von Glas dargestellt: Du siehst, dass es hier große Unterschiede gibt. Die **schlechten Wärmeleiter**, die wir ebenfalls in den Versuchen kennen gelernt haben, können in diese Abbildung gar nicht mehr mit eingezeichnet werden.

Im Vergleich zu Kupfer leitet z. B. Wasser die Wärme 600-mal schlechter. Styropor® leitet sie 10 000-mal schlechter und Luft sogar 150 000-mal! Oder andersherum ausgedrückt: Kupfer leitet die Wärme 150 000-mal besser als Luft!

Die **Luft** ist (neben einigen anderen Gasen) der schlechteste Wärmeleiter, den wir kennen.

Wenn die Wärme in einem Körper fortgeleitet wird, geschieht das stets von der warmen Seite des Körpers hin zu seiner kalten – und zwar so lange, bis seine Temperatur überall gleich ist. Oder die Wärme geht von einem warmen Körper auf einen anderen, kühleren Körper über.

Wenn ein Gefäß mit einem heißen Getränk von Styropor® umgeben ist, wird fast keine Wärme fortgeleitet. Styropor zählt deshalb zu den **Wärmeisolatoren** oder **Wärmedämmstoffen.**

Das „Geheimnis" dieses Wärmeisolators ist, dass er viele mit Luft gefüllte Hohlräume besitzt: Ein Styroporblock von 1000 Litern Rauminhalt enthält nur 20 Liter Kunststoff, aber 980 Liter Luft! Könnte man aus dem in Bild 5 gezeichneten Styropor sämtliche Luft herauspressen, würde nur der kleine Kunststoffwürfel übrig bleiben. Alles andere ist Luft.

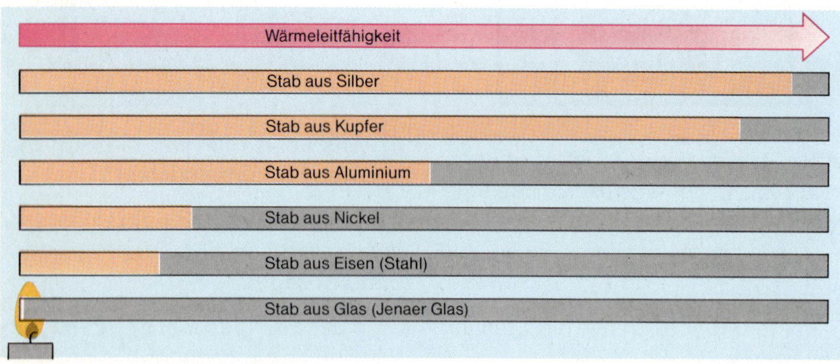

4

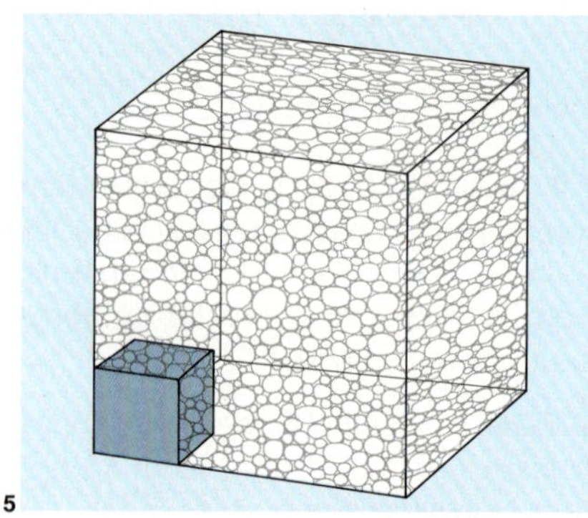
5

Fragen und Aufgaben zum Text

1 Nenne den besten und den schlechtesten Wärmeleiter, den du kennst. Stell dir einmal vor, es wäre umgekehrt!

2 „Zieh dir eine *warme Jacke* an, damit du nicht frierst!" Das kennst du sicher. Aber nicht die Jacke ist warm! Du kannst das mit einem **Versuch** beweisen: Miss zuerst die Temperatur einer Jacke, bevor du sie anziehst, und noch einmal, nachdem du sie eine Viertelstunde lang getragen hast. Wie müsste die Aufforderung also richtiger heißen?

3 So kannst du dich gut warm halten; gib an, wodurch die Wärme jeweils „zurückgehalten" werden soll.
a) In einer langen Hose ist deine Hauttemperatur an den Beinen um 0,5 °C höher, als wenn du einen Rock anhast.
b) Über den Kopf geht viel Wärme verloren. Warum sollst du an kalten Tagen ausgerechnet eine *Woll*mütze nehmen?
c) Wenn du einen Wollpullover anziehst, wird deine Hauttemperatur um 2 °C höher liegen als ohne Pullover. Zwei dünnere, übereinander gezogene Pullis steigern die Temperatur sogar um 3 °C!

4 Sandra findet zwar Silberlöffel sehr schön; sie meint aber, dass sie zu schnell heiß werden, wenn man mit ihnen heißen Kaffee umrührt. Deshalb zieht sie Löffel aus Edelstahl vor.
a) Was sagst du dazu?
b) Woraus müsste ein Löffel bestehen, der kaum heiß werden kann?

5 Im Winter sind Woll- und Baumwollstrümpfe vorteilhafter als Strümpfe aus Kunstfasern (Nylon, Perlon). Du kannst das erklären, wenn du beide durch ein Vergrößerungsglas betrachtest.

Aus Umwelt und Technik: **Wärmedämmung beim Hausbau**

Herr und Frau Schneider wollen bauen. Immer wieder sitzen sie über den Plänen um zu beraten. Natürlich muss das Haus auch im Winter warm sein – und trotzdem soll sparsam geheizt werden. Brennstoffe sind bekanntlich teuer.

„Ganz gleich, welche Heizung wir einbauen“, meint Herr Schneider, „unser Haus muss so gebaut werden, dass wir nicht auch noch die Straße heizen.“ Und dabei studiert er eine Darstellung wie in Bild 6.

„Ja“, pflichtet ihm Frau Schneider bei, „da müssen wir bei den *Fenstern* anfangen. Sie dürfen so wenig wie möglich Wärme nach draußen lassen. Wir brauchen Fenster mit Doppelverglasung!“ (Bild 7)

„Und dann müssen wir noch darauf achten, dass die *Außenmauern* nicht zu hohe Wärmeverluste zulassen“, sagt Herr Schneider. „Sieh mal, da gibt's verschiedene Möglichkeiten!“ (Bild 8).

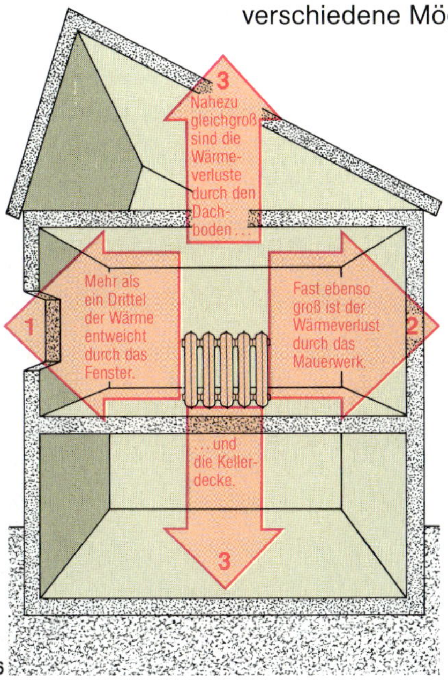

6

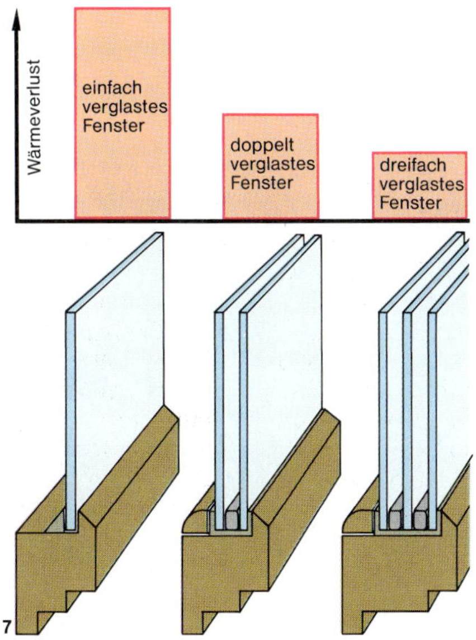

7

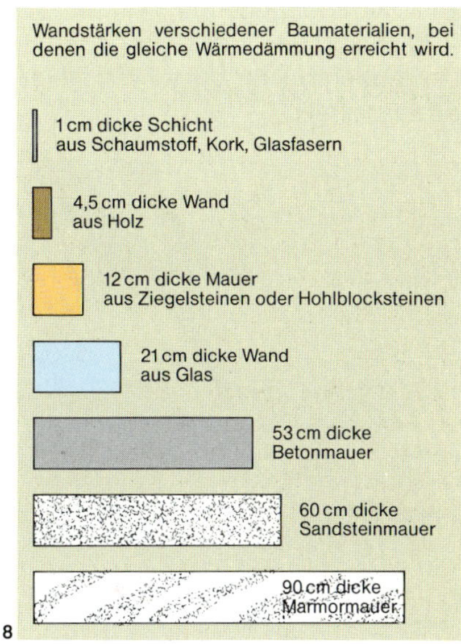

8

So mag die Unterhaltung zwischen Herrn und Frau Schneider verlaufen, denn das sind Dinge, die sie nicht allein der Baufirma überlassen wollen.

Auf jeden Fall beschließen sie, dass als Außenwand zunächst eine Mauer aus Hohlblocksteinen errichtet werden soll. Zusätzlich soll diese Mauer eine Wärmedämmung aus Styropor®-Platten und eine Holzverkleidung erhalten.

Wie die Wärmeisolierung der Kellerdecke und des Dachbodens erfolgen kann, weißt du eigentlich schon. (Wenn du es aber vergessen hast, kannst du noch einmal drei Seiten weiter vorne nachsehen.)

Fragen und Aufgaben zum Text

1 Was stellst du dir unter dem Wort *Wärmeverlust* vor? Was meinst du, warum mehr als ein Drittel des gesamten Wärmeverlustes eines Einfamilienhauses über die Fensterflächen erfolgt?

2 Herr und Frau Schneider waren für die Verwendung von Hohlblocksteinen beim Bau der Außenmauern. Ob sie dabei nur Material sparen wollten?

3 Erkläre, warum eine 2 cm dicke Glasfasermatte besser isoliert als eine 2 cm starke Wand aus massiven Glasziegeln.

4 Bei doppelverglasten Fenstern wird die Wärmedämmung verbessert, wenn ein Luftraum zwischen den Scheiben besteht. Kannst du das erklären?

5 „Doppelfenster“ gab es schon vor über 50 Jahren: Im Winter wurde einfach ein zweites Fenster vor das erste gesetzt und an vier Haken befestigt. Wenn es dann im Frühjahr wärmer wurde, hängte man die „Winterfenster“ wieder ab und verstaute sie im Keller.

Nenne die Vor- und Nachteile dieser Fensterkonstruktion gegenüber unseren heutigen Doppelfenstern.

6 Wie lauten diese Sätze richtig?
a) Die Wärmedämmung von Glasfasern ist größer/geringer als die von Holz.
b) Marmor hat die größte/geringere Wärmedämmung unter den Baustoffen.
c) Glas hat eine größere/geringere Wärmedämmung als Holz.
d) Eine Mauer aus Ziegelsteinen leitet die Wärme besser/schlechter als eine gleich starke Mauer aus Beton.

7 Warum werden nur die Außenmauern einer Wohnung mit wärmeisolierenden Schichten versehen und nicht auch die Trennwände zwischen den Zimmern?

Aus Umwelt und Technik: **Auch Wärmeleitung ist wichtig**

Die **Spitze eines Lötkolbens** (Bild 1) muss aus einem Material gefertigt sein, das ein besonders guter Wärmeleiter ist.

Über diese Spitze soll schließlich viel Wärme auf das Lötzinn übergehen, damit es seine Schmelztemperatur von 200 °C erreicht. Auch die Drähte, die miteinander verlötet werden sollen, müssen auf diese Temperatur aufgeheizt werden.

Es muss also viel Wärme aus der Heizpatrone über der Spitze des Lötkolbens abgegeben werden. Sie ist deshalb stets aus *Kupfer* oder einem anderen sehr guten Wärmeleiter hergestellt.

Schnelle Fahrzeuge sind mit starken **Motoren** ausgerüstet (Bild 2). Dabei fällt auf, dass diese Motoren teilweise aus silbrig glänzendem Metall, einer *Aluminium*legierung, hergestellt sind. Im Gegensatz dazu werden andere Motoren aus billigerem, grauem Stahl gefertigt.

Wenn starke Motoren in Betrieb sind, erhitzen sie sich sehr. Sie müssen besonders gut gekühlt werden. Die Wärme, die im Innern der Motoren entsteht, wird durch die Aluminiumlegierung 4-mal so gut wie durch Stahl nach außen geleitet. Dort erfolgt die Kühlung durch das Kühlwasser und den Fahrtwind.

Auch in der Küche sind gute Wärmeleiter gefragt: Wenn wir einen Topf mit Wasser auf einen Elektroherd stellen, möchten wir, dass die Wärme der Herdplatte möglichst ungehindert in den Topf gelangt. Der Stahl, aus dem der **Topfboden** besteht, ist deshalb manchmal zusätzlich mit einer *Kupfer*schicht belegt (Bild 3).

Vor allem aber ist es wichtig, dass der Topf mit seinem ganzen Boden die Herdplatte berührt. Der Topfboden muss also genauso eben wie die Herdplatte sein. Töpfe oder Pfannen, die für Elektroherde bestimmt sind, werden deshalb mit „geschliffenen" Böden versehen.

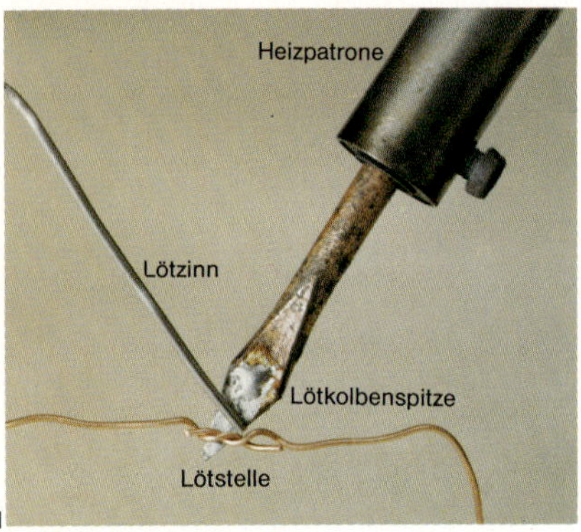

1

2

3

Alles klar?

1 Den Baustoff Styropor® bezeichnet man auch als „eingesperrte Luft". Wie kommt man wohl auf diesen Namen?

2 Im Winter ziehen wir gerne Pullover an, deren Maschen aus dicker Wolle grob gestrickt sind. Warum schützen diese Kleidungsstücke so gut gegen Kälte?

3 Wie kommt es, dass dicke Gläser oft springen, wenn man heiße Flüssigkeiten hineingießt? (Achtung! Das liegt nicht *nur* daran, dass sich das Glas beim Erwärmen ausdehnt.)

4 Bei strenger Kälte plustern sich Vögel auf. Was ist wohl der Grund dafür?

5 Warum ist ein Kochtopf mit welligem Boden nicht für einen Elektroherd, aber für einen Gasherd zu gebrauchen?

6 Harry Schlaumeier behauptet: „Es stimmt nicht, dass ein Pullover wärmt!"...

7 Tina Pfiffig hat Ärger mit ihrer Mutter, wenn sie den Löffel nach dem Umrühren in ihrer Kaffeetasse lässt: „Das gehört sich nicht!", heißt es dann immer. Jetzt hat Tina aber eine Begründung für ihre Bequemlichkeit: „Ich mache das, weil der Kaffee so heiß ist und ich nicht viel Zeit habe! ..."

8 Empfindliche elektrische Bauteile – wie z. B. die kleinen Transistoren in Radioapparaten – dürfen nicht zu warm werden. Beim Anlöten werden sie mit einer Flachzange festgehalten. Die Zange hat dabei eine besondere Aufgabe!

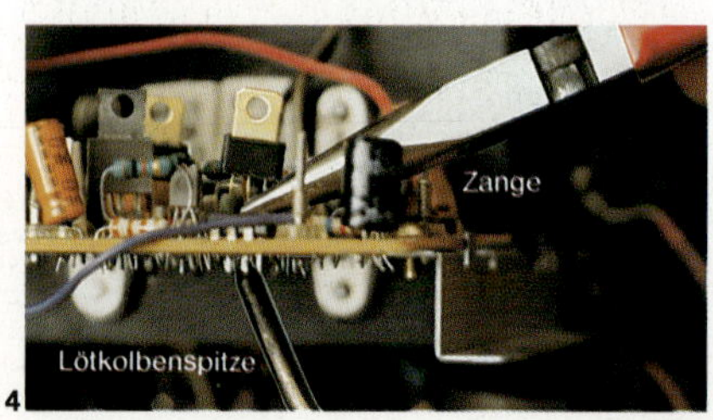

4

9 Die Wände eines Kühlschranks sind hohl. Diese Hohlräume hat man mit Glaswolle und Styropor® ausgefüllt. Warum? Im Kühlschrank herrscht doch eine Temperatur von 4 °C, sodass wohl kaum Wärme in die Küche fortgeleitet würde.

10 Der Fußboden des Badezimmers ist meistens gefliest und teilweise mit einem Teppich ausgelegt. Wenn du mit bloßen Füßen auf dem Teppich stehst, findest du es angenehm warm, die Fliesen dagegen empfindest du als kalt. Und trotzdem kannst du mit einem Thermometer bei Fliesen und Teppich die gleiche Temperatur feststellen! ...

11 Wahrscheinlich weißt du schon, dass das Wasser eines Sees im Winter an der Oberfläche am kältesten ist; unten jedoch könnte man eine Temperatur von +4 °C messen. Warum erfolgt zwischen dem wärmeren und dem kälteren Wasser kein Temperaturausgleich?

R149

2 Zusammenfassung

Körper leiten die Wärme

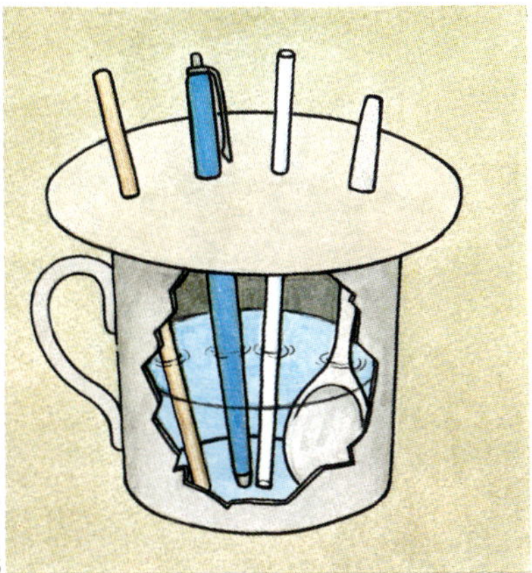
5

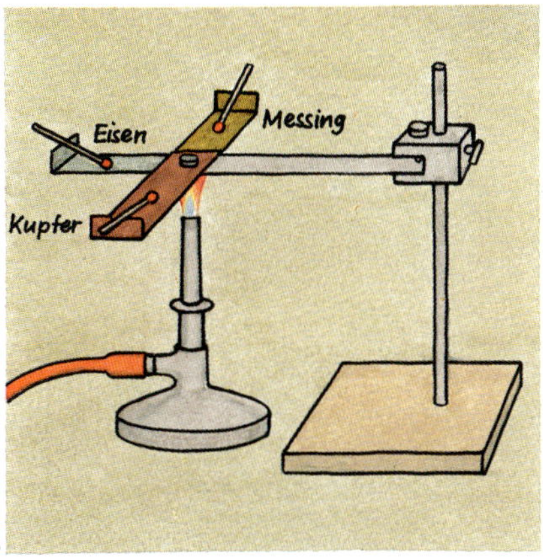

6

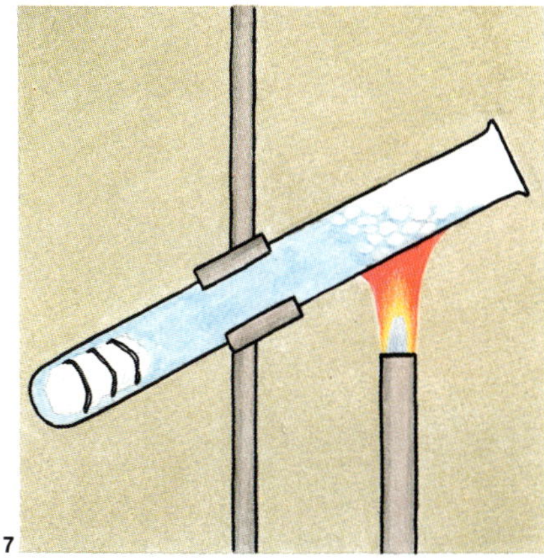
7

Die Ergebnisse der Versuche zeigen:

Es gibt gute und schlechte Wärmeleiter.

Zu den **guten Wärmeleitern** gehören die Metalle,
unter denen Silber und Kupfer an der Spitze stehen.

Zu den **schlechten Wärmeleitern** gehören
Holz, Textilien, Glas, Kunststoffe, Wasser und vor allem die Luft.

Die Luft – ein besonders schlechter Wärmeleiter

Wenn z. B. Holz, Textilien oder Kunststoffe in Poren **Luft enthalten,** wird auch *ihre* Wärmeleitung noch verschlechtert. Solche Stoffe werden im Allgemeinen als **Wärmeisolatoren** oder **Wärmedämmstoffe** bezeichnet. Sie werden dort eingesetzt, wo man die Wärmeleitung verhindern oder einschränken will.

Solche Wärmeisolatoren sind z. B. Styropor® und Glaswolle, die zur Wärmedämmung von Wohnungswänden und Heizungsrohren verwendet werden.

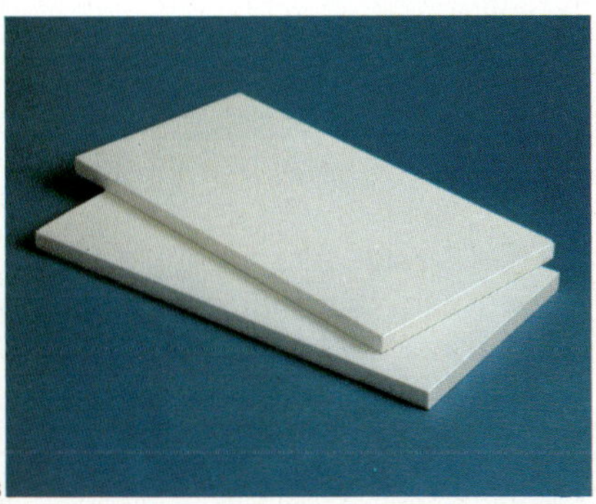
8

9

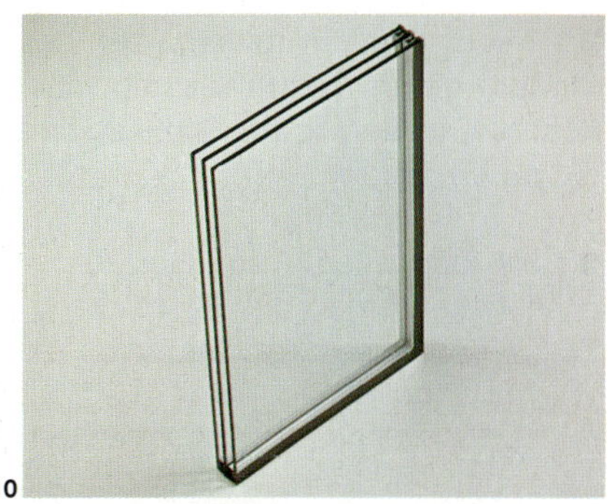
10

Zu den wärmedämmenden Maßnahmen gehört auch der Einbau von Fenstern mit Doppel- oder Dreifachverglasung, bei denen also Luft „eingeschlossen" ist. Unsere Kleidung erfüllt im Grunde genommen den gleichen Zweck.

1 Die Zentralheizung

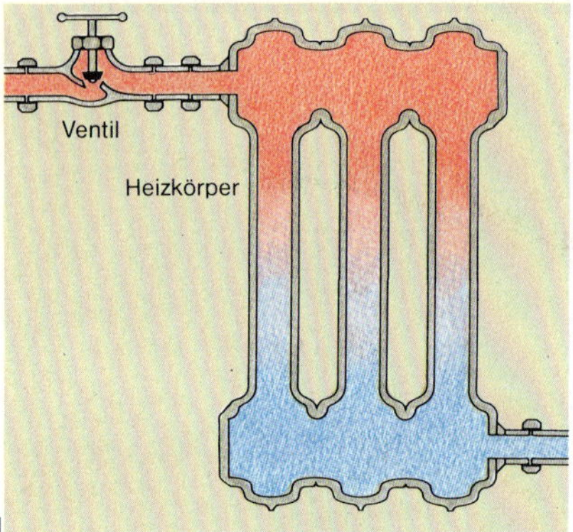

1

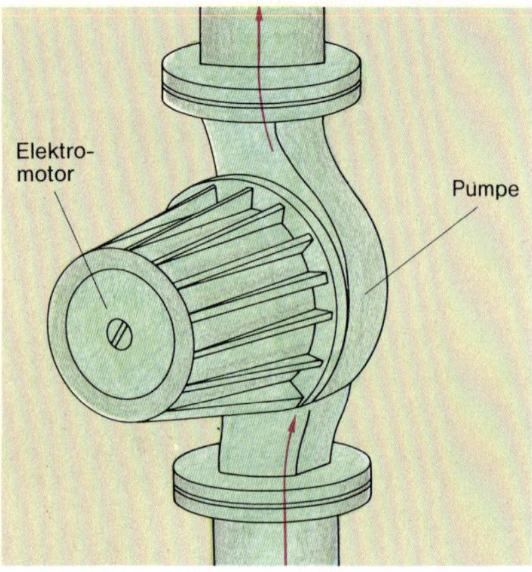

2

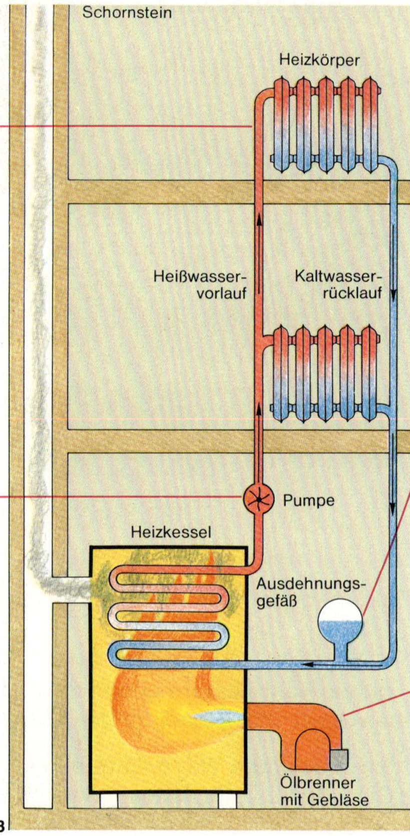

3

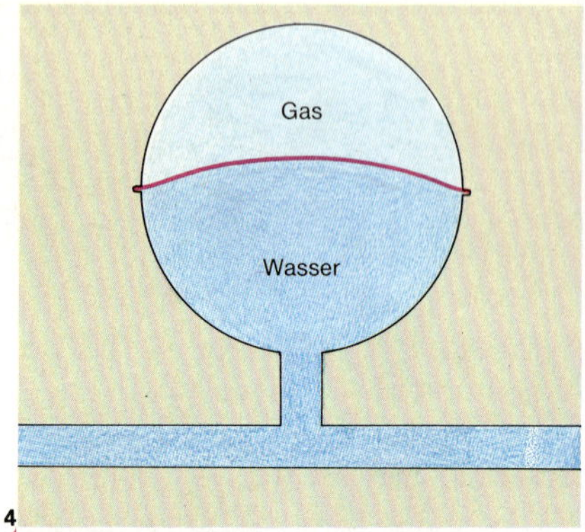

4

5

Kannst du dir vorstellen, wie eine solche **Zentralheizung** funktioniert?

Aufgaben

1 Wenn sich bei euch im Haus eine Zentralheizung befindet, dann suche die Teile, die hier abgebildet sind.

2 Plane einen **Versuch,** der das Modell einer Zentralheizung sein könnte. Die Geräte aus Bild 6 stehen dir zur Verfügung.

3 Mit dem Ventil am Heizkörper (Bild 1) kann man die Wärme regulieren. Soll also durch das Ventil die *Wärme* abgesperrt werden?

Drücke das genauer aus. Verwende dabei die Begriffe *transportieren* oder *mitführen.*

4 Versuche zu beschreiben, wie eine Zentralheizung funktioniert. Beginne mit dem Wasser im Heizkessel (Bild 3).

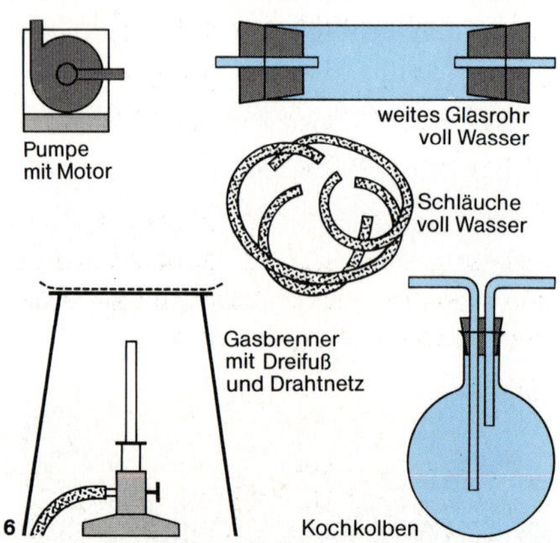

6

5 Petra meint, die Heizkörper im Zimmer werden warm, weil sie durch Eisenrohre mit dem Heizkessel verbunden sind; und Eisen leitet die Wärme ja gut. Ob sie Recht hat? Denke nur daran, wie die einzelnen Heizkörper abgestellt werden können.

6 Beschreibe die Wirkungsweise des *Ausdehnungsgefäßes* (Bild 4).

7 Manchmal werden die Heizkörper erst warm, wenn man sie „entlüftet" hat.

Warum kann die Luft hier den Transport von Wärme stören?

8 Bild 3 zeigt nur eine vereinfachte Darstellung der Zentralheizung. In Wirklichkeit läuft z. B. das kühlere Wasser aus dem Rücklauf nur zum Teil wieder in den Kessel zurück.

In einem sog. *Mischer* kann das Wasser aus dem Rücklauf mit dem heißen Wasser aus dem Heizkessel gemischt werden. Das ergibt dann das Wasser für den *Vorlauf.*

Welchen Vorteil hat das deiner Meinung nach?

496R

2 Eine besondere Eigenschaft von erwärmten Gasen und Flüssigkeiten

Was haben eine Weihnachtspyramide (Bild 7) und ein Heißluftballon (Bild 8) gemeinsam?

7

8

9

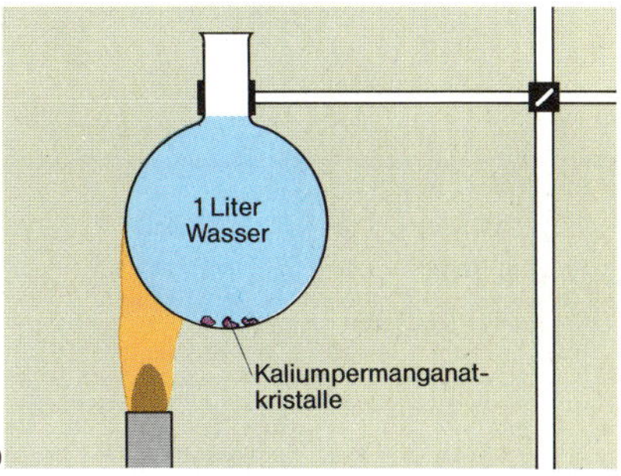

10

V 1 Die Weihnachtspyramide wird von einem Windrad angetrieben. Du kannst es vereinfacht nachbauen (→ Bauanleitung im Anhang) und einige Untersuchungen damit anstellen.

a) Blase von unten gegen das Rad.

b) Halte es im Abstand von 20 cm über eine Kerzenflamme.

c) Suche nach Stellen, wo sich das Windrad sonst noch dreht: z. B. über Herdplatten, Öfen, leuchtenden Lampen oder einem Bügeleisen. Probiere auch aus, in welchen Entfernungen sich das Rädchen noch *neben* diesen Wärmequellen dreht.

d) Was schließt du aus deinen Beobachtungen?

V 2 Was soll mit dem Versuch von Bild 9 nachgewiesen werden?

Beobachte das Schattenbild der Kerze, wenn der Versuch schließlich durchgeführt wird.

Was kannst du beobachten, wenn die Kerze durch eine andere Wärmequelle (z. B. durch ein eingeschaltetes Bügeleisen oder eine 100-W-Glühlampe) ersetzt wird?

V 3 Wahrscheinlich kennst du die kleinen Ballons, die man mit Wasser füllen kann („Wasserbomben").

a) Fülle einige von ihnen mit kaltem Wasser und lege sie in *heißes* Wasser. Was beobachtest du?

b) Nachdem sich das Wasser in den Ballons erwärmt hat, legst du sie in eine Wanne mit *kaltem* Wasser. Was beobachtest du jetzt?

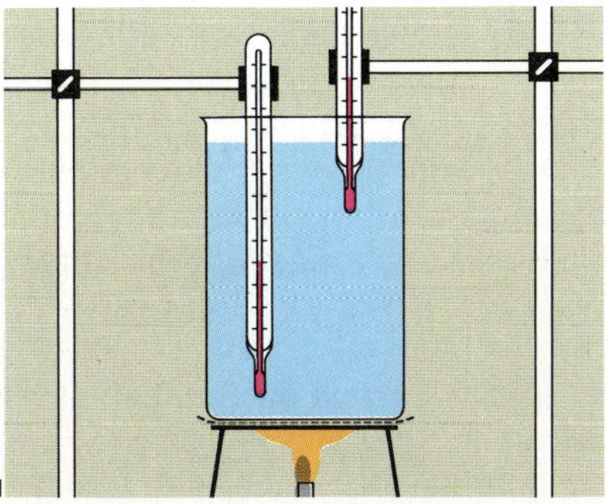
11

V 4 Ein Rundkolben wird zunächst bis zum Hals mit kaltem Wasser gefüllt. Wenn das Wasser ruhig steht, kommen einige Kristalle Kaliumpermanganat hinzu. Sie sinken im Wasser zu Boden und lösen sich langsam auf; dabei wird das Wasser am Boden violett verfärbt.

Nun wird ein Brenner seitlich an den Rundkolben gestellt (Bild 10). Erkläre, was du dann siehst.

V 5 In einem Becherglas mit Leitungswasser geben zwei Thermometer – wie in Bild 11 angeordnet – die Wassertemperatur an. Sie werden eine Zeit lang alle 60 Sekunden abgelesen. Gleich nach der ersten Messung wird das Wasser erhitzt.

a) Vergleiche die Temperatur, die das Wasser am Boden und knapp unter der Wasseroberfläche hat

b) Überlege, wie du deine Messergebnisse erklären kannst. (Bedenke dabei, dass Wasser ein schlechter Wärmeleiter ist.)

Wie erklären wir das Verhalten des erwärmten Wassers und der erwärmten Luft?

Wenn wir **Wasser oder Luft erwärmen**, so **dehnen** sie sich aus.

Stell dir einmal einen Becher vor, der bis zum Rand mit kaltem **Wasser** gefüllt ist. Wenn er **erwärmt** wird, läuft etwas Wasser über, denn das Wasser dehnt sich aus (Bild 1).

Obwohl der Becher auch jetzt noch bis zum Rand gefüllt ist, ist sein Inhalt nun **leichter**, denn etwas Wasser ist ja herausgeflossen (Bild 2). Daraus ergibt sich:

1 Liter kaltes Wasser ist schwerer als 1 Liter warmes Wasser.

2 Liter kaltes Wasser sind schwerer als 2 Liter warmes Wasser ...

Stell dir nun einmal vor, du könntest das erwärmte Wasser in kaltes Wasser „hineinstellen".

Es würde etwas ganz Ähnliches geschehen, wie wenn man ein Stück Holz unter Wasser loslässt: So, wie das Holz nach oben zur Wasseroberfläche aufsteigt, so **steigt** auch das warme, leichtere Wasser **nach oben.**

Wenn man eine bestimmte Menge Luft (z. B. 1 Liter) über einer heißen Herdplatte **erwärmt**, geschieht praktisch genau das Gleiche:

Die durch die Herdplatte erwärmte Luft **steigt nach oben**.

Wie du schon weißt, liegt das daran, dass 1 Liter heiße Luft **leichter** ist als 1 Liter kühlere Luft.

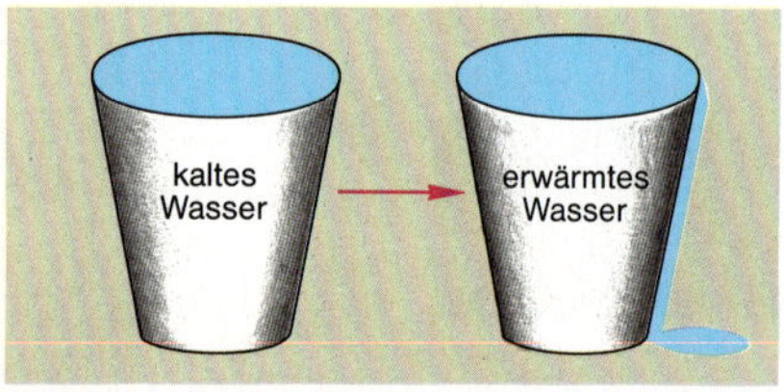

1

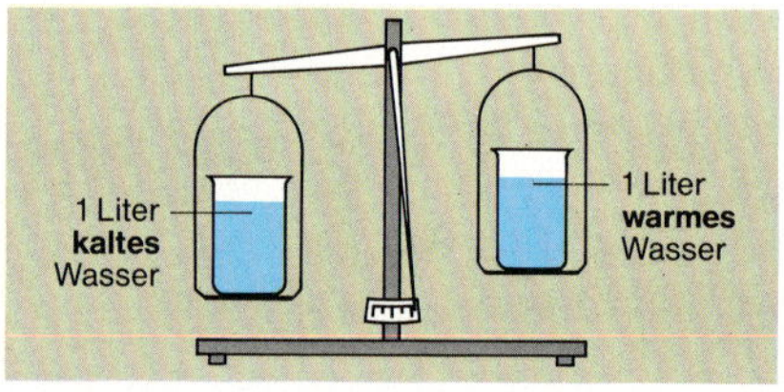

2

Aufgaben

1 Gib an, was eine Weihnachtspyramide und ein Heißluftballon gemeinsam haben.

2 Wenn eine Heizung in Betrieb ist, erwärmt sich das Zimmer nicht nur an der Stelle, an der geheizt wird. Das kannst du mit einem Thermometer an mehreren Stellen des Raumes überprüfen. Wie erklärst du dir die Messergebnisse?

3 Nimm an, in einem Zimmer wird eine Temperatur von 20 °C gemessen; die gleiche Temperatur hat der Heizkörper des Zimmers. Was geschieht mit dem Windrädchen, wenn du es über diesen Heizkörper hältst? Begründe deine Antwort.

4 Bild 3 zeigt ein Gerät aus der Lehrmittelsammlung. Was geschieht in diesem **Versuch**, wenn das Rohr nur bei A, nur bei B oder nur bei C erhitzt wird?

a) Kann das Wasser auch oben warm werden, wenn man den Brenner nach kurzer Zeit unten wegnimmt?

b) Welche technische Anlage wird durch diesen Versuch erklärt?

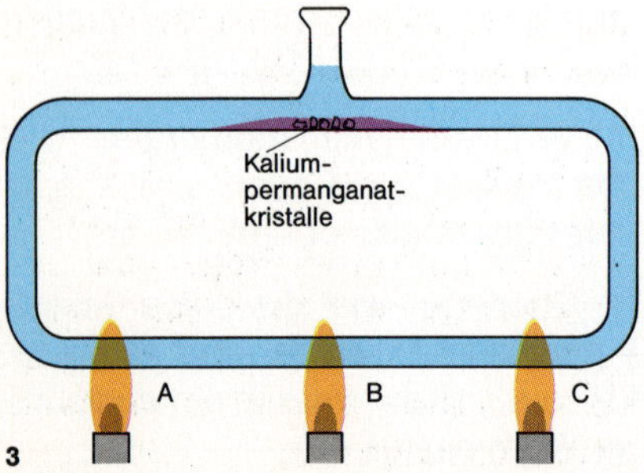

3

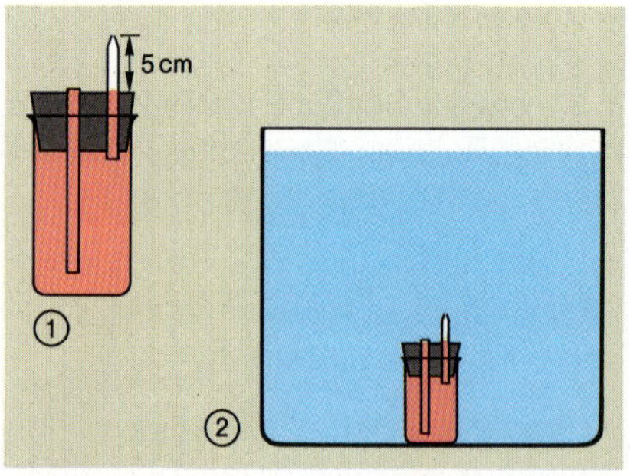

4

5 In diesem interessanten **Versuch** (Bild 4) wird zunächst ein kleiner Kolben mit angefärbtem, heißem Wasser gefüllt. Dann wird er mit einem Stopfen, in dem zwei Glasröhrchen stecken, verschlossen ①.

Was wird deiner Meinung nach geschehen, wenn man den Kolben in ein Becken mit ungefärbtem, kaltem Wasser stellt ②?

6 In Bild 5 siehst du den Plan einer Zentralheizung, wie es sie schon um die Jahrhundertwende gab. Damals war der Durchmesser der Leitungsrohre noch dicker als heute. Auch dauerte es länger, bis die Heizkörper warm wurden.

Vergleiche diese Zeichnung mit der der modernen Zentralheizung. Obwohl ein bestimmtes Teil fehlt, funktionierte diese Heizung ...

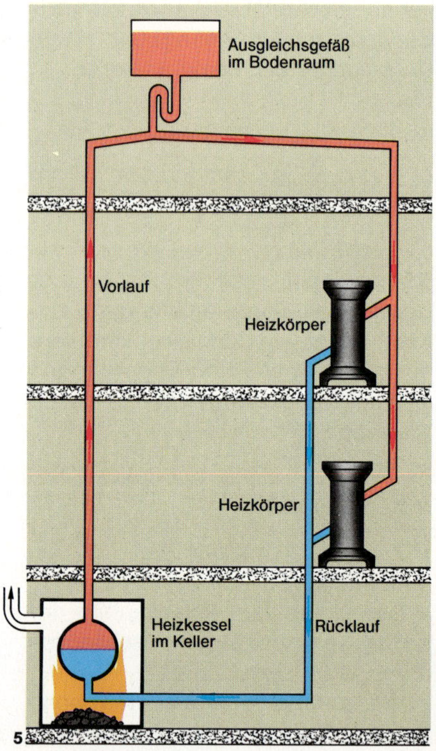

5

498R

Aus der Geschichte: **Die erste Reise mit dem Heißluftballon**

Am 21. November 1783 war es so weit: Der Apotheker *Pilâtre de Rozier* und der *Marquis d'Arlandes* unternahmen den ersten „Luftspaziergang" über den Dächern von Paris.

Die Brüder *Montgolfier* hatten zuvor einen Heißluftballon gebaut, der als **Montgolfiere** bezeichnet wurde. Er war aus Stoff gefertigt und innen mit Papier ausgefüttert. Die einzelnen Bahnen, aus denen der Ballon zusammengesetzt war, wurden wie bei einem Kleid mit Knöpfen verbunden. Gefüllt war die Kugel mit „stinkigem Rauch", wie er aus brennendem, noch feuchtem Stroh aufsteigt.

Diese Montgolfiere hatte bereits einen kurzen Flug hinter sich. Dabei waren sogar schon „Passagiere" mitgefahren: ein Hammel, eine Ente und ein Hahn. Nun aber wagten sich zum ersten Mal Menschen damit in die Luft (Bild 6). Was sie dabei erlebten, schilderte der Marquis:

6

Wir fuhren um 1.44 Uhr ab … In diesem Augenblick war es, als Herr Pilâtre zu mir sagte: „Sie tun ja gar nichts, wir kommen nicht in die Höhe!" – „Verzeihen Sie", antwortete ich und warf ein Bund Stroh ins Feuer …

Es war wahrscheinlich zu dicht gedreht und ging daher schwer an. Deshalb hob ich es wieder heraus und schüttete es mitten über der Flamme aus. Einen Augenblick später fühlte ich mich emporgehoben, als wenn mich jemand an den Schultern emportrüge. Ich sagte zu meinem Gefährten: „Aber jetzt steigen wir doch?" – „Ja, wir steigen", antwortete er …

Ich hörte ein Geräusch in der Maschine. Es war, als ob ein Seil gerissen wäre. Schnell überprüfte ich die inneren Seile des Ballons. Dabei bemerkte ich, dass die nach Süden gekehrte Wand voll runder Löcher war und dass sich darunter einige von ziemlicher Größe befanden.

Ich rief meinem Gefährten zu: „Wir müssen uns zur Erde hinablassen!" – „Warum?" – „Sehen Sie nur selbst!" Bei diesen Worten ergriff ich auch einen der großen, nassen Schwämme, die wir vorsorglich mitgenommen und an einen Stock gebunden hatten und wir löschten mit leichter Mühe das Feuer aus, das an den Löchern fraß.

Als ich mich nun auch überzeugen wollte, ob der untere Teil des Ballons noch fest am Ring hielt, bemerkte ich, dass beide sich sehr leicht voneinander lösten. Darum wiederholte ich meinen Zuruf: „Wir müssen hinunter!" Pilâtre blickte hinab und antwortete: „Wir schweben über Paris!" – „Gleichviel", erwiderte ich, „sehen Sie nach, ob auf Ihrer Seite keine Gefahr ist! Hält noch alles zusammen?" – „Ja", antwortete er.

Während dieser Vorgänge hatten wir uns sehr merklich den Dächern der Stadt genähert. Wir schürten das Feuer und stiegen sogleich wieder mit großer Leichtigkeit empor …

Mich dünkte, dass wir gegen den nächsten Kirchturm flögen, den ich schließlich durch das Innere des Rings deutlich sehen konnte. Bei höherem Aufsteigen führte uns ein neuer Luftstrom von dieser Richtung ab und trieb uns nach Süden. Links von uns erblickte ich ein kleines Gehölz, das ich für den Luxembourg-Garten hielt. Nun rief ich: „Jetzt aber hinab auf die Erde!"

Wir schürten das Feuer nicht mehr und der unerschrockene Pilâtre, der auf der Vorderseite stand, rief mir zu, dass wir wohl auf die Mühlen hinabgehen werden. Schnell warf ich deshalb ein Bund Stroh ins Feuer und schürte es tüchtig, dass es lebhaft aufflackern sollte. Dadurch stiegen wir abermals.

Aber eine neue Luftströmung trieb uns mehr nach der Rückseite. Der gute Pilâtre rief mir nochmals zu: „Achtung vor den Mühlen!" Wir waren aber schon längst über die Mühlen hinweggeflogen. Deshalb rief ich ihm zu: „Nun rasch hinab!" …

Wir waren zwischen zwei Mühlen gelandet. Sobald wir den Boden berührten, erhob ich mich von der Galerie, in der ich mich mit beiden Armen auf das Geländer stützte. Ich fühlte, wie der Oberteil des Luftballons leicht auf meinen Kopf drückte, stieß ihn zurück und sprang über die Brustwehr auf den Boden. Als ich mich nach der Kugel umblickte, sah ich aber zu meinem Erstaunen, dass sie vollkommen flach und in Falten dalag.

Ich sah nirgends Herrn Pilâtre und eilte daher auf seine Seite um ihm aus dem ihn überflutenden Meer von Leinwand herauszuhelfen. Aber bevor ich noch zu ihm gelangt war, sah ich ihn unter einem Leinenberg in Hemdsärmeln hervorkriechen …

Nun kamen Leute herbei, die sich des Oberrocks von Herrn Pilâtre bemächtigten und die Stücke unter sich teilten. Endlich erschien auch die Polizei, mit deren Hilfe unsere Maschine binnen 10 Minuten in Sicherheit gebracht wurde.

Diese erste Luftreise zweier Menschen dauerte genau 25 min. Danach ging die Entwicklung der Luftschifffahrt mit Riesenschritten voran.

Heute ist das Fahren mit Heißluftballons zu einem beliebten Sport geworden. Die Ballonhüllen bestehen jedoch nicht mehr aus Papier und Seide, sondern aus leichtem, nicht brennbarem Kunststoffgewebe. Die Luft im Innern des Ballons wird auch nicht mehr von brennenden Strohbüscheln, sondern durch die mannshohe Flamme eines Propangasbrenners erhitzt. So ist der Ballonsport heute wieder dort angekommen, wo vor 200 Jahren alles begonnen hatte: beim Heißluftballon.

Aus Umwelt und Technik: **Wärmetransport beim Automotor**

Jeder **Motor** – ob im Auto, Motorrad oder Moped – wird heiß, wenn er einige Zeit lang in Betrieb ist. Dann erreichen einige Teile eine so hohe Temperatur, dass man sich die Finger verbrennt, wenn man sie berührt.

Die Wärme, die diese hohe Temperatur verursacht, entsteht beim Verbrennen des Treibstoffs, also des Benzins oder des Dieselöls.

Die Temperatur eines Motors darf jedoch eine bestimmte Grenze nicht überschreiten. Das bedeutet, dass eine beim Betrieb entstehende überschüssige Wärme zum Teil wieder „abtransportiert" werden muss.

Diese Aufgabe übernimmt bei vielen Motoren das **Kühlwasser**. Es wird um den Motor herumgepumpt und nimmt dort die Wärme auf. Über den **Kühler** wird die Motorwärme dann an die vorbeiströmende Luft abgegeben (Bilder 1 u. 2).

Die Bilder 3–5 zeigen Ansichten der Oberfläche eines Kühlers. Du erkennst deutlich die **Lamellen**, die es in den verschiedensten Formen gibt. Durch solche Lamellen wird die Kühlfläche des Kühlers fast 40-mal so groß wie seine gesamte Vorderseite.

Das bedeutet: Wenn zum Beispiel die Vorderseite des Kühlers 0,5 m^2 groß ist (also ungefähr halb so groß wie ein Esstisch), ergibt sich eine kühlende Fläche von

$$40 \cdot 0{,}5\ m^2 = 20\ m^2.$$

(So groß ist etwa die Bodenfläche eines Wohnzimmers.)

1

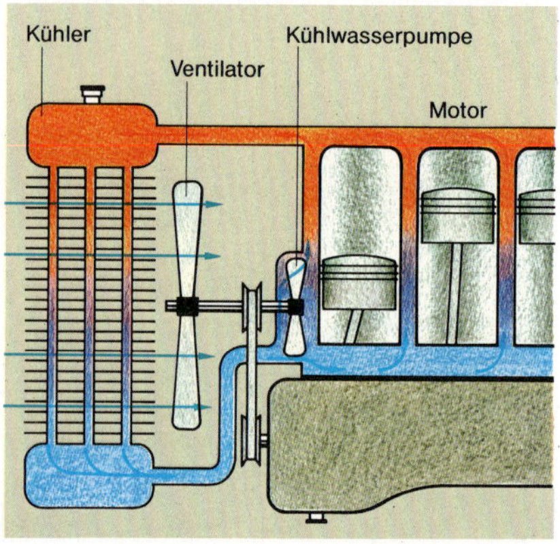

2

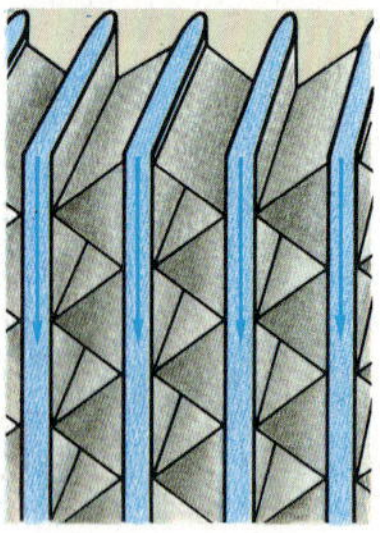
3

4

Fragen und Aufgaben zum Text

1 Die Teile des Kühlers, durch den das heiße Wasser fließt, bestehen oft aus dünnem Kupferblech. Welchen Vorteil hat das gegenüber Eisen und Aluminium?

2 Warum ist in den Kühlwasserkreislauf (Bild 2) eine Wasserpumpe eingebaut worden?

3 Gib an, weshalb die Oberfläche des Kühlers durch Lamellen (Bilder 3–5) vergrößert wird.

4 Vergleiche den Kühlwasserkreislauf des Automotors mit dem Warmwasserkreislauf der Zentralheizung: Welche Aufgaben haben die einzelnen Stationen dieser beiden Kreisläufe?

5

Alles klar?

1 Welche besondere Eigenschaft haben *erhitztes* Wasser und *erhitzte* Luft?

2 Veranschauliche den Begriff *Transport von Wärme* am Beispiel der Wärmflasche oder Bettflasche (Bild 6).

Manchmal sagt man *Wärmeströmung*, wenn man den Transport der Wärme meint. Warum ist das ungenau? (Denke daran, *was* bei der Zentralheizung strömt.)

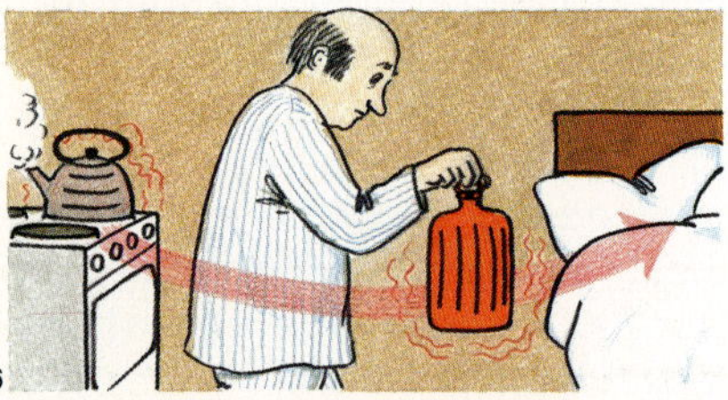
6

3 Bei den modernen Zentralheizungen drückt eine Pumpe das heiße Wasser aus dem Heizkessel in die Heizkörper und von dort wieder zurück. Warum geht es aber auch ohne Pumpe? Welchen Vorteil hat die Pumpe?

4 Bei einem Feuer im Freien kannst du beobachten, dass Funken und verkohlte Papierstückchen in die Luft aufsteigen. Hast du eine Erklärung dafür?

5 Wird ein „Windrädchen" über die heiße Kochplatte gehalten, dreht es sich sehr schnell. Nun schaltest du die Elektroplatte wieder ab: Das Rädchen läuft weiter. Wann bleibt es stehen?

Wie würde sich das Windrädchen *neben* der Kochplatte verhalten?

6 Um Heizkosten zu sparen will jemand die Zimmer*decke* mit dämmenden Platten belegen. Ist das sinnvoll?

7 Warum verschmutzen Wände über Heizkörpern besonders stark (Bild 7)?

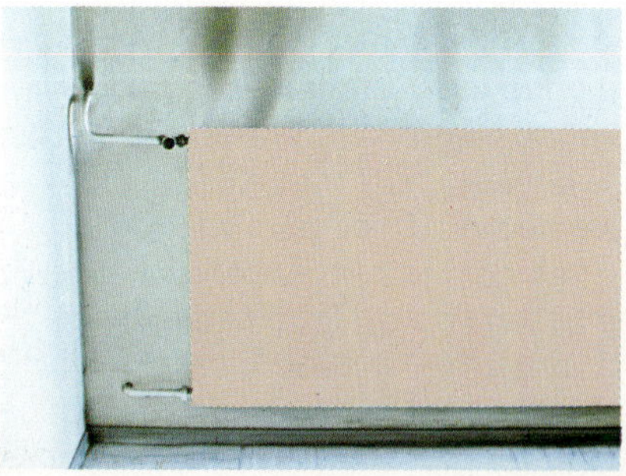
7

503R

3 Zusammenfassung

Wir unterscheiden Wärmeleitung und Wärmetransport

Du siehst hier zwei Versuchsaufbauten, bei denen die Wärme eine Rolle spielt:

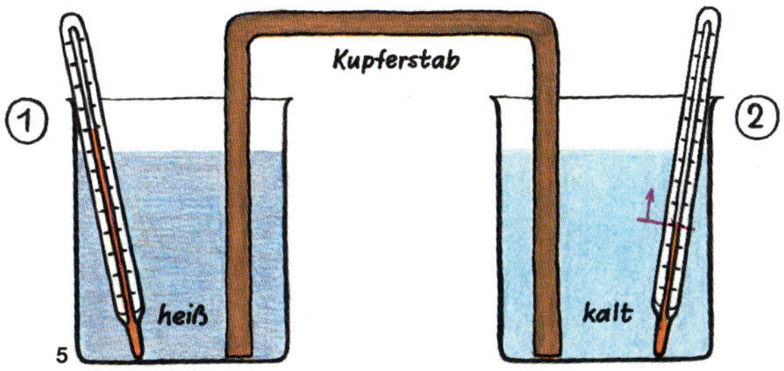

5

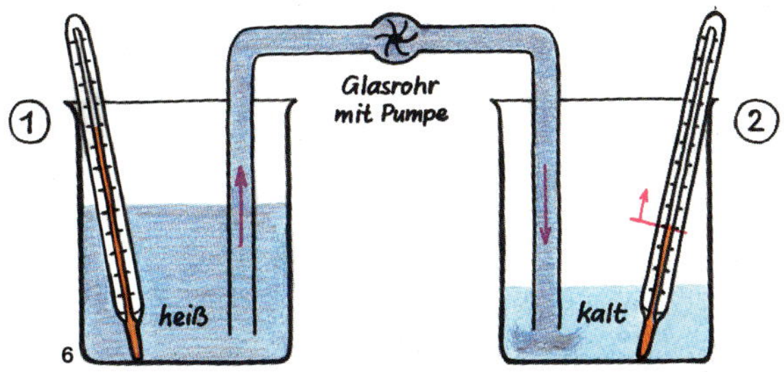

6

Hier wird die Wärme von einem Becherglas ins andere durch das Kupfer *geleitet* (**Wärmeleitung**). Allmählich erwärmt sich auch das Wasser im Becherglas 2. Dabei bleiben der Kupferstab und das Wasser von Becherglas 1 an ihrem Ort.

Wenn die Pumpe eingeschaltet ist, wird das warme Wasser aus dem Becherglas 1 ins Becherglas 2 gepumpt. Damit wird auch die Wärme des Wassers ins Becherglas 2 *transportiert* (**Wärmetransport**). Dort steigt die Temperatur des vorhandenen Wassers an.

Wärme kann dadurch weitergegeben werden, dass ein **erwärmter Körper** (z. B. Wasser) von einer Stelle zu einer anderen **transportiert** wird. Man spricht dann von einem **Wärmetransport** (manchmal auch von *Wärmeströmung*).

7

Die Wärme des Wassers im Heizkörper einer **Zentralheizung** wird zum Teil an die Luft abgegeben. Dadurch kühlt sich das Wasser wieder ab. Wenn dieses kühlere Wasser wieder zum Heizkessel zurückgepumpt wird, haben wir einen **Wasserkreislauf**.

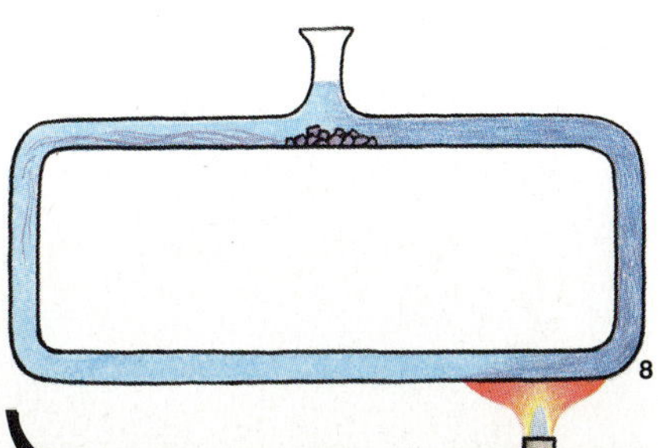
8

Eine besondere Eigenschaft

Erhitztes Wasser und erhitzte Luft sind **leichter** als kühleres Wasser und kühlere Luft. Deshalb steigt erwärmtes Wasser in kühlerem Wasser auf.

Genauso steigt erwärmte Luft in kühlerer Luft nach oben.

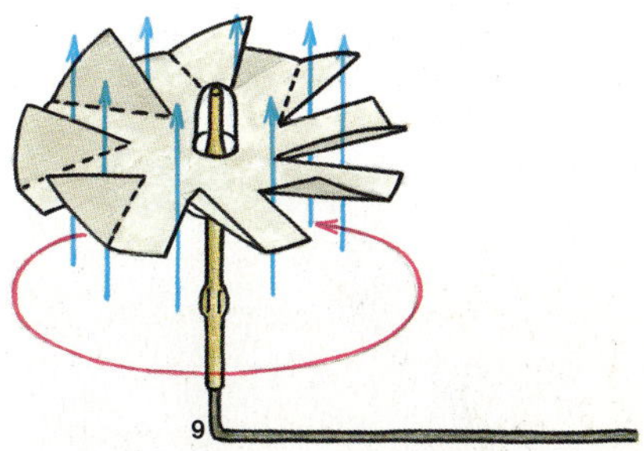
9

Die Strahlung

1 Eine Metallfolie hinter dem Heizkörper?

1
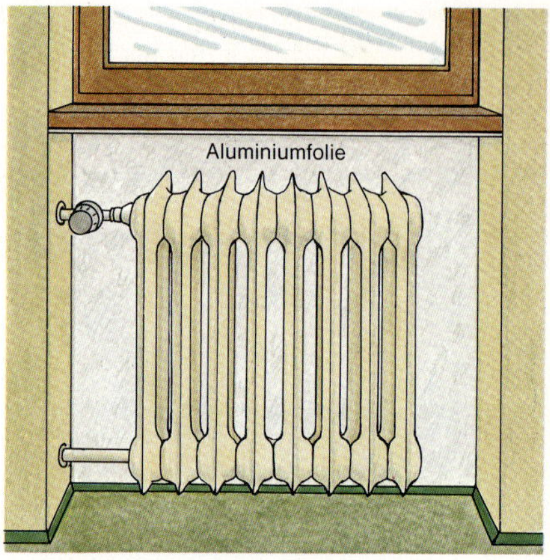

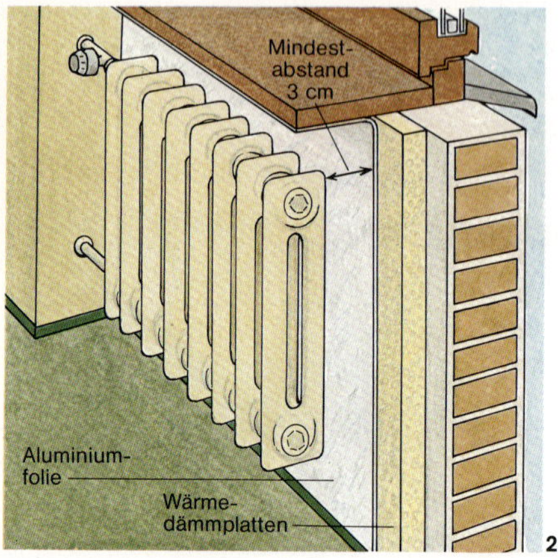

2

Für die Heizkörper sind oft in den Wänden Nischen ausgespart. Weil die Wand in einer Nische besonders dünn ist, wird dort eine Styroporplatte aufgeklebt.

Erstaunlich ist, dass die Platten mit einer glänzenden Metallfolie beschichtet sind. Metalle leiten doch die Wärme gut weiter …

V 1 Helle Glühlampen werden heiß. Die von einer Glühlampe erwärmte Luft steigt nach oben. *Über* der Lampe müsste daher eine Erwärmung zu spüren sein. Probiere es aus (Bild 3).

Neben der Lampe dürfte man kaum etwas spüren. Umfasse die Lampe lose mit den Händen (Bild 4).

Was stellst du jeweils fest? Was zeigt dieser Versuch?

V 2 Ein Thermometer wird *neben* die Glühlampe gehalten.

a) Ob sich auch die Thermometerkugel erwärmt und das Thermometer eine höhere Temperatur anzeigt?

b) Wiederhole den Versuch mit anderen Wärmequellen.

In Bild 6 siehst du zwei Vorschläge dazu.

V 3 Dieser Versuch zeigt, welchen Sinn die Aluminiumfolie hinter dem Heizkörper hat.

a) Überziehe eine Postkarte mit glänzender Aluminiumfolie. Die Folie soll dabei nicht geknittert werden.

b) Lege die Postkarte mit der Folie nach oben auf den Tisch. Nähere ihr dann langsam deine flache Hand – bis auf ein paar Millimeter. Was fühlst du nach kurzer Zeit?

c) Noch deutlicher wird das Ergebnis, wenn du die Postkarte mit der Folienseite nahe an dein Gesicht hältst (Bild 7).

d) Offenbar gibt dein Gesicht Wärme ab. Welchen Weg nimmt sie in unserem Versuch?

3

5

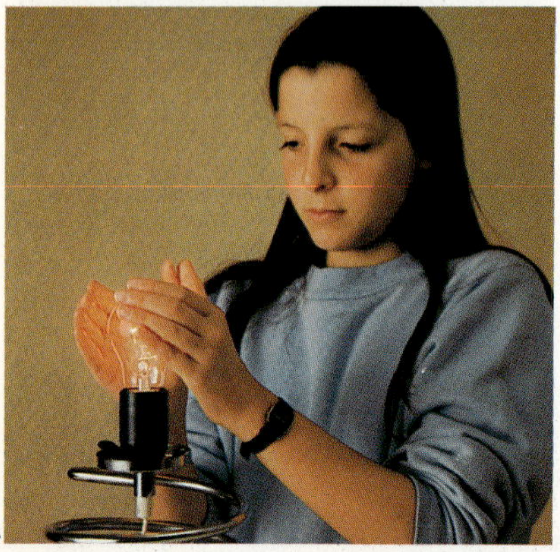
4

6

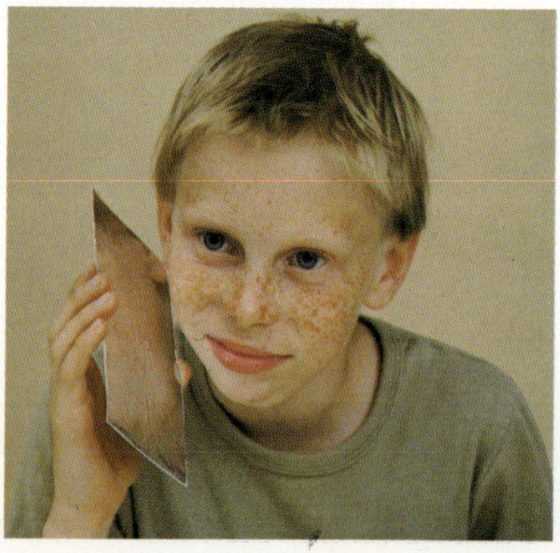
7

6217R

V 4 Für diesen Versuch brauchst du ein *Thermoskop* (Bild 8): Ein wassergefülltes U-Rohr zeigt an, wenn sich die Luft im Reagenzglas erwärmt und dabei ausdehnt.

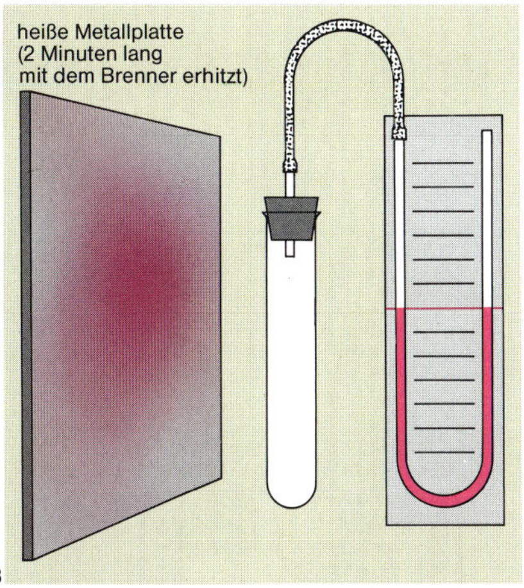

8

a) Nähere erst einmal deine Hand *vorsichtig* der heißen Platte.

Halte dann das Reagenzglas an die gleiche Stelle.

b) Wiederhole den Versuch. Verwende statt der Metallplatte eine helle Glühlampe oder einen Topf mit heißem Wasser.

c) Umwickle das Reagenzglas mit Aluminiumfolie. Halte es dann eine Minute lang neben die Glühlampe. Was stellst du fest?

d) Umwickle das Reagenzglas mit schwarzem Papier und halte es wieder neben die Glühlampe.

V 5 Auch in diesem Versuch geht es um das „Empfangen" von Wärme. Bild 9 zeigt den Versuchsaufbau.

Versuche das Ergebnis vorherzusagen.

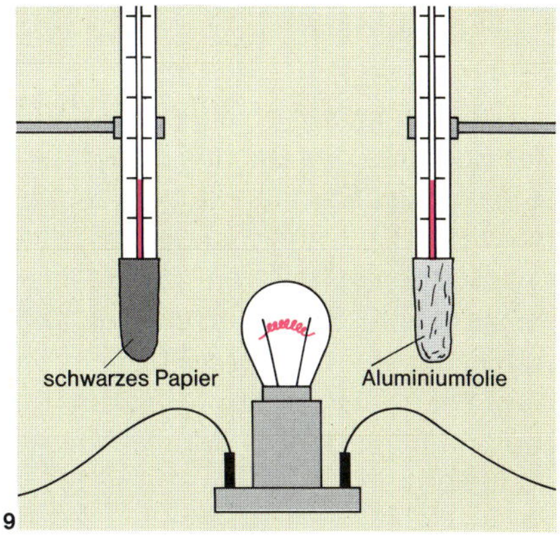

9

Die Strahlung heißer Körper

Wenn ein Auto im Sommer „in der prallen Sonne" steht, wird es im Innern unerträglich heiß. Am Strand wird der Sand manchmal so heiß, dass man ohne Schuhe kaum darauf laufen kann. In beiden Beispielen werden Körper auf der Erde von der Sonne erwärmt. Dies geschieht durch die **Strahlung**, die von der Sonne zur Erde gelangt (Bild 10).

Da der Weltraum zwischen Sonne und Erde praktisch leer ist, können weder Wärmeleitung noch Wärmetransport eine Rolle spielen. Strahlung breitet sich auch im luftleeren Weltraum aus. Stoffe sind dazu nicht nötig.

Die Sonne strahlt nicht nur sichtbares Licht aus. Ein Teil der Strahlung ist unsichtbar.

Auch andere Körper senden Strahlung aus, z. B. eine heiße Herdplatte, eine eingeschaltete Glühlampe oder dein eigener Körper. Mit der Strahlung geben die Körper Wärme ab.

Ob die Strahlung unsichtbar oder sichtbar ist, hängt von der Temperatur der strahlenden Körper ab: Nur sehr heiße Körper senden auch sichtbares Licht aus. Beispiele dafür sind die Sonne oder ein glühender Draht.

10

Wenn die Strahlung auf einen anderen Körper trifft, wird sie teilweise aufgenommen. Man sagt, sie wird **absorbiert** (lat. *absorbere:* verschlingen, aufsaugen). Dadurch wird der Körper erwärmt.

Körper mit dunkler Oberfläche absorbieren besonders viel Strahlung. Das macht sich dann durch einen starken Temperaturanstieg bemerkbar.

Die Strahlung selbst ist weder warm noch kalt. Es erwärmen sich nur Körper, wenn sie die Strahlung absorbieren.

Wenn wir zwischen eine Flamme und unsere Hand eine Aluminiumfolie halten, spüren wir kaum noch eine Erwärmung. Körper mit glatter, blanker Oberfläche werfen die Strahlung zurück; sie **reflektieren** die Strahlung (lat. *reflectere:* rückwärts biegen, umlenken).

Man macht sich die Reflexion bei Raumanzügen von Astronauten und Weltraumsonden zunutze: Ihre spiegelnden Oberflächen verhindern ein übermäßiges Aufheizen durch die Sonnenstrahlung.

Aufgaben

1 In den Heizkörpernischen findet man oft Styroporplatten, die mit Aluminiumfolie beschichtet sind.

Wozu dient diese Beschichtung?

2 Nenne Unterschiede zwischen Wärmeleitung, Wärmetransport und Strahlung.

3 Wie kann man die Strahlung einer Herdplatte nachweisen?

Von deiner Hand geht Strahlung aus. Beschreibe einen Versuchsaufbau um sie nachzuweisen.

4 Die von der Sonne beschienenen Teile der Mondoberfläche erreichen Temperaturen von +150 °C. Auf der Erde wird es nicht so heiß, obwohl Mond und Erde etwa den gleichen Abstand von der Sonne haben. Gib dafür eine Erklärung.

Woran könnte es liegen, dass sich die nicht beschienene Mondoberfläche auf unter −100 °C abkühlt?

Aus Umwelt und Technik: **Warmwasser durch Sonnenstrahlung**

Manchmal sieht man Häuser, die mit **Solaranlagen** ausgestattet sind (lat. *sol*: Sonne). Sie dienen dazu Wasser durch Sonnenstrahlung zu erwärmen. Das Wasser wird zum Baden, Waschen und Spülen gebraucht.

Bild 1 zeigt ein solches Haus. Auf der Südseite des Daches sind dunkle, leicht glänzende Flächen zu sehen (Bild 2). Dabei handelt es sich um **Sonnenkollektoren** (lat. *colligere*: sammeln). Sie haben die Aufgabe möglichst viel von der auftreffenden Sonnenstrahlung zu absorbieren (aufzunehmen) und damit Wasser zu erwärmen.

In Bild 3 siehst du, wie ein Sonnenkollektor aufgebaut sein kann.

1

2

Die Sonnenstrahlung dringt durch die *Glasabdeckung* des Kollektors und trifft auf die schwarze *Absorberplatte* aus Metall. Dort wird sie absorbiert. Dadurch steigt die Temperatur der Platte an.

Hinter der warmen Absorberplatte wird Wasser vorbeigepumpt. (Das Wasser ist mit einem Frostschutzmittel gemischt.) Durch Wärmeleitung geht Wärme von der Platte in das vorbeifließende Wasser über.

Das Wasser wird erwärmt und gelangt in den Warmwasserspeicher (Bild 4). Dort befindet sich ein Wärmetauscher. Das Wasser aus dem Kollektor gibt Wärme an kaltes Leitungswasser ab. Das so erwärmte Wasser steht dann für den Haushalt zur Verfügung.

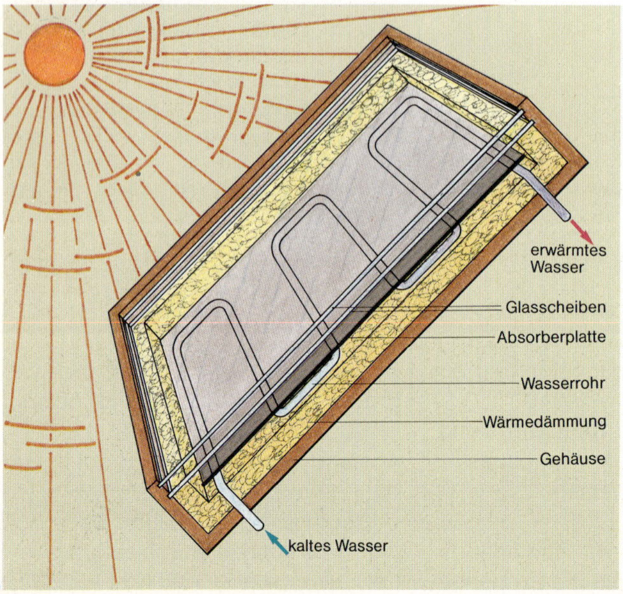

3

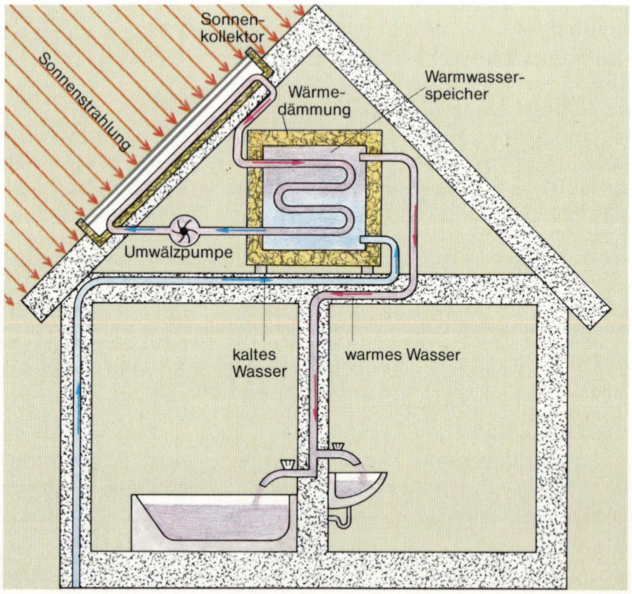

4

6219R

Fragen und Aufgaben zum Text

1 Warum sind die Kollektoren auf der Südseite des Daches angebracht?

2 Bild 4 zeigt in einer Schemazeichnung, wie eine Solaranlage funktioniert. Sicherlich findest du in dieser Anlage einen Kreislauf.
Beschreibe diesen Kreislauf.

3 Die Absorberplatte ist schwarz gestrichen. Nenne den Grund dafür.

4 Warum sind die Kollektoren und der Wärmespeicher mit einer dicken Isolierschicht umgeben?

5 Die folgenden Sätze zur Wirkungsweise des Sonnenkollektors sind durcheinander gewürfelt worden. Schreibe sie in der richtige Reihenfolge auf.
a) Dann erreichen sie den Absorber und werden absorbiert.
b) Die Sonnenstrahlung trifft auf den Kollektor.
c) Die Temperatur des Absorbers steigt daraufhin an.
d) Sie durchdringen die Glasabdeckung.
e) Das Wasser im Kollektor wird dadurch aufgeheizt.
f) Als Warmwasser fließt es in den Wärmetauscher.
g) Dort gibt es Wärme an Leitungswasser ab, das dadurch erwärmt wird.
h) Das warme Wasser kann nun in Küche und Bad sowie zur Heizung verwendet werden.

6 Welche Vorteile haben Sonnenkollektoren?
Welche Probleme gibt es bei dieser Art der Nutzung von Sonnenstrahlung?

7 Bei Sonnenkollektoren spielen alle drei Arten der Wärmeausbreitung eine Rolle. Auf welchem Weg spielt die Strahlung eine Rolle, wo die Wärmeleitung und wo der Wärmetransport?

Aus Umwelt und Technik: **Von Lagerfeuern und anderen Heizungen**

Zu einem richtigen Ferienlager gehört auch ein **Lagerfeuer** (Bild 5). Bis spät abends sitzt man in fröhlicher Runde um das Feuer. Von vorne wärmt das Feuer sehr stark, im Gesicht spürt man geradezu die Glut. Dagegen kühlt der Rücken aus.

Beim Lagerfeuer spielt nur die Strahlung eine Rolle. Das Feuer wärmt dort, wo die Strahlung auftrifft und absorbiert wird.

Anders ist es beim **Kachelofen** und beim **Heizkörper** der Zentralheizung. Da der Ofen oder Heizkörper warm ist, gibt er Strahlung ab. Er erwärmt aber auch die Luft, die an ihm emporsteigt. Durch Wärmetransport wird so der ganze Raum gleichmäßig erwärmt – auch dort, wo keinerlei Strahlung ankommt.

Elektrische oder mit Gas betriebene **Heizstrahler** (Bild 6) haben Ähnlichkeit mit dem Lagerfeuer: Sie wärmen vor allem durch Strahlung. Wärmetransport findet nur in geringem Maße statt; er macht sich im Freien kaum bemerkbar.

5

Fußbodenheizungen wurden schon vor mehr als 2000 Jahren von den Römern gebaut. Bäder und Paläste waren auch im Winter angenehm warm (Bild 7).

Die Fußböden ruhten auf mehreren Reihen von kleinen Pfeilern. Unterhalb des Fußbodens entstand so ein 50 cm hoher Hohlraum. Durch diesen Hohlraum strömte heißer Rauch von einer überdachten Feuerstelle zu einem Schornstein. Der Rauch gab Wärme an den Fußboden ab, der 25–30 °C warm wurde. Der Fußboden selbst wirkte wie ein riesiger Ofen. Er erwärmte die Luft im Raum – sowohl durch Strahlung als auch durch Wärmetransport.

Bei heutigen Fußbodenheizungen sind Rohrleitungen im Fußboden verlegt. Durch die Rohre strömt warmes Wasser und heizt den Boden auf.

6

7

Alles klar?

1 In einer Thermosflasche (Bild 1) bleiben heiße Getränke lange Zeit heiß.

a) Weshalb kann praktisch keine Wärme durch Wärmeleitung von innen nach außen gelangen?
Wie wird verhindert, dass Strahlung ausgesendet wird?

b) Warum bleiben in der Thermosflasche kalte Getränke lange Zeit kühl?

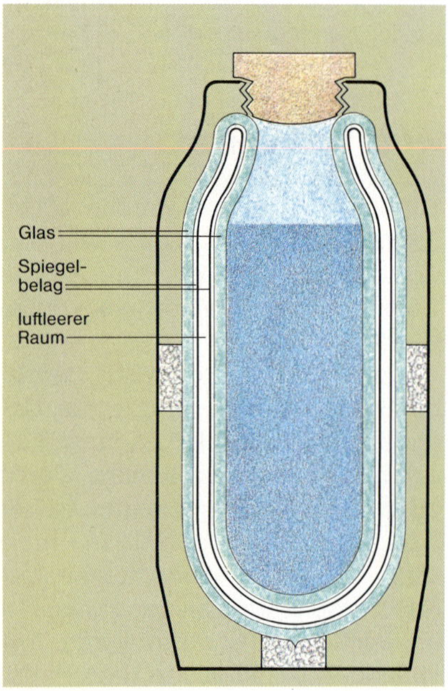

1

2 Auf welche Weise erwärmt ein Heizkörper den Raum, in dem er sich befindet?
Wie wird bei der Zentralheizung der Heizkörper selbst erwärmt?

3 Wodurch unterscheiden sich die drei Arten der Wärmeausbreitung (Wärmeleitung, Wärmetransport und Strahlung)?

4 Harry legt auf frischen Schnee ein schwarzes und ein weißes Leinen. „Ich kann vorhersagen, unter welchem Tuch der Schnee am schnellsten schmilzt!", behauptet er …

5 Nach Unfällen werden Verletzte oft in eine Kunststoffdecke mit einer Beschichtung aus Aluminium eingehüllt. Das soll sie vor allem warm halten.
Wie ist das möglich?

6 Kühllastwagen und Kühlwaggons bei der Eisenbahn sind fast immer weiß lackiert. Gib dafür eine Erklärung.

7 Filme sind recht wärmeempfindlich. Deshalb bezeichnen manche Fachleute die schwarze Farbe von Fotoapparaten als „modischen Unsinn". Siehst du da einen Zusammenhang?

8 Für Afrika-Reisende wird eine „tropentaugliche" Verpackung für Filme angeboten. Wie könnte sie aussehen?

9 Warum gedeihen selbst bei Nachtfrost Blumen unter den Glasscheiben eines Frühbeetes?

10 Aus welchem Grund werden in heißen Ländern helle Kleidungsstücke bevorzugt?

11 Wie funktioniert dieser seltsame Kochherd (Bild 2)?

2

2 Zusammenfassung

Wärmeausbreitung durch Strahlung

3

Die Sonne wärmt allein durch ihre **Strahlung**. Im (nahezu) leeren Weltraum sind weder Wärmeleitung noch Wärmetransport möglich.

Auch von jedem anderen warmen Körper geht Strahlung aus. Dadurch kühlt sich der strahlende Körper ab.
Die Strahlung ist oft unsichtbar. Nur bei heißen Körpern ist ein Teil der Strahlung sichtbares Licht.

Aufgrund ihrer Temperatur senden Körper Strahlung aus.

4

6221R

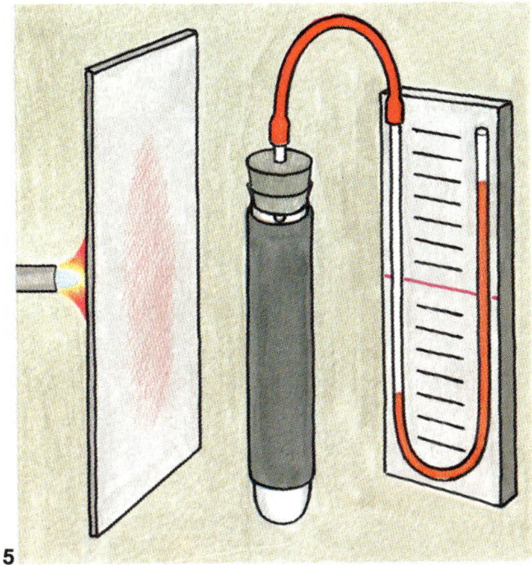

5

Die *dunkle, matte Oberfläche* eines Körpers **absorbiert** („verschluckt") fast die gesamte Strahlung, die auf sie auftrifft.

Die Temperatur des dunklen Körpers steigt dadurch an.

Eine *helle, glänzende Oberfläche* dagegen absorbiert die auftreffende Strahlung nur geringfügig.

Die Temperatur des hellen Körpers ändert sich deshalb kaum.

Dunkle Körper nehmen die Strahlung besser auf als helle; sie absorbieren stärker.

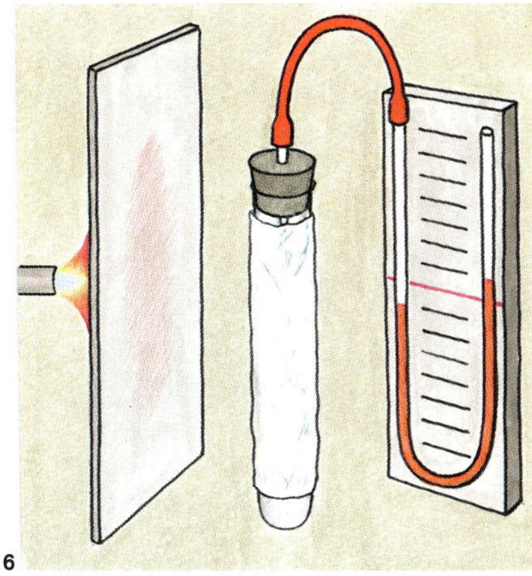

6

Man beklebt z. B. das Mauerwerk hinter Heizkörpern mit glänzender Alufolie. Sie wirft die Strahlung zurück, die sonst die Mauer aufnehmen würde.

Die Strahlung kann auch **reflektiert** (zurückgeworfen) werden.

Bei geringeren Temperaturen senden die Körper nur unsichtbare Strahlung aus. Wir können diese Strahlung aber durch ihre Wirkungen feststellen:

Durch die zugeführte Wärme steigt z. B. die Temperatur kälterer Körper.

Wir vergleichen Wärmeleitung, Wärmetransport und Strahlung

Wärmeausbreitung *in* Stoffen: Wärmeleitung

Wärme geht in einem Körper von Stellen höherer Temperatur zu Stellen niedrigerer Temperatur über.

Die Wärmeleitung hört auf, wenn die Temperaturunterschiede ausgeglichen sind.

Zu den guten Wärmeleitern zählen die Metalle. Luft gehört zu den schlechtesten Wärmeleitern.

Wärmeausbreitung *mit* Stoffen: Wärmetransport

Wärme kann dadurch übertragen werden, dass ein erhitzter Körper (als „Transportmittel") von einer Stelle zur anderen gebracht wird.

In Flüssigkeiten und Gasen läuft der Wärmetransport oft von alleine ab. So steigt z. B. heißes Wasser in kühlerem Wasser auf. So kann ein Wasserkreislauf zustande kommen.

Wärmeausbreitung *ohne* Stoffe: Strahlung

Von jedem warmen Körper geht Strahlung aus.

Für die Ausbreitung von Strahlung sind keine Körper nötig.

Wenn die Strahlung auf einen dunklen Körper mit matter Oberfläche trifft, absorbiert dieser die gesamte Strahlung. Dadurch steigt die Temperatur des Körpers an.

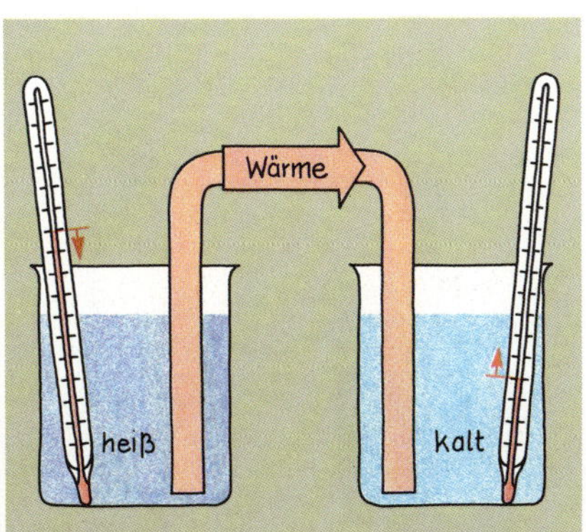

7

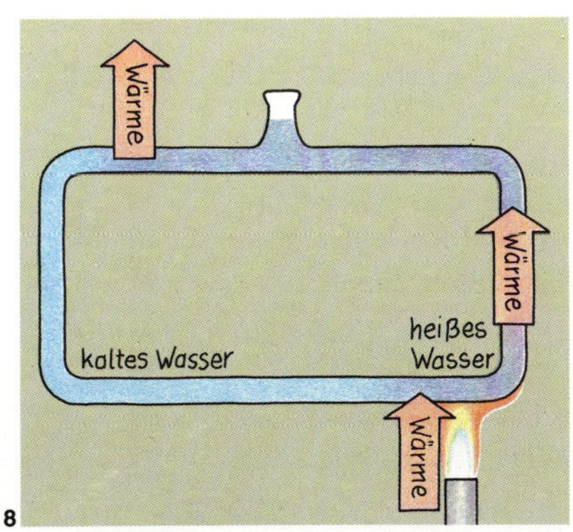

8

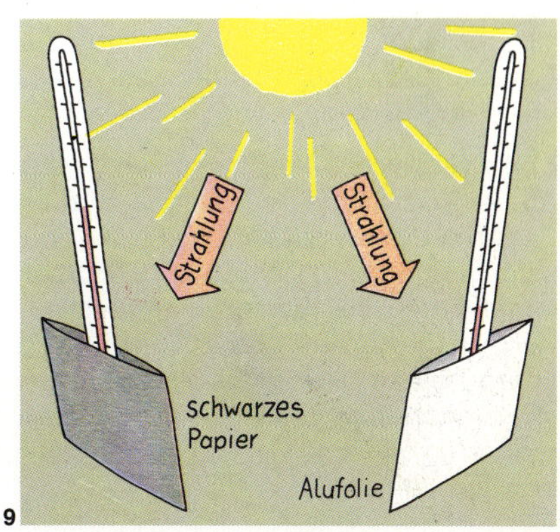

9

Anhang

Ausdehnung flüssiger Körper beim Erwärmen

Körper (1 l = 1 dm³)	Ausdehnung bei Erwärmung um 1 °C
Wasser	0,2 cm³
Quecksilber	0,2 cm³
Alkohol	1,1 cm³
Benzol	1,2 cm³

Ausdehnung fester Körper beim Erwärmen um 1 °C

Körper (1-m-Stab)	Ausdehnung bei Erwärmung um 1 °C
Normalglas	0,009 mm
Beton	0,012 mm
Eisen	0,012 mm
Kupfer	0,016 mm
Messing	0,018 mm
Aluminium	0,024 mm
Zink	0,027 mm
Eis	0,037 mm

Ausdehnung fester Körper beim Erwärmen um 100 °C

Körper (1-m-Stab)	Ausdehnung bei Erwärmung von 0 °C auf 100 °C
Porzellan	0,3 mm
Granit	0,5 mm
Glas	0,9 mm
Platin	0,9 mm
Sandstein	1,0 mm
Marmor	1,1 mm
Beton	1,2 mm
Eisen (Stahl)	1,2 mm
Gold	1,4 mm
Kupfer	1,6 mm
Messing	1,8 mm
Silber	1,95 mm
Aluminium	2,4 mm
Zink	2,7 mm
Asphalt	20,0 mm

Ausdehnung gasförmiger Körper beim Erwärmen

Wird ein Gas um 1 °C erwärmt, so nimmt sein Volumen um $\frac{1}{273}$ seines Volumens bei 0 °C zu.

Schmelz- und Siedetemperaturen einiger Stoffe

Stoff	Schmelztemperatur	Siedetemperatur
Alkohol	−115 °C	78 °C
Benzol	5,5 °C	80 °C
Blei	327 °C	1740 °C
Graphit	3650 °C	4827 °C
Glycerin	18 °C	290 °C
Iod	114 °C	184 °C
Kochsalz	801 °C	1413 °C
Quecksilber	-39 °C	357 °C
Schwefel	119 °C	445 °C
Spiritus	-98 °C	65 °C
Wasser	0 °C	100 °C
Zinn	232 °C	2260 °C

Vom richtigen Umgang mit dem Brenner

Es gibt verschiedene Brenner zum Experimentieren. (Vorsicht beim Umgang damit!) Bei den meisten kann man **zwei Flammen** einstellen:

a) Die leuchtende Flamme

Das **Luftloch** am Brennerrohr bleibt zunächst **geschlossen**. Der Gashahn wird geöffnet und das ausströmende Gas am oberen Brennerrand entzündet.

Das Gas verbrennt mit gelber, leuchtender Flamme. Daher nennt man diese Flamme auch **Leuchtflamme**. Sie hat eine Temperatur von etwa 1000 °C. Wenn man eine Porzellanschale in die Flamme hält, schlägt sich Ruß daran nieder.

b) Die nichtleuchtende Flamme

Während die Leuchtflamme brennt, wird das **Luftloch** unten am Brenner langsam **geöffnet**. Durch die kleine Öffnung strömt Luft von außen in das Brennerrohr ein. Dadurch entsteht das deutlich hörbare Rauschen.

Die Luft vermischt sich mit dem Gas, das aus der Düse austritt. Je weiter das Luftloch geöffnet wird, desto mehr Luft vermischt sich mit dem Gas. Das Gas verbrennt immer heftiger und die Flamme wird heißer. Aus der Leuchtflamme wird eine schwach blaue **Heizflamme**. Diese Flamme rußt nicht.

c) Wir vergleichen Heizflamme und Kerzenflamme

An der Heizflamme sind deutlich **zwei Zonen** zu unterscheiden: Es gibt einen inneren **Kern** und einen äußeren **Mantel**. Im Mantel kann eine Temperatur von über 1500 °C erzeugt werden; dabei ist der obere Teil der Flamme am heißesten.

Auch an der **Kerzenflamme** können wir Kern und Mantel deutlich unterscheiden. Der Kern ist nicht so heiß wie der Mantel, weil sich im Kern unverbrannte Wachsdämpfe befinden. Erst in der äußeren Zone kommt so viel Luft an die Dämpfe heran, dass sie verbrennen können.

Beim **Gasbrenner** (das Gas kommt aus dem städtischen Gasnetz oder einer großen Stahlflasche) musst du Folgendes beachten:

○ Der Schlauch darf nicht porös oder brüchig sein.
○ Er muss fest auf dem Anschlussstutzen des Brenners sitzen.
○ Die Flamme muss so eingestellt werden, dass sie nicht ausgeht.
○ Zum Löschen der Flamme musst du das Ventil der Gasleitung zudrehen.
○ Bei Gasgeruch im Zimmer sofort die Fenster öffnen!

Beim **Kartuschenbrenner** (das Gas kommt aus einer kleinen, auswechselbaren Kartusche) musst du Folgendes beachten:

○ Kartuschen sollten nur vom Lehrer ausgetauscht werden.
○ Kartuschen nie in der Nähe offener Flammen auswechseln!
○ Zwischen dem Oberteil des Brenners und der Kartusche muss unbedingt eine Dichtung liegen.
○ Die Klammern an der Kartusche dürfen nicht geöffnet werden, solange noch Gas in der Kartusche ist.
○ Der Brenner muss stets aufrecht und fest stehen. Nicht kippen! Beim Experimentieren nicht schräg halten!
○ Zum Löschen der Flamme musst du den Gashahn zudrehen.

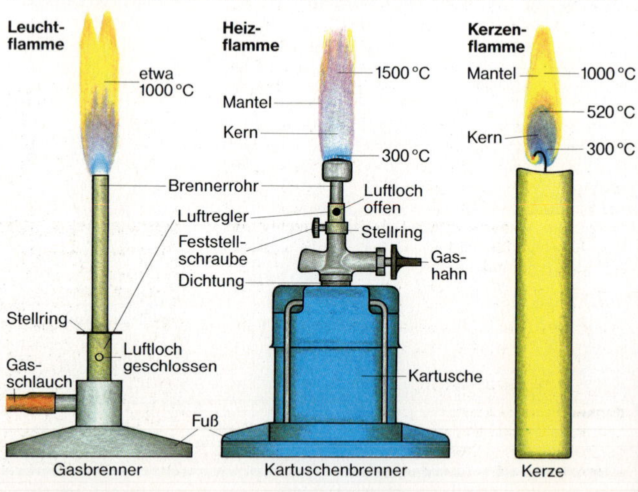

7875R

Bauanleitung: **Ein Turbinenrädchen (Windrad)**

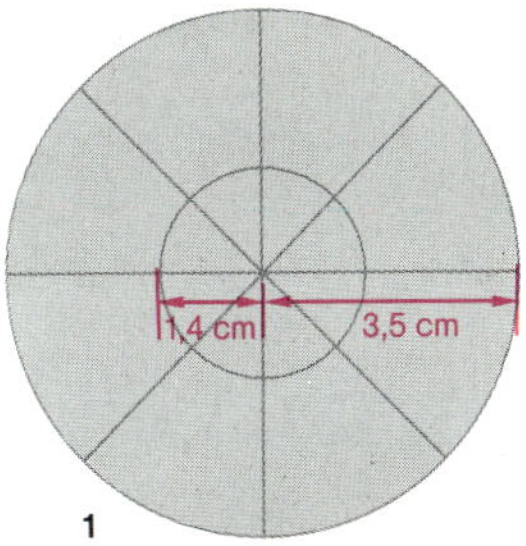

1

3

Du brauchst:
1 Stück kräftiges Papier (etwa halbe Postkartengröße),
1 verbrauchte Kugelschreibermine,
25 cm Eisendraht (ca. 2 mm Durchmesser),
1 Spitze einer Glasampulle (aus einer Arztpraxis) oder
1 Kappe eines Filzschreibers,
Klebstoff

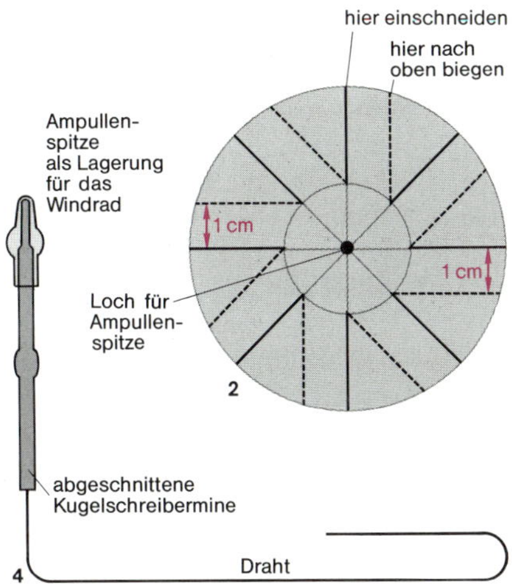

2

4

So wird's gemacht:
Schlage um *einen* Punkt zwei Kreise mit Radien von 1,4 cm und 3,5 cm. Unterteile die Kreise in acht gleiche Felder (Bild 1). Ergänze die Zeichnung wie in Bild 2.

Schneide das Rädchen aus. Die durchgezogenen Linien werden bis an den inneren Kreis heran eingeschnitten. Biege die acht Ecken über die gestrichelten Linien nach oben.

Als Radlager dient die Ampullenspitze oder Filzschreiberkappe. Durchbohre das Windrad mit einem Nagel und klebe es am Radlager fest (Bilder 3 u. 4).

Verzeichnis der Bild- und Textquellen

Acaluso, Altensteig: 6.1; Ammon, Schönau: 57.5; Angermayer, Holzkirchen: 6.2; Anthony, Starnberg: 28.1; Archiv für Kunst u. Geschichte, Berlin: 22.1, 50.2; Artreference, Frankfurt/M.: 110.1; Asta Ullrich, Annweiler: 120.3; Baumann, Hans: Der Sohn des Columbus, dtv Stuttgart: S. 25; Bavaria, Gauting: 9.5, 10.5, 18.1, 28.2 u. 3, 74.1, 123.8; Bayer, Leverkusen: 7.14; Beuth Verlag, Berin: DIN-Normen; Dargaud Editeur by Morris, 1985: 15.10; Deutsch-Verlag, Frankfurt/M.: 104.6; Deutsches Museum, München: 72.1 u. 3, 101.7; dpa, Frankfurt/M.: 16.4, 59.10 u. 14, 130.1; DRK, Berlin: 33.7 u. 8; Electronic Sound/Potaco News, Zürich (Schweiz): 72.5 u. 6; eso, Tettnang: 27.7; Wilhelm-Foerster-Sternwarte, Berlin: 23.5, 26..4 u. 5, 27.8; Frank, Ravensburg: 15.11; Huber, Garmisch-Partenkirchen: 28.4; Ikan, Frankfurt/M.: 7.12; Horst von Irmer, Intern. Bildarchiv, München: 7.17, 22.2; Kämpfe, Weimar: 114.1 u. 2; Krauss-Maffei, München: 100.5; Krautkrämer, Köln: 58.3 u. 4; Krupp Atlas Elektronik, Bremen: 58.2; Kuchel, Berlin: 131.7; Liebermann, Hagen-Riegsee: 15.12; Lufft, Stuttgart: 104.3; Mauritius, Mittenwald: 10.4, 13.7, 36.3, 59.13, 76.2, 100.4, 120.2; Moritz, Hamburg:, 126.5; Nilsson: Unser Körper - neu gesehen, Herder, Freiburg: 48.4; Okapia, Frankfurt/M.: 7.13; Perennatorwerk, Wiesbaden: 102.2; Pfeiffer, Kirchenlettinsfurt: 26.3; Philips, Hamburg: 38.4; Polizeipräsident, Berlin: 75.4; Preussag Bauwesen, Hannover: 88.4 u. 5; Preußischer Kulturbesitz, Berlin: 16.1, 125.6; Dr. Schlichting, Hasbergen: 40.1 u. 2; Schneider, Bad Kreuznach: 43.9-11; Schott Glaswerke, Mainz: 43.8, 85.8; Schott-Zwiesel-Glaswerke, Zwiesel: 85.10; Siemens, Berlin, Erlangen u. München: 58.6 u. 7; Silvestris, Kastl/Obb.: 59.8, 66.1, 67.6; Sonopress, Gütersloh: 73.7; Stolz-Laser, Baden-Dättwil: 12.2; Süddeutscher Verlag, München: 100.1; Ullrich, Berlin: 7.11; USIS, Bonn: 9.7, 24.2; Verlag Stahleisen, Düsseldorf: 85.9; Walther, Köln: 88.1-3; Wolloner, Mannheim: 122.5; ZEFA, Düsseldorf: 20.1, 39.5, 50.1, 132.2.
Alle anderen Fotos: Cornelsen Verlag (Budde, Fotostudio Mahler und Atelier Schneider), Berlin.

Für hilfreiche Unterstützung danken wir außerdem:
der Firma Cornelsen Experimenta, Berlin (Versuchsgeräte) und dem Studio tolon, Fürth (Bearbeitung einiger historischer Abbildungen).

Sehprobentafel

Stelle das Buch aufrecht hin und versuche, aus 5 m Entfernung möglichst viele Zeilen zu lesen.

Wenn du in einem hellen Zimmer Mühe hast, die Buchstaben der zweiten Zeile von oben zu erkennen, sind deine Augen nicht in Ordnung. (Nicht alle Sehfehler lassen sich auf diese einfache Art feststellen. Die Sehprobentafel ersetzt also nicht den Besuch beim Augenarzt.)

So sehen Brillengläser im Schnitt aus. Sie sind nicht zur Mittelebene symmetrisch.

Man gibt bei Brillengläsern meist nicht die Brennweite *f*, sondern ihren Kehrwert an. Diesen Kehrwert bezeichnet man als **Brechwert** *D* und gibt ihn in **Dioptrien** (dpt) an:

$D = \frac{1}{f}$ und $1\ \text{dpt} = \frac{1}{\text{m}}$.

Eine Sammellinse mit $f = 20$ cm hat also 5 dpt.

Den Zerstreuungslinsen ordnet man negative Brechwerte zu. Ein Brillenglas mit –2 dpt ist also eine Zerstreuungslinse mit einer Brennweite von 50 cm.

T

E P

L H V

O S T A

L C V E

F Z T H P

N L O S V H

O Z U F K L

T E P C L V O

Sach- und Namenverzeichnis

7877R